民航特色专业系列教材

机载雷达与通信导航设备

王世锦　王　湛　主编

科学出版社

北　京

内 容 简 介

本书主要介绍现代大型运输飞机电子设备的功用、原理、组成、使用方法和对新航行系统的展望。全书共16章，分为通信系统、导航系统、监视系统和未来新技术展望四个部分，涵盖了机载雷达通信导航的详细内容。本书力求内容精练、概念清晰，每章均精选了一定量的习题，涵盖核心教学内容，难易适中，便于学生自学和教师施教。

本书可作为高等院校民航工程专业研究生及高年级本科生的专业基础课教材，也可供其他工科专业学生选用及社会读者阅读。

图书在版编目(CIP)数据

机载雷达与通信导航设备/王世锦，王湛主编.—北京：科学出版社，2010.8

民航特色专业系列教材

ISBN 978-7-03-028769-4

Ⅰ.①机… Ⅱ.①王…②王… Ⅲ.①民用飞机-机载雷达-高等学校-教材②民用飞机-航空通信-通信系统-高等学校-教材③民用飞机-航空导航-导航设备-高等学校-教材 Ⅳ.①V24

中国版本图书馆CIP数据核字(2010)第165344号

责任编辑：余 江/责任校对：纪振红

责任印制：张 伟/封面设计：耕者设计工作室

科学出版社出版

北京东黄城根北街16号

邮政编码：100717

http://www.sciencep.com

北京虎彩文化传播有限公司 印刷

科学出版社发行 各地新华书店经销

*

2010年8月第 一 版 开本：B5(720×1000)

2023年2月第十二次印刷 印张：19 1/4

字数：380 000

定价：69.80元

(如有印装质量问题，我社负责调换)

从 书 序

改革开放以来，我国民航事业获得了持续、快速、健康的发展。2010年，我国民用航空发展的主要预期指标是：航空运输总周转量493亿吨千米、旅客运输量2.6亿人次、货邮运输量498万吨。30年来上述指标年均增速均达到两位数字，大约是中国国民经济发展速度的两倍，是世界民航业发展速度的四倍。从2005年至今，中国民航没有发生运输飞行事故，创造了中国民航历史上安全运营时间最长的记录，安全、生产、效益形势喜人。按照我国国民经济发展中长期规划和国际通用方法预测，中国民航的持续快速增长还会有较长一段时间。

近年来，中国民航总局党组提出了全面推进建设民航强国的战略构想，因此，对民航各层次管理和专业技术人才的培养提出了更高的要求。民用航空教育必须把培养知识面广、专业素质高、动手能力强、责任心强的专业人才作为自己的奋斗目标，以适应整个行业发展的需要。但是目前民航专业教材体系建设相对滞后，长期以来多数教材源于国外，不能完全符合中国实际；教材出版时间较早，知识相对陈旧，学生难以据此掌握当前民航的高新科学技术。教材问题已经客观地影响到教学效果和质量。

南京航空航天大学民航学院成立于1993年，由原中国民用航空总局和中国航空工业总公司正式联合创办，已形成具有培养本科、硕士、博士、博士后多层次人才的办学格局。目前设有交通管理与签派、民航运输管理、民航机务工程、民航电子电气工程、机场运行与管理、飞行技术6个专业。依托国家级、江苏省特色专业建设点，依靠国防科工委重点学科建设，以及承担国家级、省部级科研项目等多方雄厚的科研实力，形成了集市场营销、运营管理和维修保障为一体的的全方位的人才培养体系，成为我国民用航空领域的重要教学和科研基地。

通过对近17年教学与科研成果的凝练与总结，为适应教学改革和民航发展的需要，及时反映现代民航科技领域的研究成果，保证教材建设与教学改革同步进行，我们出版了《民航特色专业系列教材》丛书。本套丛书在组织编写中，重点体现了以下几个方面的特色：

1. 突出民航和航空制造专业特色。教材编写过程中充分考虑到专业的交叉性、综合性和国际性强的特点，在要求学生掌握知识的同时，以培养技术与管理结合、适应性强、综合素质高、能在航空制造企业和民航企事业单位服务的复合型人才为目标，丰富和完善教材内容。

2. 面向民航应用，注重实践能力的培养。适当拓宽专业基础知识的范围，以增强学生的适应性；面向民航工程实际，注重实践环节，强化在民航系统就业所必需的职业技能培养内容，以促进对学生的实际动手能力和创新能力的培养。

3. 强化专业素质教育。在专业所应具备的基本知识基础上，拓宽和延伸专业课内容，及时反映民航科技的最新成果，提升学生的专业素质和学习能力。

4. 兼顾学历教育和执照教育。由于民航专业的特殊性，获取专业执照是从业的必要条件，本套教材在编写过程中，注重学历教育和执照教育的有机结合，为学生顺利走上工作岗位创造条件。

5. 满足多层面的需求。针对同一类课程，根据不同的教学层次和学时要求，编写适合不同层次需求的教材，涵盖不同范围的拓展知识单元，注重与先修课程、后续课程的有机衔接，每本教材在重视系统性和完整性的基础上，尽量减少内容重复。

本套教材注重知识的系统性与全面性，突出民航专业特色；兼顾学生专业能力和综合素养的全面培养，力图提高民航专业人才的培养质量和完善人才培养的模式；着力推广民航专业教学经验和教学成果，推进民航专业教学改革。本套教材的编写出版为提高民航专业教学的整体水平做了有益的探索。

温家宝总理指出："教育寄托着亿万家庭对美好生活的期盼，关系着民族素质和国家未来。不普及和提高教育，国家不可能强盛"。为了不断促进民航院校学生素质的提高以适应我国民航事业的持续、快速、健康发展，我们在教材编辑与创新上做了一些尝试，迈出了可喜的一步。作为一名老航空工作者，我为此鼓与呼。在丛书编写过程中，南京航空航天大学民航学院还得到众多相关学校与学院各方教授、专家、学者的帮助与指正，在此一并感谢。

王　知

2010 年 7 月

前　言

机载设备通常包括机械设备、电气设备与电子设备三个部分。其中民航机载电子设备飞机无线电系统从系统功能角度分为通信系统、导航系统和雷达监视系统，现代民用飞机都装备有多种先进的无线电通信、导航和雷达系统。

本书是根据中国民航《CCAR-61 部》和《CCAR-141 部》规章为高等院校民航工程专业（包括民航空管、飞行、电子、机电等专业）研究生及高年级本科生编写的一本专业基础课教材。该教材主要研究现代大型运输飞机电子设备的功用、原理、组成和使用方法，使读者掌握民航运输机电子设备的基本理论、基本配置、使用方法、特点及注意事项，了解航空电子设备的发展动态，为从事航空技术工作打下良好的理论基础。

本书内容全面，由浅入深，注重对基本概念与理论的叙述，公式推导力求简洁，对有关实际应用问题尽量交代清楚，以方便读者深入了解和掌握目前应用的机载雷达与通信导航设备系统及其未来的发展趋势。全书共 16 章，涵盖了目前民航界广泛使用的各种机载无线电通信、导航及监视系统。其中第 1 章和第 3 章分别介绍了无线电及导航的基础知识；第 2 章为通信系统，包括甚高频通信系统、高频通信系统、选择呼叫系统、话音记录器、飞行数据记录器以及广播系统；第 5 章、第 6 章、第 12 章～第 15 章为导航系统，包括自动定相机、甚高频全向信标系统、测距机、无线电高度表、仪表着陆系统和微波着陆系统；第 7 章～第 11 章为雷达系统，包括一次雷达、无线电高度表、气象雷达、多普勒雷达和二次雷达系统；第 16 章是对通信、导航及监视系统中各种先进技术的展望。

本书由王世锦、王湛编写，韩松臣教授主审。限于编者水平，书中疏漏和不妥之处在所难免，恳请读者批评指正。

编　者

2010 年 5 月

目　　录

引　　言

机载设备主要包括机械、电气、电子三部分，其中电子设备又分为无线电与仪表两个部分。飞机无线电系统是现代飞机的重要组成部分。

飞机无线电系统从系统功能角度，可分为通信系统、导航系统和雷达监视系统，有时也将飞机无线电系统分为通信系统和导航系统两大类。

现代民用飞机都装备有多种先进的无线电通信、导航和雷达系统。通信系统主要是用以实现飞机与地面之间、飞机与飞机之间的相互通信，也用以进行机内通话、广播、记录驾驶舱内的语言以及向旅客提供视听娱乐信号，如高频、甚高频通信系统、选择呼叫系统、内话系统、音频综合系统等。无线电导航系统的基本功能是引导飞机按选定航路安全、经济地完成规定的飞行任务。按照各个系统的功能，又可以把飞机无线电导航系统进一步划分为定位、测高、着陆引导和环境监测四大类。测距机、定向机、全向信标系统、多普勒雷达、奥米伽导航系统是用于确定飞机位置的无线电定位系统；低高度无线电高度表是典型的测高设备；仪表着陆系统属于着陆引导设备；气象雷达则是常用的环境监测系统。

飞机上的无线电设备应尽可能地相对集中在专门设计的各种电子设备舱内，使设备可以工作在飞机环境控制系统之中。民用客机的电子设备舱一般位于旅客座舱下部。军用飞机的电子设备舱一般位于飞机头部、驾驶舱下部和后部。某些电子设备应根据使用特性选择飞机上特定位置进行安装，如飞机的飞行数据记录器（俗称黑匣子）应选择放置在飞机坠毁后破坏程度可能最轻的部位，以便将飞行数据记录器回收后，还能正确分析出事故原因，如安装在飞机尾翼前沿根部；气象雷达为了取得飞机前方的气象资料，一般安装在飞机头部。

第1章　无线电基础知识

无线电设备与仪表设备都可以提供相应的导航参量，但两者之间的工作原理不同。例如，仪表设备中的大气数据仪表，是通过测量飞机与大气之间的作用力及飞机所在位置的大气参数，再根据大气参数与飞机飞行参数的特定关系进行换算，才能在相应的仪表上指示出所需的飞行参量。而无线电导航则是利用无线电波的发射与接收，将电参量转换为相应的导航参量，所以无线电系统的最大特点是依赖无线电波的发射、传播及接收进行工作的。无线电波的发射、接收过程以及传播特性在很大程度上影响无线电系统的工作质量，因而在学习飞机通信导航设备之前有必要了解：无线电波的传播规律、影响其传播的主要因素、不同波段无线电波的传播特点、发射设备及接收设备的基本知识、传输线及天线的工作特点、调制的含义等无线电的基础知识。

1.1　无线电波

各种无线电系统都是利用无线电信号来传送信息，或者利用无线电信号来获取一定的信息的。而在无线电系统中所说的信号，是指代表一定信息的电信号。

下面就来了解信号的各个方面。

1.1.1　信号的形式

1. 规则信号与不规则信号

如果信号随时间按照一定规律变化，能够用一个确定的时间函数来表示，则这类信号属于规则信号；反之，若信号不随时间作有规律的变化，而是杂乱的、具有随机的性质，并且不能用一个确定的时间函数来表示，则属于不规则信号。

各类导航信号、雷达信号等都是规则信号；语音信号、电报信号等是不规则信号。

2. 周期信号与非周期信号

周期信号是按一定时间间隔，作不断重复变化的规则信号；非周期信号则不随时间作重复的、有规律的变化。

3. 模拟信号与数字信号

按常见信号的形式，通常把信号分为模拟信号与数字信号两类。

所谓模拟信号，是指模拟物理量（如语音信号）的电压或电流的电参量在一定范围内是平滑、连续变化的，可以取这一范围内的任意值。

所谓数字信号，是指信号是离散的、不连续的，信号只能按有限多个阶梯或增量变化取值。例如，用不同电平表示的二进制信息，只能有高电平（代表信息“1”）和低电平（代表信息“0”）两个量化状态；具体的信息内容用这两个状态的一定形式的编码来表示。

传统的无线电系统所处理的一般是模拟形式的电量；现代机载电子系统则越来越多地以数字形式来处理信息，以获得更为优越的性能。和模拟通信相比，数字通信更能适应对通信技术越来越高的要求，主要体现在：抗干扰能力强；保密性强，可以加密；设备易于实现集成化、微型化；便于处理、存储、交换，便于和计算机连接，也便于计算机管理。数字通信的最大缺点是它占用的系统带宽远远大于模拟通信系统的带宽。

4. 脉冲信号

脉冲信号是指在短暂时间间隔内作用于电路的信号，这个时间间隔是可以与电路的过渡过程相比拟的。就广义来说，凡按非正弦规律变化的信号都可以称为脉冲信号。图 1-1 是几种常见的周期性脉冲波形。

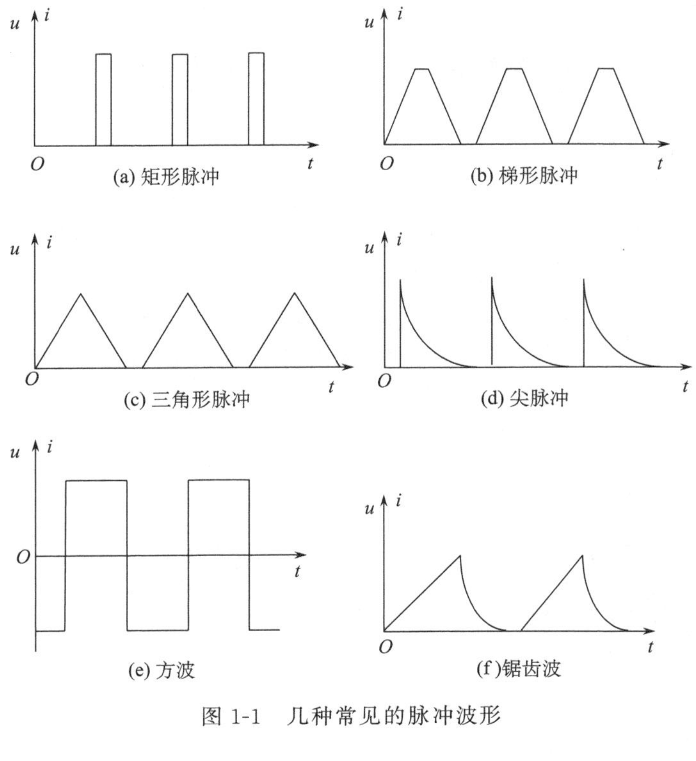

图 1-1 几种常见的脉冲波形

虽然数字信号只有高电平和低电平（有电流和无电流）两个状态，也工作于脉冲状态，但对于脉冲信号，往往是按模拟信号来对待的。这是因为，对于脉冲信号来说，除了注意脉冲的有无外，更多地还要注意脉冲的波形。

5. 低频信号与高频载波

包含各种信息的无线电信号其频率往往较低，通常属于音频和低频的范围。低频信号是很难有效地通过天线辐射到空中去的。为了达到利用无线电波来传送信息的目的，必须将这类低频信号寄载在高频振荡上，以通过天线有效地转化为空间的无线电波。为此，需使高频振荡的某一个参数按照低频信号的规律变化，这一过程称为调制。

为了区别于低频信号，将用于寄载信号的高频振荡称为载波。载波是不包含具体的信息内容的，将已调制的载波信号称为高频信号（或射频信号）。

在很多无线电系统中，为了放大、变换信号的需要，往往还会设置一个或两个低于射频频率的中间频率——中频。所谓高频、中频和低频的概念，是就一个系统中的信号变换过程相对而言的，很难划分绝对的数值界限。某个系统中的中频信号频率，是完全可能高于其他系统的高频频率的。

1.1.2 无线电波

在空间传播的交变电磁场称为电磁波。通常将频率3000GHz以下的电磁波称为无线电波，简称电波。

1. 无线电波的传播

1）电磁波的形成与传播

当把射频信号施加到天线输入端时，天线便能有效地把射频信号所包含的电磁能量辐射到空中去，在天线附近的空间中形成电磁波。这就是说，射频电源（发射机）所产生的射频能量通过天线转化成了空间电磁波。

随后，天线附近空间中的电磁能量将会按照一定的规律扩散，不断地向远方传播（图1-2）。天线在空间A点所形成的交变电场$\boldsymbol{E}$，将会在B点产生交

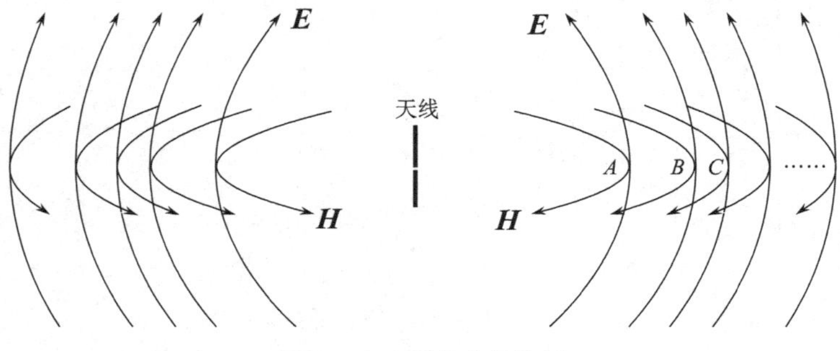

图1-2 无线电波的传播

变磁场，而 A 点的交变磁场 $\boldsymbol{H}$ 将会在 B 点产生交变电场，这样，A 点的交变电磁场便推进到 B 点。到达 B 点的交变电场和交变磁场，又会在距天线略远的 C 点处产生交变磁场和交变电场。如此继续，电磁能量就不断地向前传播。

2）电波的分布

空间的电磁波是由天线上的射频信号形成的，其变化规律取决于射频信号的变化规律，当天线射频电流按正弦规律变化时，空间各点的电场强度和磁场强度随之按正弦规律变化，并且在其传播方向上也是按正弦规律分布的。如图1-3所示为某一瞬间电磁场的分布情形。需要注意的是，空间任意点处的电场向量（z 轴正负方向）与磁场向量（y 轴正负方向）始终是互相垂直的，并且二者又都与传播方向相垂直。

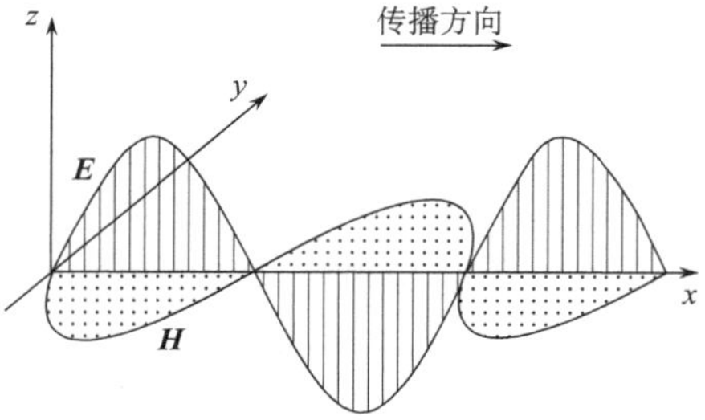

图 1-3　无线电波的电场强度和磁场强度在某一瞬间的分布情况

3）电波的相位

在电波传播的途径上，一个波长的范围内同一时刻的电场强度是不相同的。某点场强的强弱、方向和变化趋势的瞬时状态，叫电波的相位。习惯上用角度来表示电波的相位，称为电波的相角（相位角），常用字母 φ 表示，如图1-4所示。图中 A 点的场强为零，相位是0°；B 点的场强为正的最大值，相位是90°；C 点的场强又回到零，相位是180°；D 点的场强为负的最大值，相位是270°。

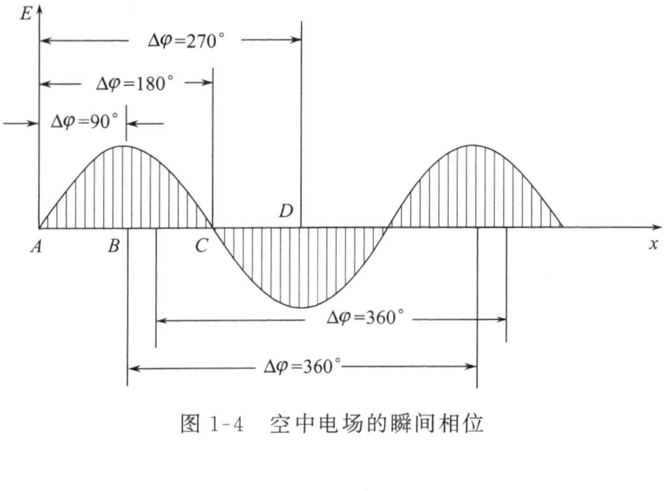

图 1-4　空中电场的瞬间相位

两点间的相位之差，叫相位差，记为 $\Delta\varphi$。由图 1-4 可以看出，在同一电波传播途径上，两点之间的距离为 $\lambda/4$ 时，相位差为 90°；距离为 $\lambda/2$ 时，相位差为 180°；距离为 $3\lambda/4$ 时，相位差为 270°；当距离为波长的整数倍时，相位差是 360°的整数倍，即

$$\Delta\varphi = \frac{d}{\lambda} \times 360^\circ \tag{1-1}$$

式中，d 为传播途径上两点间的距离差；λ 为波长。显然，只要两点间的距离不变，任意时刻该两点间的相位差是不变的。

4）电波的传播方向

由上述可知，空间电磁波的电场向量 $\boldsymbol{E}$、磁场向量 $\boldsymbol{H}$ 和电波传播方向是互相垂直的，这种电波称为横电磁波。横电磁波的传播方向可以形象地用右手螺旋定则来确定：伸开右手四指与电场向量方向一致，再使四指弯向磁场向量方向（沿 90°），则拇指方向就是电波传播的方向，如图 1-5 所示。可见，当电场和磁场向量中的一个改变方向时，传播方向就反向；而当电场和磁场同时反向时，电波传播的方向并不改变。

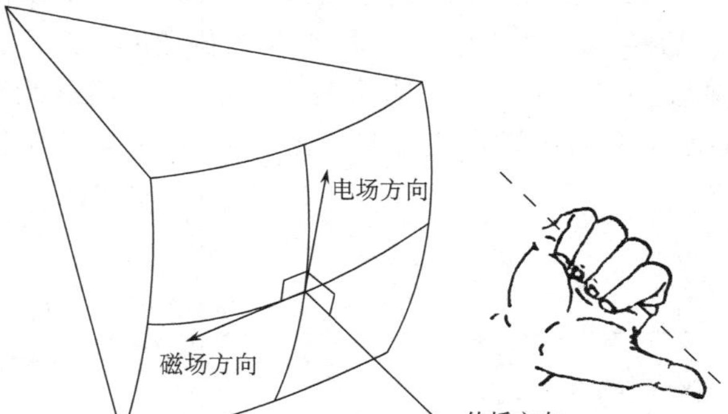

图 1-5　右手螺旋定则

5）球面波与平面波

电波中相位相同的各点组成的面，称为波阵面。波阵面实际上是距波源（天线）距离相同的各点所组成的面。显然，当可以把天线看成是一个点波源时，电波的波阵面是一个球面，这样的电波就称为球面波，如图 1-6 所示。通常可以把它看成是一个在 O 点处的无方向性天线所产生的球面波。

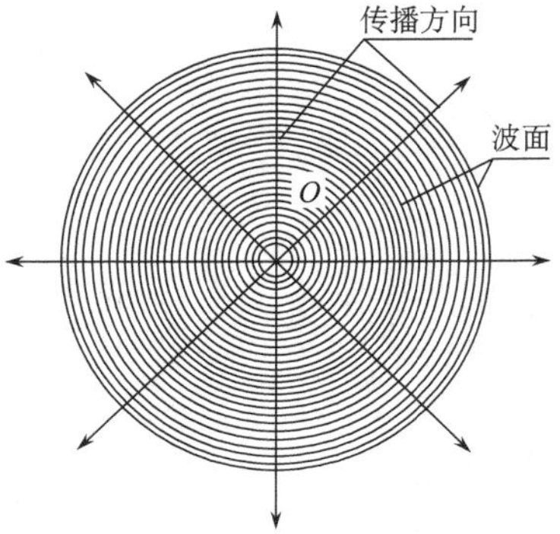

图 1-6 球面波

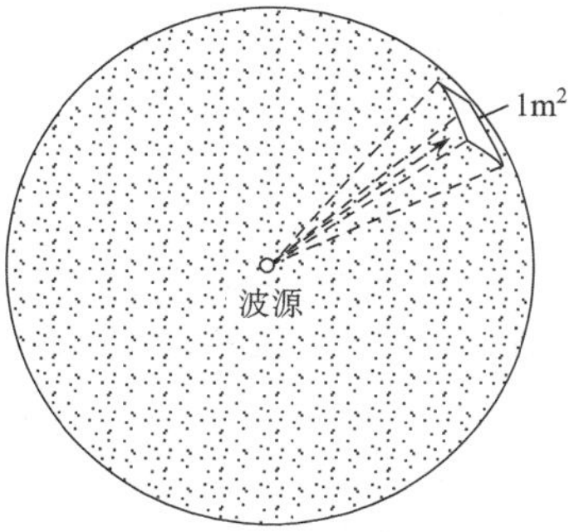

图 1-7 能流密度

实际上，在距天线遥远的地方，天线所接收到的只是球面波的一个极小部分。此时的波阵面，可以看成是一个平面。波阵面为平面的电波，称为平面波。

6）电波的能流密度

为了衡量接收天线处信号电磁波的强度，可以引用能流密度的概念。能流密度是指在与电波传播方向相垂直的单位面积、单位时间内所通过的电磁能量。设理想无方向性波源的辐射功率为 P，则距波源 r 处的能流密度 S 就是 P 与半径为 r 的球面积的比值（图 1-7）

$$S=\frac{P}{4\pi r^2} \tag{1-2}$$

这表明，距波源 r 处的信号能量是与距离的平方成反比的。

7）电波的传播速度

电波在真空中的传播速度等于光速 c（$c=3\times10^8\,\mathrm{m/s}$）。

电波在空气或其他介质中的传播速度与介质的相对介电系数 ε_r 和相对磁导率 μ_r 有关，即

$$v=\frac{c}{\sqrt{\mu_r\varepsilon_r}} \tag{1-3}$$

对空气而言，ε_r、μ_r 略大于 1，故电波在空气中的传播速度略小于光速，但通常可认为是等于光速 c 的。

8）电波的频率与波长

电波的频率等于发射信号的频率 f_t。

在信号一个周期内电波前进的距离称为波长。波长 λ 等于传播速度 v 与周期 T 的乘积，即

$$\lambda = vT = \frac{v}{f} \tag{1-4}$$

若频率以 MHz 为单位，则以 m 为单位的波长为

$$\lambda(\mathrm{m}) = \frac{300}{f(\mathrm{MHz})} \tag{1-5}$$

例如，对于频率为 100MHz 的甚高频频率而言，波长等于 3m；对于频率为 1000MHz 的信号，波长为 0.3m。

9）电波的极化

由天线的工作原理可知，为了分析电波在天线上所产生的信号电动势的状况，必须了解电波的电场（及磁场）方向及其变化规律。

电波在空间传播时，其电场向量是按照一定的规律变化的，这就是电波的极化。电波的电场方向称为它的极化方向。

（1）线性极化与圆极化波电波。如果空间某点电波电场向量终端随时间变化的轨迹为一条直线，则这种电波称为线极化波；如果电场向量终端的轨迹为一个圆，则称为圆极化波。此外，电场终端向量的轨迹还可能为椭圆——这样的电波称为椭圆极化波。

（2）水平极化与垂直极化。若线极化波的电场与地面垂直，则称为垂直极化波；若与地面平行，则称为水平极化波。

显然，与地面垂直的天线所产生的是垂直极化波；要有效地接收垂直极化波，接收天线也应当是垂直安置的。

2. 无线电波传播的基本规律

人们对于自然界中可见光的传播规律是比较熟悉的。尽管无线电波的波长比光波长，但它们都是电磁波，因而具有许多相同的传播规律。

1）理想条件下无线电波的传播

所谓理想条件，就是把大气看作均匀介质。电波在均匀介质中传播时，其介电系数 ε 和磁导率 μ 为

$$\varepsilon = \varepsilon_0 = 8.855 \times 10^{-12}\,\mathrm{F/m}$$

$$\mu = \mu_0 = 1.257 \times 10^{-6}\,\mathrm{H/m}$$

式中，ε_0、μ_0 为真空中的磁导率和介电系数，将 ε、μ 代入上式可得到电波在理想条件下的传播速度 $v=3\times10^8\,\mathrm{m/s}$，这一数值恰好与光波的传播速度一样。可见，电波在理想条件下传播，其速度是恒定的，传播方向不会发生任何变化。甚高频通信信号、甚高频导航信号、测距信号、空中交通管制应答信号等，都可以认为是沿直线在收发天线之间传播的。

2）实际条件下无线电波的传播

在实际条件下，大气的介电系数和磁导率是不相同的，因此电波的传播速度

要发生变化。对于任意介质中的电磁波传播速度，可用式（1-6）表示，即

$$v=\frac{c}{\sqrt{\varepsilon_r \mu_r}} \tag{1-6}$$

式中，c 为光速 3×10^8 m/s；ε_r 是相对介电系数，即某介质的介电系数与 ε_0 的比值；μ_r 是相对磁导率，即某介质的磁导率与 μ_0 的比值。

当无线电波通过不均匀的介质时，不仅电波的传播速度会发生变化，而且电波的传播方向也会发生变化，产生反射、折射、绕射及散射现象，以下利用与光的传播相对比的方法，分别说明这几种电波方向变化现象的规律及原因。

（1）反射。光线遇到镜面会被反射。电波经过不同介质的交界面时，也会产生反射现象。尤其是当电波遇到相对介电系数 ε_r 很大的金属或其他导电体时，电波的能量几乎全部被分界面所反射，如图 1-8 所示。

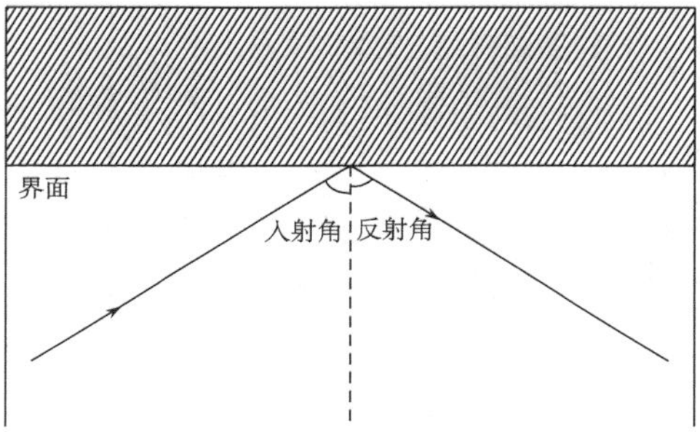

图 1-8 电波的反射

当反射面是平面且远大于电波波长时，电波的反射遵循光的反射规律——反射线与入射线及反射点处的法线处于同一平面内，且反射角等于入射角。

（2）折射。观察一根插入玻璃杯中的筷子，可以发现筷子在水中“变弯了”，这是由于光线由空气进入水中时产生折射而造成的现象。电波由一种介质进入另一种介质时，除了在交界面上产生反射以外，通常也会产生折射现象，如图 1-9（a）所示。

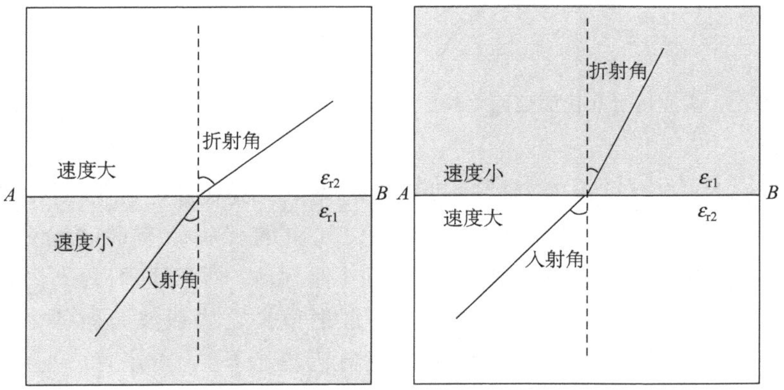

(a) $\varepsilon_{r1}>\varepsilon_{r2}$ 时的情形 (b) $\varepsilon_{r1}<\varepsilon_{r2}$ 时的情形

图 1-9 电波的折射

产生折射的原因是在两种介电系数不等的介质中，电波的传播速度不同，经过交界面后波阵面发生偏转，从而改变传播方向。这就如同当行进中的纵队一侧的人放慢速度时，队伍会向该侧偏转一样。

如图1-9（b）所示，设电波由相对介电系数较小的介质进入介电系数较大的介质，当波阵面 AB 左侧先经过交界面进入介质2时，左侧的速度减小而右侧仍在介质1中速度不变，于是整个波阵面向速度较慢的左侧偏转，当整个波阵面都进入介质2时，左、右两侧的速度相等，传播方向不再改变。

从以上分析可知，电波通过两种介质交界面时，其折射方向总是向着相对介电系数 ε_r 较大的介质的法线方向偏折的。短波在进入大气层中的电离层时，就会发生这种折射现象。

（3）绕射。任何波通过障碍物时，都可能发生绕射现象。电波遇到某些障碍物时，同样能绕过障碍物继续向前传播，这种现象称为绕射。由于电波具有绕射特性，所以能够沿着起伏不平的地球表面传播，如图1-10所示。电波的绕射能力与波长有关，波长越长，绕射能力越强。

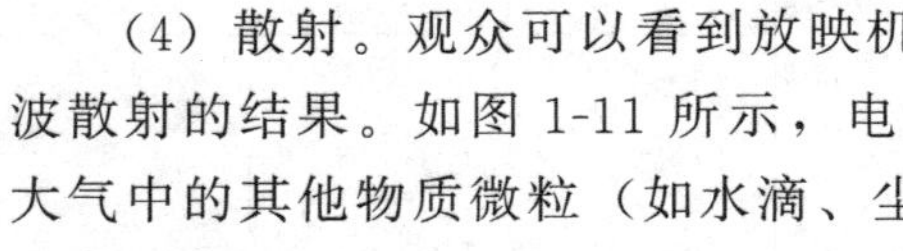

图1-10　电波绕过起伏的地面

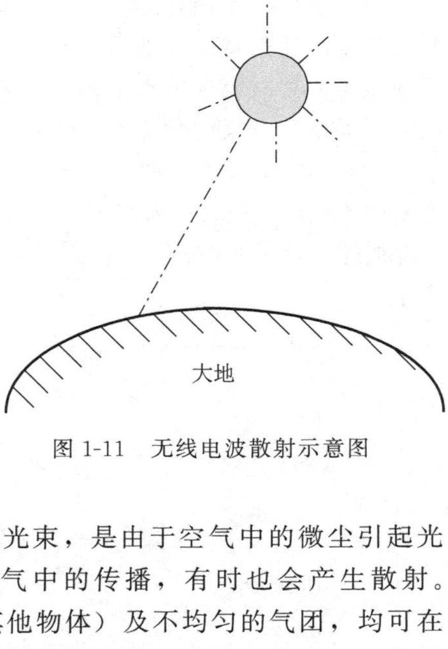

图1-11　无线电波散射示意图

（4）散射。观众可以看到放映机发出的光束，是由于空气中的微尘引起光波散射的结果。如图1-11所示，电波在大气中的传播，有时也会产生散射。大气中的其他物质微粒（如水滴、尘土或其他物体）及不均匀的气团，均可在电波的作用下激起电流，成为新的波源。散射就是这些新波源向各个方向辐射的结果。一般来讲，甚高频电波的散射现象比较显著。

3. 电波传播过程中能量的变化

在电波传播过程中，由于扩散及介质吸收两方面的原因，电波的能量会逐渐减小。

如前所述，即使在真空中传播时，由于电波的扩散，波源形成的球面波的能量也是与距离的平方成反比减小的。

实际上电波总是在一定的介质中传播的。在电波的作用下介质中的带电微粒随电场交变而往复运动，与其他微粒相互碰撞而发热，吸收电波的能量。

一般说来，介质的导电性能越好，电波的频率越高，介质对电波能量的吸收就越多，电波能量衰减越快。

4. 导体与电波传播

电波只能在绝缘体中传播而不能穿过导体。电波是不能在导体中存在的，这是因为如果导体内部存在电场，会立即引起极大的感应电流而形成与原电场方向相反、大小相等的反电场，从而使合成电场为零，即导体内部不可能存在交变电场。同理，如果导体内部存在磁场，也会引起涡流而产生与原磁场大小相等、方向相反的反磁场，从而使合成磁场为零，即导体内部不可能存在交变磁场。因而电波射向导体时全部被反射，这就是在分析波导原理时所说明的边界条件。

从一些维修技术资料中可以看到，对用于刷涂（或喷涂）雷达罩（机鼻罩）或其他天线密封盖及天线本身的油漆种类有着严格的规定。其主要依据之一就是不同类型的油漆对电磁波的传播有不同的影响。不遵守这些规定，会影响整个系统性能。例如，如果误用具有一定导电性的金属磁漆涂刷雷达天线罩，则会严重衰减雷达信号从而降低雷达的作用距离。至于用金属或金属网来制成屏蔽电磁波的屏蔽室，则是对上述规律的最直接的应用。不难理解，金属导电性越好，对电波的屏蔽效果就越佳，所以一些屏蔽罩的表面也是镀银的，并且屏蔽导体必须良好接地。

1.1.3 电波的传播方式与各波段电波的传播特点

不同频率的无线电波在大气中传播时，由于本身的传播规律及地面和大气层的不同影响，形成了不同的传播方式，如图 1-12 所示。不同波段电波的传播具有不同的特点。

1. 天波

电波由发射天线向空中辐射，遇到电离层后反射到接收点，这种传播方式称为天波传播，如图 1-13 所示。短波主要利用天波传播。

2. 地波

电波沿地球表面传播到接收点，称为地波，或称表面波，如图 1-14 所示为用地波传播。中波主要利用地波传播。

3. 空间波

空间波包括直达波和地面反射波。电波沿视线直接传播到接收点，称为直达

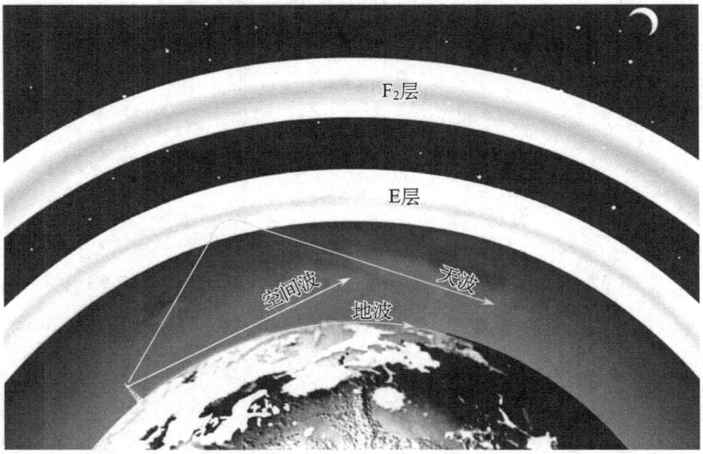

图 1-12 无线电波的传播方式

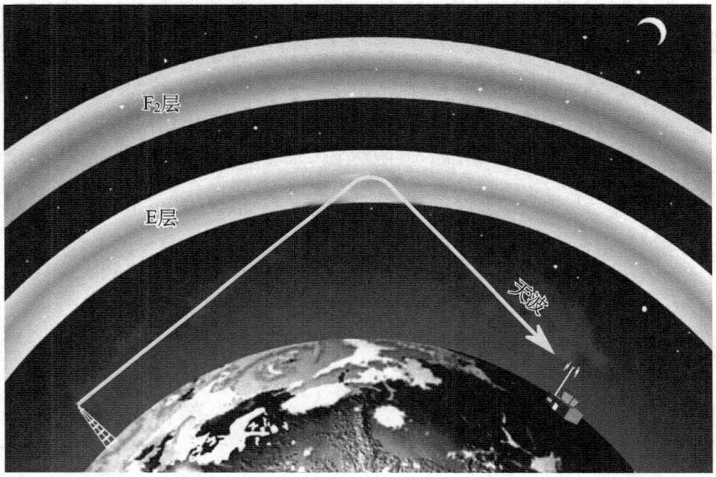

图 1-13 天波

波；经地面反射后到达接收点的电波，叫地面反射波，如图 1-15 所示。超短波利用空间波来传播。利用空间波的传播称为视距传播。

4. 散射波

电波利用电离层或对流层的不均匀性而散射传播到接收点，称为散射传播。

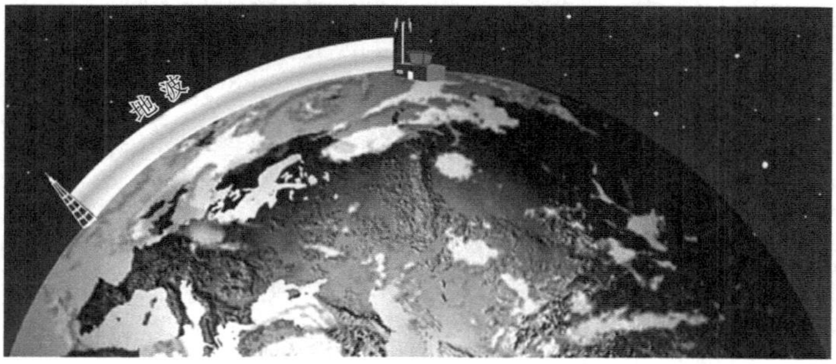

图 1-14 地波

图 1-15 空间波

1.1.4 地面与大气层对电波传播的影响

1. 地面对电波传播的影响

当电波沿地面传播时，地面在电波电磁场的作用下会产生感应电流。由于地面是不良导体，所以感应电流的流动会使电波损耗一部分能量，即地面吸收了电波的部分能量。

地面的电导率越小，地面损耗越大；另外，电波频率越高，损耗也越大。因此，若利用地面来传播电波，则电波的频率应尽量低。海水的电导率比陆地大，所以电波沿海面可以传播较远的距离。

2. 大气层对电波传播的影响

通常将地球周围的大气层分为对流层、同温层、电离层三层。最底层（10～12km 以下）为对流层；60km 以上为电离层；两者之间为同温层。电离层对电

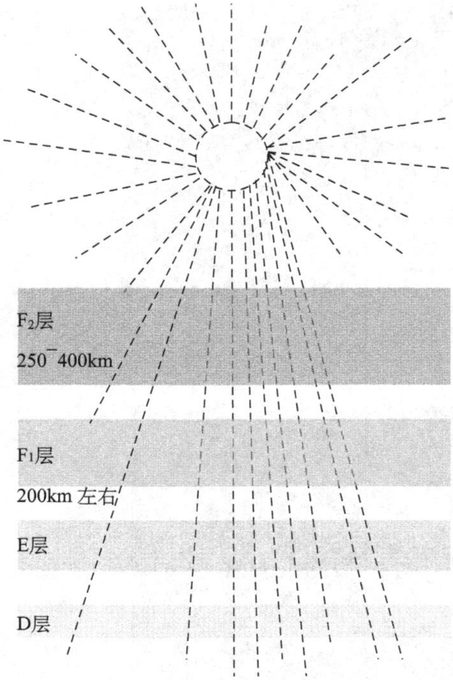

图 1-16 电离层的分层及大致高度

波传播的影响最为明显。以下说明电离层的变化规律及其对电波传播的影响。

1）电离层的形成

电离层是大气外层中的气体分子在阳光中的紫外线照射下，电离成自由电子和正离子而形成的电离化的大气层。由于电离层中含有较多的电子和正离子，所以具有一定的导电性，对电波传播会产生较为明显的影响。

由于不同高度上大气的成分不同，受阳光照射的程度不同，所以电离层中的电子密度是不均匀的，且随季节、时间而变化。实际测量证明，夏季白天电离层中有四个电子密度最大的区域，分别称为 D 层、E 层、F_1 层和 F_2 层，如图 1-16 所示。

2）电离层的变化规律

电离层随季节而变化，夏季的太阳直射到地面上，紫外线较强，因此 E 层的电子密度在夏季最大，冬季最小。但 F_2 层的密度在夏季中午反而比冬季中午的小。

一天中，白天的电子密度比晚上的大，这是因为气体的电离是在白天阳光照射下发生的，夜间电子与正离子会部分地复合，电子密度的昼夜变化如图 1-17 所示。由图可见，D 层和 F_1 层入夜后很快消失；E 层电子密度在中午阳光最强时最大，在夜间减弱并几乎保持不变；F_2 层的电子密度在下午达到最大值，黎明前最小。

电离层的电子密度还与纬度有关。纬度越高的地方，阳光越弱，电子密度就越小。

此外，不同年份电离层的电子密度也有所不同，这是与太阳的活动性有关的。变化的周期为 11 年左右。

3）电离层对电波的折射作用

由上述可知，电离层的电子密度是不均匀的；不仅各层的电子密度不同，就是一层中也是中间大两边小的。因此，电波进入电离层后，就会产生折射，连续折射的结果，可能使电波返回地面，也可能使电波穿透电离层而进入外层空间，如图 1-18 所示。

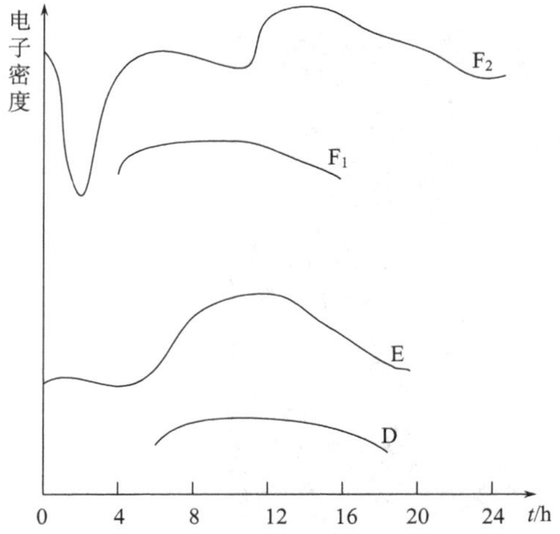

图 1-17 电离层的昼夜变化

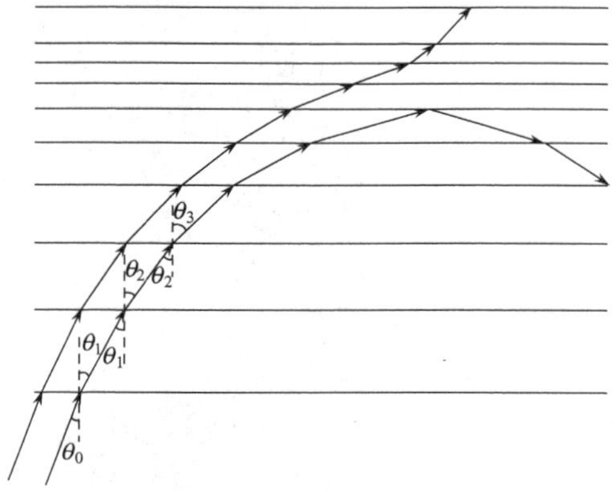

图 1-18 电离层对电波的折射作用

电离层对电波折射的程度与电波频率、电离层的电子密度及入射角有关。一般来讲，频率越高，越不易折射。甚高频及频率更高的电波，几乎可以直接穿过电离层而进入宇宙空间。电子密度越大，电波越易折射回地面；入射角越大，电波也越易折射回地面。

4）电离层对电波的吸收作用

电波在电离层中传播时，使电离层中的电子发生振动。电子在振动过程中与周围正离子及气体分子相碰撞，从而吸收电波的能量。

电离层密度越大，电离层对电波的衰减越大。因此，依靠电离层的折射而传播的短波白天衰减较大。电波频率越高，具有一定惯性的电子的振动振幅反而越小，所以吸收作用也越小。

1.1.5 各波段电波的传播特点

整个电磁频谱包含从电波到宇宙射线的各种波、光和射线的集合。不同频率段落分别命名为无线电波（3kHz～3000GHz）、红外线、可见光、紫外线、X 射线、γ 射线和宇宙射线，如图 1-19 所示。

在 19 世纪末，意大利的马可尼和俄国的波波夫同在 1895 年进行了无线电通信试验。在此后的 100 年间，从 3kHz 直到 3000GHz 的频谱被认识、开发和逐步利用。根据不同的传播特性，不同的使用业务，对整个无线电频谱进行划分，共分 9 段：甚低频 VLF、低频 LF、中频 MF、高频 HF、甚高频 VHF、特高频 UHF、超高频 SHF、极高频 EHF 和至高频，对应的波段为甚（超）长波、长波、中波、短波、米波、分米波、厘米波、毫米波和丝米波（后四种统称为微

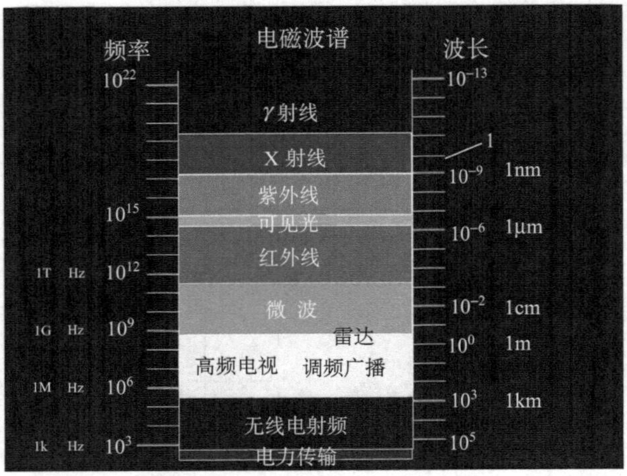

图 1-19 电磁波波段划分

波)，见表 1-1。微波波段的继续划分见表 1-2。

表 1-1 无线电频谱和波段划分

段号	频段名称	频段范围 （含上限不含下限）	波段名称		波长范围 （含上限不含下限）
1	甚低频（VLF）	3～30kHz	甚长波		100～10km
2	低频（LF）	30～300kHz	长波		10～1km
3	中频（MF）	300～3000kHz	中波		1000～100m
4	高频（HF）	3～30MHz	短波		100～10m
5	甚高频（VHF）	30～300MHz	米波		10～1m
6	特高频（UHF）	300～3000MHz	分米波	微波	100～10cm
7	超高频（SHF）	3～30GHz	厘米波		10～1cm
8	极高频（EHF）	30～300GHz	毫米波		10～1mm
9	至高频	300～3000GHz	丝米波		1～0.1mm

表 1-2 微波波段划分

名称	频率范围/GHz	指定用于无线电定位的频段/GHz
L 波段	1～2	1.215～1.4
S 波段	2～4	2.3～2.5 2.7～3.7
C 波段	4～8	5.255～5.925

续表

名称	频率范围/GHz	指定用于无线电定位的频段/GHz
X 波段	8～12.5	8.5～10.7
Ku 波段	12.5～18	13.4～14.4 15.7～17.7
K 波段	18～26.5	23～24.25
Ka 波段	26.5～40	33.4～36

由于不同的无线电（波段）有不同的传播特性，因而具有不同的用途，具体见表 1-3。

表 1-3　各波段无线电波的主要用途

波段名称	主要用途
超长波	导航、固定业务、频率标准
长波	导航、固定业务
中波	导航、广播、固定业务、移动业务
短波	导航、广播、固定业务、移动业务、其他
米波	导航、电视、调频广播、雷达、电离层散射通信、固定业务、移动业务
分米波	导航、电视、雷达、对流层散射通信、固定业务、移动业务、空间通信
厘米波	导航、雷达、固定业务、移动业务、无线电天文、空间通信
毫米波	导航、固定业务、移动业务、无线电天文、空间通信

1. 超长波和长波的传播特点

超长波和长波的绕射能力很强，地面的吸收很小，所以地波传播距离远；同时长波和超长波可以有效地被电离层反射，电离层的吸收也很小。利用电离层和地面对电波的多次反射，可使电波传播到很远的地方。因此，超长波和长波的传播方式以表面波和天波为主。

超长波和长波的传播特点是传播稳定，传播距离远。由于波段很窄，故不能容纳大量的电台。这两个波段的天波干扰最大，由于超长波还可深入水下一定的距离，所以可供潜艇导航使用。

奥米伽导航系统就是利用超长波（甚低频）信号传播距离远这一特点来实现全球导航的。

2. 中波的传播特点

地面对中波的吸收比长波大，所以中波的地波比长波的传播距离近。

白天，中波能穿透 D 层，并深入到 E 层后才被反射，吸收较大，因此白天中波不能用来有效地传播信号。夜间D层消失，E层电子密度也减小，电离层对天波的吸收大为减小，因此夜间中波的天波可以比地波传播得更远。

中波的传播方式以地波为主。中波的地波与超长波一样，也具有传播距离远且传播稳定可靠的特点，但天电干扰较为严重。无线电罗盘工作于中波波段。

3. 短波的传播特点

短波传播以天波为主。电离层对短波的吸收比对中波、长波的吸收都小，因此短波可利用天波传播很远的距离；而地面对短波的吸收比对中波、长波大，故地波传播距离近，如图1-20所示。

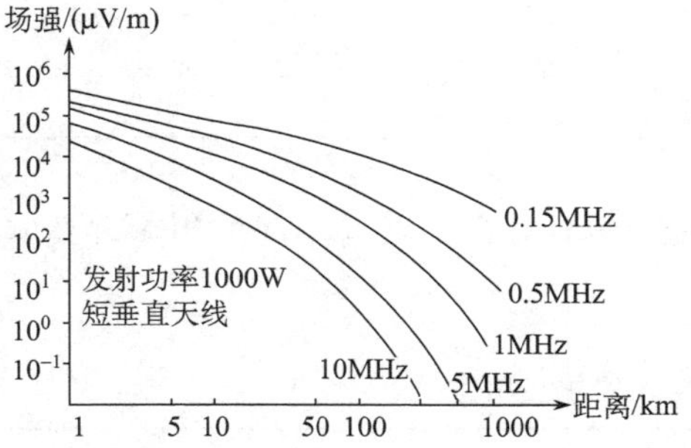

图1-20 短波的地波传播

短波利用电离层的反射来传播，受电离层变化的影响特别明显，因而导致传播不稳定，产生衰落现象。所谓衰落现象，是指所接收的信号强度时起时落的不规则现象，如图1-21所示。

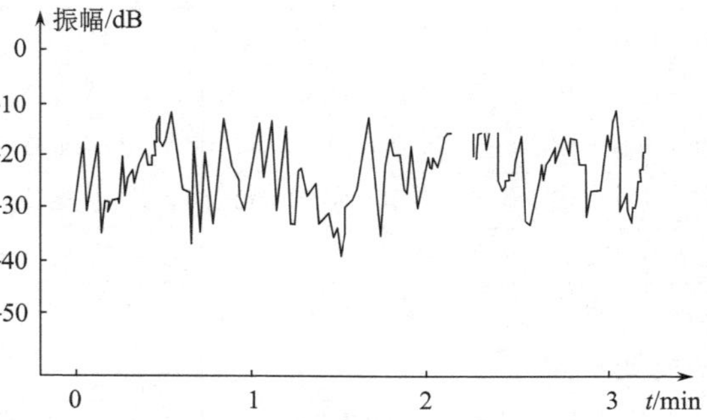

图1-21 接收机的衰落信号波形

由于电波可能是经过两个或两个以上的途径到达接收点的，而反射这些电波的电离层本身经常变化，所以两路电波的相对相位变化不定，造成了合成电波的时强时弱，如图1-22和图1-23所示。

短波的传播有时会出现静区，如图1-24所示。发射点A发出的地波传播距离近，只能到达图1-24中的B点，而由A点发出的天波，又只能到达比C点更远的地区，这样在地波到达不了、天波又越过了的区域BC就收不到信号，形成了静区。

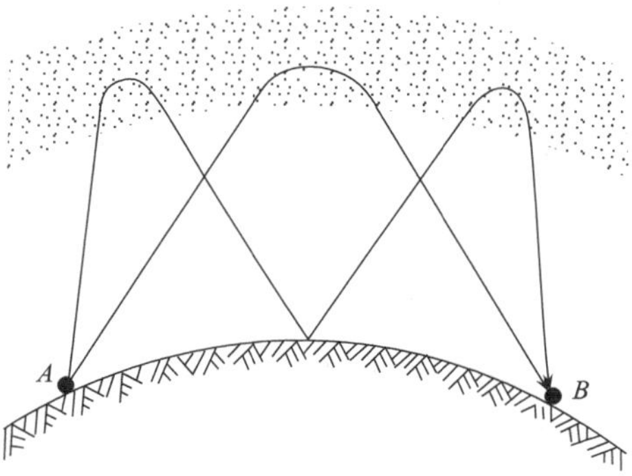

图 1-22 衰落的形式

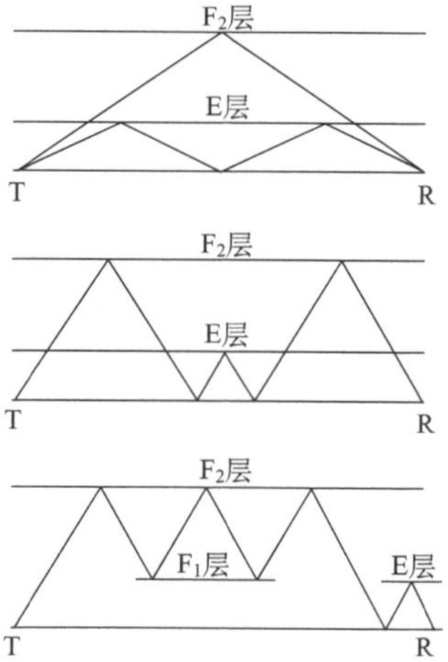

图 1-23 短波的多径传输

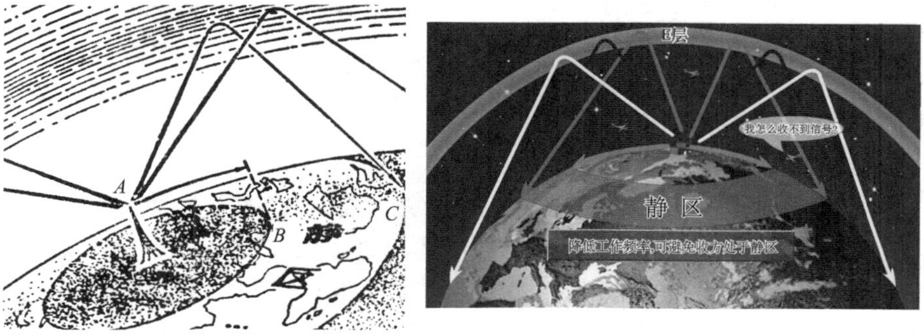

图 1-24 静区的形成

天波虽然具有不够稳定的特点，但使用中、小功率的电台便可利用天波传播较远的距离，所以在航空通信方面获得了广泛的应用。

4. 超短波的传播特点

超短波的频率很高，因而其地波衰减很快，它的天波又一般都会穿过电离层而不能被折射回地面，所以超短波的天波与地波都不能有效地传播，只能以空间波方式传播，如图 1-25（a）所示。

超短波的有效传播距离一般限于视线范围，传播距离较近，如图 1-25（b）中的 AB 所示。但由于对流层对超短波的折射作用，使得实际的传播距离略大于视线距离，如图 1-25（b）中的 AB' 所示。

超短波受天电干扰较小，直线传播方式的保密性也较好。甚高频通信与甚高频导航系统的信号就是以直达波的方式在地面设备与机载设备之间传播的。

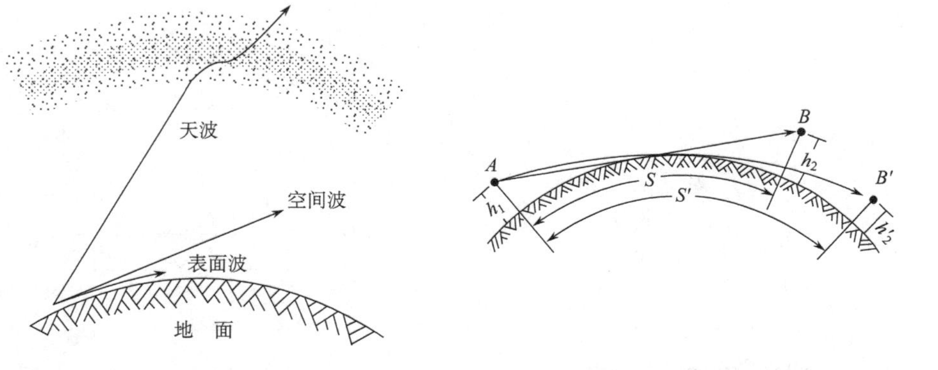

(a) 超短波的传播方式　　(b) 超短波的传播距离

图 1-25　超短波的传播

1.2　调幅发射设备与调幅接收设备基础

通信系统是指为实现通信任务所需要的一切设备和传输介质的总体。由于无线通信在移动通信领域中有无可比拟的优势，因此在航空、通信业务中得到了广泛的应用。

无线电通信系统通常由输入变换器、发送设备、传输线、发射天线、传输信道、接收天线、接收设备及输出变换器等部分组成，如图 1-26 所示。需要传送的信息源信息通常为话音、数据、文字、图像等非电信号，输入变换器是将信息源转换为低频电信号，输出变换器的作用正好相反。传输信道的知识在 1.1 节中

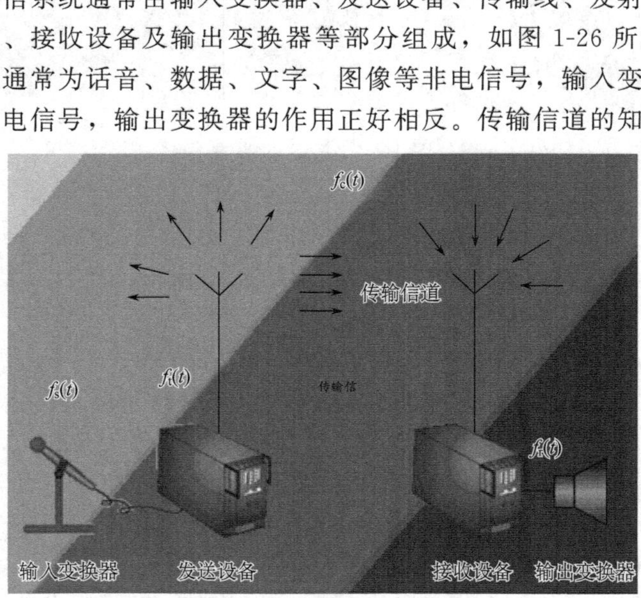

图 1-26　无线电通信系统组成

已经讲述过，天线和传输线的内容将在 1.3 节中讲述，本节讨论发射与接收设备的基础知识。

发射与接收是无线电系统所包含的两个基本过程。充分理解无线电收、发系统的整机结构、信号的处理过程，以及一些设备指标参数，是掌握各种无线电设备工作原理的基础。

1.2.1 调幅发射设备基础

1. 调幅发射设备组成及基本工作原理

无线电发射机的基本任务是向发射天线提供传送信息的射频信号。而射频信号的频率、功率又需满足系统的整体要求。为此，就必须产生功率足够的射频载波，并按系统的要求实现对射频信号的调制。尽管无线电发射机的电路千差万别，但其基本上是由射频振荡、功率放大、调制器、低频放大及电源几部分功能电路组成的，如图 1-27 所示。

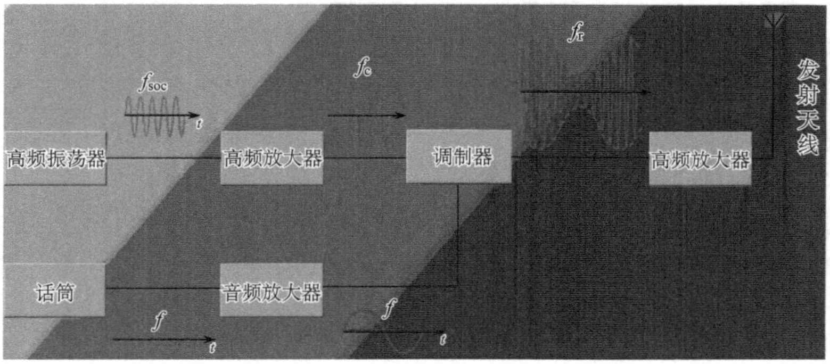

图 1-27 发射设备的基本组成

高频振荡器也叫做射频振荡器，用来产生频率稳定度符合要求的正弦载波。高频放大器除了具有放大信号的作用外，还可以消除或者减弱功率放大器对主振频率稳定度的影响，因此有时可称为缓冲放大器。低频信号由转换器变换为低频电信号后，通过低频放大器与射频振荡信号同时被送到调制器，振幅调制器用来实现调幅功能，它将输入的载波信号与调制信号变换为所需的调幅波信号，由高频放大器进行功率放大后，以达到所需要的发射功率，然后加到发射天线上去。

2. 调幅发射机的电气性能指标

发射机的电气性能指标，主要是对输出功率、总效率和频率的要求。

1） 输出功率

发射机的输出功率是指发射机末级输往天线的射频信号功率 $P_{\sim}$，它是决定系统作用距离和可靠性的主要因素之一。

无线电发射设备的输出功率，视系统的作用距离和功能不同而差别悬殊。机载发射设备的功率，有的只有几百毫瓦，有的则达数百瓦。

在要求输出功率足够的同时，输出信号中的谐波分量应尽量小，以免对其他设备产生干扰。飞机上的无线电设备多而密集，这一要求是必须注意的。

2）总效率

发射机的总效率 η_t 是发射机的输出功率 $P_\sim$ 与发射机所消耗的全部电源功率 P_0 之比，即

$$\eta_t = P_\sim / P_0 \tag{1-7}$$

提高效率对减小设备的体积重量、降低散热要求具有明显的意义。

3）频率

（1）频率稳定度。频率稳定度指发射机的工作频率保持稳定的程度，它通常用频率的漂移量 Δf 与工作频率 f_0 的比值 $\Delta f/f_0$ 来表示。频率漂移与工作时间、温度及飞行高度等因素有关，所以有时又分别提出短期频率稳定度和长期频率稳定度的要求。

频率稳定度是发射机的一项极为重要的指标，对于保证系统工作的可靠性，提高系统的抗干扰能力和压缩系统占用的频带等具有重要意义。

飞机无线电系统的功用不同，对频率稳定度的要求也不同。一般来说，对频率稳定度的要求越高，发射机的结构就越复杂，成本也越高。

现代机载无线系统通常都利用晶体振荡器和频率合成等技术来提高频率稳定度。通常机载无线电系统的频率稳定度可达到 10^{-5} 左右，有的导航系统则可达到 $10^{-7} \sim 10^{-9}$，甚至更高。

（2）频率准确度。除了要求频率高度稳定外，还要求设备的实际工作频率与控制盒所选择的频率指示值之间准确符合，以保证系统工作可靠、快速。

使用机械式频率调谐，利用频率调节刻度盘指示频率的旧式设备的频率准确度较差；新式设备使用频率合成器，其频率显示为数码式或电子显示，因而频率指示非常准确。

（3）频率范围与波道间隔。不少无线电系统的工作频率不是单一的固定频率，而是一定宽度的频带。系统应能满足频率范围、波道间隔及波道数量的要求。

1.2.2 调幅接收设备基础

以调幅接收机为例，说明无线电接收设备的基本组成、主要性能参数及整机电器的基本工作原理。

1. 调幅接收机的组成及基本工作原理

无线电接收设备的基本任务，是在接收端从无线电信号中提取系统所需的

信息。

接收机可以分为高频、检波和低频三个基本组成部分。高频部分的首要任务是从天线所接收的各种各样的高频信号和干扰中，选出本系统所需要的信号。由于信号往往很微弱，所以高频部分的第二个任务是对微弱的信号进行足够的放大，以使检波器能正常工作。检波器（或其他类型接收机中的解调装置）的作用，是把高频信号变换成低频信号，即实现对已调高频信号的解调。低频部分用于放大低频信号，使其满足扬声器、耳机等终端器件或者信号处理电路的需要。

飞机无线电接收设备通常采用超外差接收电路。高频信号在超外差接收机中经过一次或两次变频，由中频放大器进行放大后再输往检波器，其灵敏度、选择性及抗干扰性等性能均比较优越。图 1-28、图 1-29 分别为一次和两次变频的超外差接收机的电路组成方框图。下面结合图 1-29，说明超外差接收机主要电路的功用和工作原理。调幅接收机信号变频波形如图 1-30 所示。

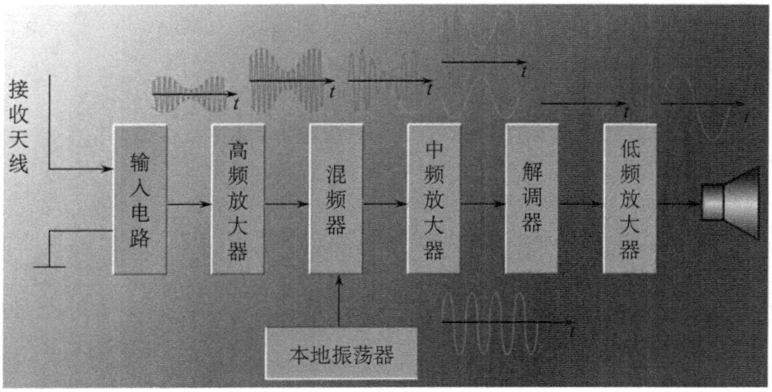

图 1-28 一次变频超外差接收机

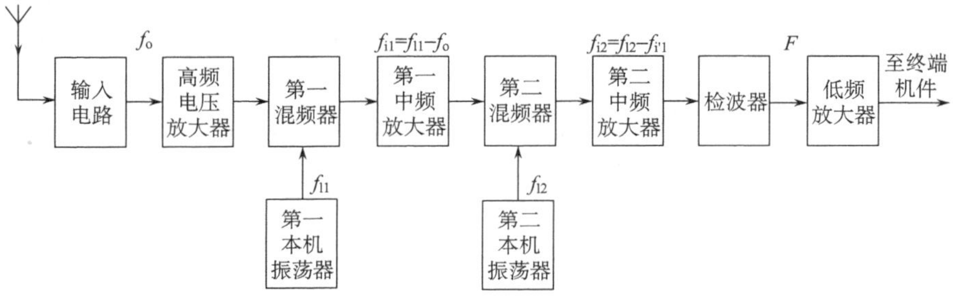

图 1-29 两次变频超外差接收机

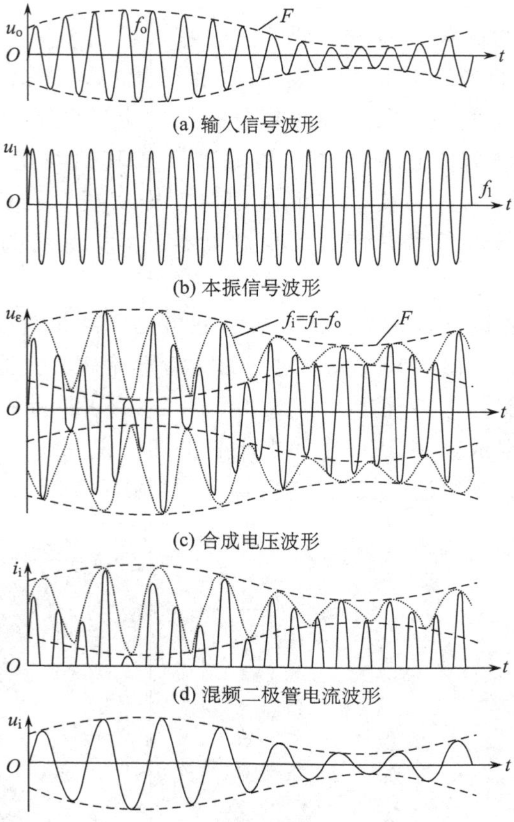

(a) 输入信号波形

(b) 本振信号波形

(c) 合成电压波形

(d) 混频二极管电流波形

(e) 中频信号输出

图 1-30 调幅接收机信号变频波形

1） 输入电路

输入电路的主要任务是选取系统所需频率的有用信号，尽可能滤除其他频率的信号和噪声干扰。输入电路应具有较高的电压传输系数，并且应在整个工作波段内保持均匀。

不同用途、不同工作频率的接收机对输入电路的要求各有侧重，其电路形式也会有所区别。常见的输入电路有电感耦合、电容耦合和电感-电容耦合几种形式。

2） 高频放大器

除了某些工作频率极高（1000MHz 以上）的接收机外，超外差接收机通常设置一级或两级高频放大器。

高频放大器一般采用调谐于工作频率的谐振电路作为输入和输出电路，因此高频放大器在放大微弱的高频信号的同时，还可以起到滤除镜像干扰和中频干扰的作用。

虽然高频放大器对信号具有放大作用，但设置高频放大器的主要目的不是为了提高整机的放大能力，而是着眼于提高输出信噪比。这是因为，接收机的第一级（以及第二级）对整机信噪比的影响最为直接、明显。而变频器所产生的噪声往往较大，所以在变频器之前设置一级或二级高频放大器，即使放大器对信号的放大倍数不是很高，但却可以明显地提高输至变频器的信号电平与变频器噪声电平的比值，从而明显地改善整机信噪比。因此，高频放大器件必须是本身噪声极小的低噪声器件，并且在电路设计上采用有利于降低噪声的措施，这是高频放大器的明显特点。

设置高频放大器可以在变频之前滤除相当多的干扰信号和噪声，也有利于降低变频噪声和减少组合干扰。此外，还可以防止本振信号从接收天线辐射出去，干扰机上其他接收设备。

3）变频

变频就是在保持原信号调制规律的前提下降低或者增高载频的频率，即实现所谓频率搬移。在超外差接收机中，通常是将所接收的高频信号的频率变换为较低频率的中频信号，但也有一些设备需要增高所接收的高频信号的频率，如有的自动定向机和单边带变频的基本方法，是把高频信号 f_o 与本机振荡信号 f_t 在非线性的混频器中相混频，再利用选频回路选出其差频 f_o-f_t(或 f_t-f_o)，或者和频 f_o+f_t。

采用变频的方案，可以有效地提高接收机的灵敏度和邻道选择性。这是超外差接收机的突出优点，也正是其特点。因为中频较低并为固定值，因而中频放大比高频放大更容易获得高的增益，有利于整机灵敏度的提高。同时，中频较低，其通频带相对较窄，又可以用较复杂的回路系统或滤波器来获得比较理想的矩形频率特性，从而使接收机具有较好的邻道选择性。因此，采用变频方案对提高接收机的性能是很有必要的。

在采用两次变频方案的接收机中，所接收的高频信号在第一混频器中与第一本机振荡信号相混频，由第一中频放大器选取出第一中频信号并进行放大。为了进一步降低信号的频率，将第一中频信号与第二本机振荡信号在第二混频器中相混频，由第二中放的调谐回路选取出第二中频信号。高频信号经过这样的两次变频-放大后，再输往检波器进行检波。

目前使用的大多数机载无线电接收机都采用这种两次变频方案。

采用两次变频方案，可不必在兼顾邻道选择性和抑制镜像干扰能力两者之间折中。选用较高的第一中频，可以使接收机具有较理想的镜像干扰抑制能力；第一中频与第二本振混频所产生的第二中频较低，又保证了接收机对邻道干扰的抑制能力，并使第二中放易于提供较高的增益。

混频器有晶体管混频器、二极管混频器和场效应管混频器等几种。旧式接收设备中则应用电子管作混频器件，如三极管混频器、五极管混频器等。

晶体管混频器在变换信号频率的同时，可以提供一定的增益，其缺点是噪声较大，动态范围小。目前较为常用的是二极管混频器。不少机载设备中都应用由两个对称的晶体二极管组成的平衡混频器。

4）中频放大器

超外差接收机所需的整机增益，主要由中频放大器提供，因此可以说，接收机的灵敏度在很大程度上取决于中频放大器的放大能力。在采用两次变频方案的接收机中，则主要依靠第二中放来获得所需的增益。为了获得高达几十万倍或者更高的放大能力，中频放大器总是多级运用的，一般为数级，有的则多达十几级。

中频放大器的增益及通带直接影响接收机的灵敏度及选择性等指标。

中频放大器可以采用固定调谐于中频频率的谐振电路作负载，也可以采用参差调谐的方式，以获得足够宽的通频带。前已说明，接收机的选择性取决于中频放大器的频率特性。当中频放大器具有较窄的接近矩形的频率特性时，接收机可以获得较为理想的邻道选择性。当然，中放通带宽度也不可过窄，应满足信号传输的要求。

为了满足接收机动态范围的要求，中频放大器的增益往往是可以控制和调节的。利用控制盒上的增益调节旋钮可以人工调节接收机的增益，而中放增益的自动控制通常是采用自动增益控制电路或对数中频放大电路来实现的。

5）检波与低频放大电路

调幅接收机的检波电路一般比较简单。二极管检波器是最常用的检波电路。检波器输出的低频信号经低频电压放大和低频功率放大后，向终端负载提供足够的信号功率。低频放大电路的频带应该满足不失真传输信号的要求，通带的具体宽度视接收机的用途不同而异。

2. 调幅接收机的主要性能指标

1）灵敏度

灵敏度表示接收机接收弱信号的能力，它直接影响系统的作用距离。在接收机输出端的信噪比维持所需数值的条件下，使接收机输出标准功率所需的天线输入端的最小电动势，称为接收机的灵敏度。

显然，放大倍数直接影响接收弱信号的能力，但是，噪声总是伴随着微弱信号同时出现的；接收机中的有源器件和其他器件也都会产生一定的噪声功率。因此，在外来信号被放大的同时，噪声也同样得到了放大。所以，只有在维持接收机输出端信噪比为所需数值的前提下，提高接收机的放大能力才是有实际意义的。

机载接收机的灵敏度一般为一至几十微伏。

有的接收机用“最小可检测信号”MDS来表示检测弱信号的能力，其常用的单位是dB·mW（分贝毫瓦）。例如，某接收机的MDS为−110dB·mW，表示该接收机所能够检测的最小信号功率，相当于1mW额定功率衰减110dB。

2）选择性

选择性表示接收机选择所需信号抑制其他信号及干扰的能力。

前已说明，接收机的邻道选择性基本上取决于中频放大器的通频带宽度，而对镜像干扰的抑制能力则取决于高频电路。

选择性可以用选择性曲线来表示，但在一般技术文件中通常只需给出指定频率偏移处的衰减分贝数，即可定量地表明接收机的选择性。例如，某接收机的选择性为±15kHz，6dB；±31.5kHz，60dB，这表明对偏离工作频率±15kHz的干扰信号来说，其信号电平要增加到工作频率信号的6dB才能得到和工作信号同样的标准功率输出；而当偏离工作频率±31.5kHz时，则需增加到60dB。

3）保真度

保真度表示接收机输出端的低频信号波形与接收机输入端高频信号的调制信号波形的相似程度。反过来，也可用失真度来表示接收机的这种性能。

从频谱分析可知，接收机的通频带宽度直接影响信号的失真程度。接收机的通频带较宽时，所能通过的信号谐波分量较多，失真较小；通频带过窄则被滤除的信号谐波分量太多，信号波形失真就较明显。为了避免信号失真，中频放大器和低频放大器应分别有足够宽的中频通带和低频通带，且在通带内具有较为平坦的幅频特性。

4）频率准确度与稳定度

频率准确度与稳定度的含义与发射机相同。

接收机的频率准确度主要取决于本机振荡器的频率准确度；稳定度则取决于本机振荡器的频率稳定度。

5）其他要求

对接收机的其他要求有输出电平、输出信号形式、使用简便性、自动化程度、电源功耗、体积、重量等。

1.3 传输线及天线的基础知识

在传输低频电信号时，普通的双导线就可以完成电磁能量和信号的传输。但随着工作频率的升高，由于导线的趋肤效应和辐射效应的增大，它的正常工作状态被破坏。因此，在高频和微波波段必须采用完全不同的传输线。传输线是用来引导传输高频电磁波能量和信号的装置，从发射机到天线或从天线到接收机的信号传递都是由传输线来完成的。

1.3.1 传输线的类型及其特点

1. 传输线的类型

常用的传输线有平行双线、同轴线、金属波导管、微带及介质波导等。早期的机载设备以同轴线的应用最为普遍，如图 1-31 所示。图 1-31（a）是一种软性的同轴线，它的内、外导体之间的绝缘介质和外层保护层是软性的，因此可以弯曲。如图 1-31（b）所示为硬同轴线，其内、外导体是刚性的，制成后不能弯曲，飞机上极少应用。

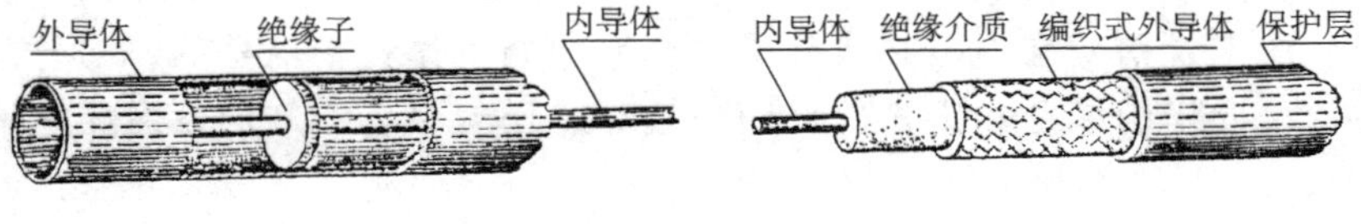

(a) 软同轴线　　(b) 硬同轴线

图 1-31　同轴线

随着航空事业的发展，对设备的性能、体积、重量、一致性和可靠性提出了更高要求。原有的同轴线与波导已不能适应对微波电路集成化的要求。微带是由介质基片一边的导体带和另一边的接地板所构成的。导体带采用印制技术敷在介质基片上，如图 1-32 所示。可见，这是一种平面形结构，其优点是可以通过调整单一平面尺寸来控制其传输特性，同时这种结构尺寸小巧，利用印制工艺可以在不大的体积内制成复杂的微波电路，而且便于同固体微波器件连接，从而能够实现电路的集成化。总之，微带具有频带宽、体积小、重量轻、易于集成化等优点，其缺点是损耗大、功率容量小。因此，微带主要用于小功率微波系统中。

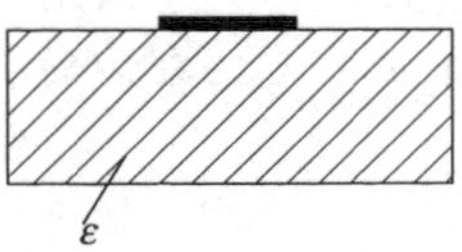

图 1-32　微带传输线结构

2. 传输线的特点

传输线的特点是其横向尺寸远小于工作波长。传输线的性质与所传送的电磁信号的频率有着密切的关系。对于直流电能来说，可以简单地把传输线看成是一段电阻为零的导体；在传输低频信号时，由于波长很长，传输线的长度与信号波长相比几乎趋近于零，所以在同一瞬间可以认为线上各处的电压、电流是相同的。然而，在传输高频信号时，在传输线的长度可以和信号波长相比拟的情况下，线上各处的电压和电流就不再是处处相等的了，而是有的地方大，有的地方小，呈现为电压、电流波的形式，此时传输线所呈现的阻抗，也与线长及位置有着直接的关系，这种状况如图 1-33 所示。

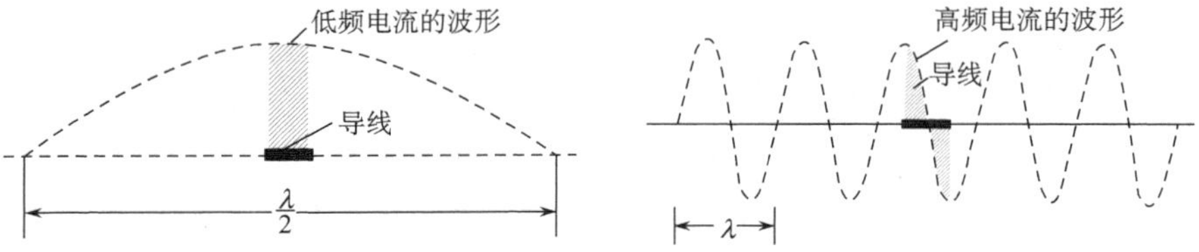

(a) 传输低频信号时的电流分布情形　　(b) 传输高频信号时的电流分布情形

图 1-33　信号频率不同时某一瞬间电流的沿线分布

因此，工作于甚高频频段以上的无线电设备（如无线电高度表），对馈线长度的要求往往是比较严格的。对工作在微波波段的雷达设备来说，对高频部件的几何尺寸的要求就更为严格了。

1.3.2　传输线的分布参数与等效电路

1. 分布参数

在传输高频信号时，传输线上电压与电流波形发生变化的根本原因，是传输线本身具有分布参数。

传输线的分布参数指分布在整个线上的电阻、电感和电容。这些电阻、电感和电容不像集中参数元件那样集中在线上的某处，而是沿线均匀分布的（对均匀传输线而言），所以统称为分布参数。分布参数可分别用单位长度传输线上的分布电阻 R_0、分布电感 L_0 和分布电容 C_0 来衡量。

单位长度传输线的电阻称为分布电阻。分布电阻取决于导体的材料、直径和信号频率。导体的电阻率越大、导体直径越小，分布电阻就越大；信号频率越高，则趋肤效应越显著，分布电阻也就越大。单位长度传输线的分布电感和分布电容取决于导线的直径、线间距离与介质。导体直径（同轴线内导体直径）越大，线间距离越小，分布电感越小；介质的磁导率越小，分布电感也越小。导体直径越大，线间距离越小，分布电容就越大；介质的介电系数越大，分布电容越大。

传输线的分布参数在传输低频电磁能时的作用并不明显。但是，当电磁能频率很高时，L_0 对高频电流的阻碍作用、C_0 对高频电流的分流作用便不可忽略了。例如，当传输线末端短路时，只是末端的一个分布电容被短路，传输线沿线电压并不为零，电流也不是无穷大，这与在传输直流或低频电磁能时，当传输线末端短路时线上电压为零、电流趋近于无穷大的情况是明显不同的。

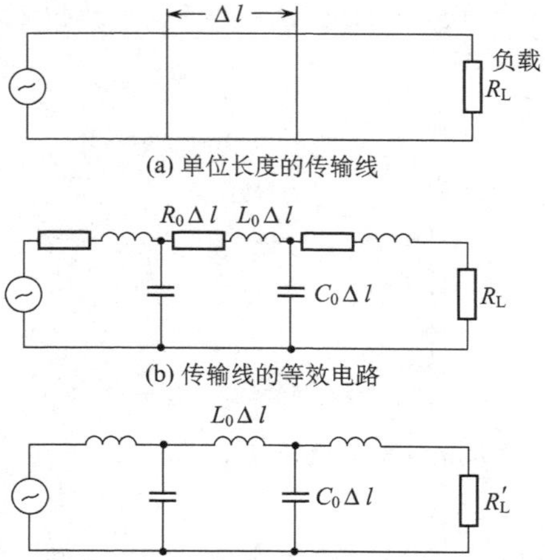

(a) 单位长度的传输线

(b) 传输线的等效电路

(c) 无耗线的等效电路

图 1-34 传输线的等效电路

采取导体表面镀银等措施后，在信号频率很高时传输线的分布电阻 R_0 是远小于感抗 L_0 的。因此，通常在分析传输线时，常可将分布电阻忽略不计，这样的传输线称为无耗线。

2. 等效电路

应用分布参数的概念，可以把单位长度的传输线［图 1-34（a）］用等效的集中参数来表示，这样就得到了如图 1-34（b）所示的等效电路。图中，把两根线的分布电感和分布电阻集中画在一根线上，当分布电阻可以忽略时，无耗线的等效电路如图 1-34（c）所示。

1.3.3 传输电磁能的基本过程与行波工作状态

为便于理解，先分析传输线传输直流电能的基本过程，然后再说明传输线工作于行波状态时线上电压与电流的分布情况及阻抗特性。

1. 直流电在线上的传播过程

设在接通电源之前，整个传输线上电压为零。接通电源后，电源依次向各个分布电容充电，使分布电容上的电压逐渐升高。由于分布电感中电流的建立和分布电容上电压的建立都需要一定的时间，即它们所储存的能量不能突变，所以第二个分布电容上电压建立的时间比第一个分布电容要迟一些，其他以此类推。这样，电压和电流就以一定的速度不断沿线向前推进。经过时间 t_1，电压和电流在线上前进的距离为 S_1。在小于 S_1 的距离上，线上电压处处为 U，在大于 S_1 的距离上，线上电压则仍为零。在时间 t_2 时，电压和电流则前进到 S_2，如图 1-35（a）所示。由此可见，随着对各个分布电容的充电，电压就不断向前传送，与此同时，相应的电流也向前传送。这样就在线上形成以一定速度向前运动的电压波和电流波，分别称为行波电压和行波电流，简称行波。由于这种行波是从始端向末端传播的，故称入射波。当入射波传播到传输线的末端时，如果末端的负载完全吸收入射的电磁能，则电源输出的电磁能不断向负载传输；如果末端的负载不能完全吸收电磁能，就会产生反射，未被吸收的电磁能即反射回始端，这种反射回来的电磁能在传输线上又形成电压波和电流波。由于它们是从末端向始端传播的，所以称为反射波。传输线上的入射波和反射波，除了能量的传播方向不同外，性质是完全相同的。

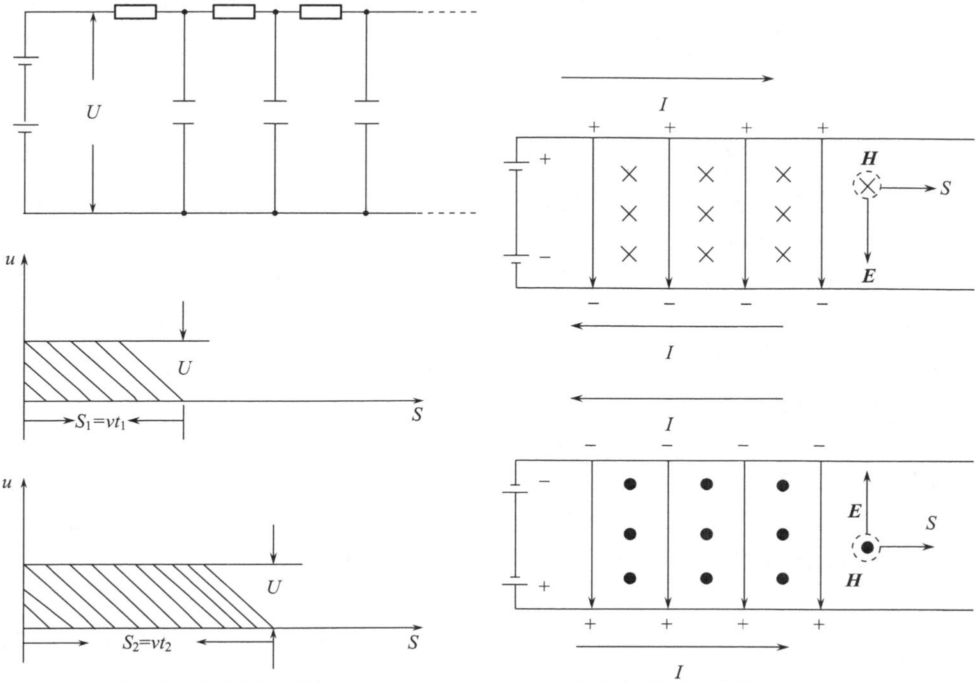

(a) 直流电在传输线上的传播　　(b) 沿线电磁场的分布情形和电磁能的传播方向

图 1-35　直流电磁能在传输线上的传播

行波电压和行波电流在线上运动时，在导线周围便伴随着相应的电场和磁场，如图 1-35（b）所示，它们随同电压、电流一起以同样速度向前传播，其传播方向可用右手定则判定。由图 1-35 可见，不管电源的极性如何，电磁能传播的方向总是指向传输线的末端，也就是说，能量是由电源向传输线末端传播的。这就表明，电磁能是在传输线周围的介质中传播的（对同轴线来说，电磁能是在内、外导体之间的介质中传播的），传输线则起到了引导电磁能向前传播的作用。

2. 交流信号沿传输线传播的行波工作状态

1）行波工作状态

由上述可知，当传输线末端的负载能够将传输到末端的能量全部吸收时，传输线上只有入射波而没有反射波，这时传输线的工作状态称为行波工作状态。

当负载为等于传输线特性阻抗的纯电阻时，负载和传输线对电波所呈现的阻抗完全相同，电波到达末端时，电压和电流的大小均不改变。因此负载电流 I_L 等于传输线上的电流 I，负载吸收的功率与到达末端的功率相等，这就是通常所说的匹配状态。

如果终端负载阻抗与传输线特性阻抗不匹配时，负载端就会产生一反射波，向信号源方向传播，则传输线上各点的电压和电流由入射波和反射波叠加而成，形成驻波。电压驻波比用来描述传输线上驻波的大小，即

$$\rho=\frac{|U|_{\max}}{|U|_{\min}}=\frac{|U_{入}|+|U_{反}|}{|U_{入}|-|U_{反}|} \tag{1-8}$$

2）各瞬间行波电压、行波电流沿线分布的规律（空间变化规律）

传输线上的行波电压、行波电流不仅按一定的规律在空间（线上的不同位置）变化，而且也随时间而变化。

设高频电压 U_0 是按正弦规律变化的，变化周期为 T，初相为 $\pi/2$，如图 1-36（a）所示。图 1-36（b）所示为不同瞬间沿线电压分布的规律。图中只画出了上导线对地的电压，至于下导线对地的电压，除了相位与上导线相反之外，其他完全相同。

在起始瞬间（$t=0$），传输线输入端的电压为正的最大值，传输线上其他点的电压均为零值。

在 1/4 周期的瞬间（$t=T/4$），输入端的电压变化到零，而输入电压的正最大值已沿传输线传输了 1/4 波长的距离。离开电源端比 1/4 波长更远的各点，电压为零。

在 1/2 周期的瞬间（$t=T/2$），输入端的电压变化到负最大值。这时，正最

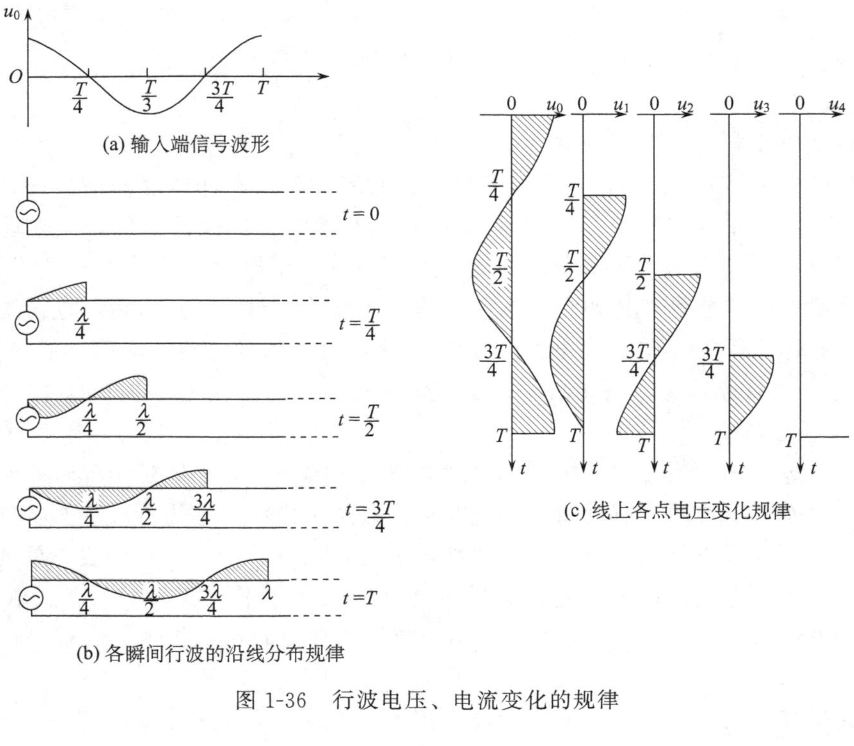

图 1-36 行波电压、电流变化的规律

大值传输到传输线上 1/2 波长处，离开输入端比 1/2 波长更远的各点，电压仍为零。

以此类推，可得出如图 1-36（b）所示的其他瞬间的电压波形。可见，在任一瞬间行波电压是沿传输线按正弦规律分布的。传输线上行波电流的变化规律与行波电压完全相同。

3）传输线上各点电压、电流随时间变化的规律（时间变化规律）

在图 1-36（c）中画出了线上各点电压随时间变化的规律。

在始端，该点电压 u_0 就是电源电压。

在距始端 1/4 波长处，1/4 周期以前，电压尚未传到这里，该点电压为零；在 1/4 周期的瞬间，电压传到这里，该处电压 u_1 开始随时间按正弦规律变化。也就是说，电压 u_1 的变化在时间上落后于电源电压 1/4 周期，相当于相位滞后 $\pi/2$。

在距始端 1/2 波长处，该点电压 u_2 从 1/2 周期的瞬间开始随时间按正弦规律变化，也就是说，电压 u_2 在相位上比电源电压滞后 π。

以此类推，可以得出线上其他各点电压随时间变化的曲线。

可见，线上任一点电压随时间变化的规律与电源电压一样。由于无耗线上没有能量损耗，因此各点电压的振幅相等，但其相位滞后于电源电压，距始端越远，相位越滞后。

根据行波电流等于行波电压与特性阻抗之比的关系可知，线上各点行波电流同行波电压一样，也是随时间按正弦规律变化的，各点的振幅相等，并且和行波电压同相。

4）沿传输线的电场、磁场变化规律

沿传输线的电场、磁场变化的规律，与电压、电流的情况完全相同，如图 1-37（a）、（b）所示。图 1-37（c）则画出了沿线能量的传输方向。可以看出，不论电场、磁场怎样变化，工作于行波状态的传输线总是将能量由电源引向负载的。

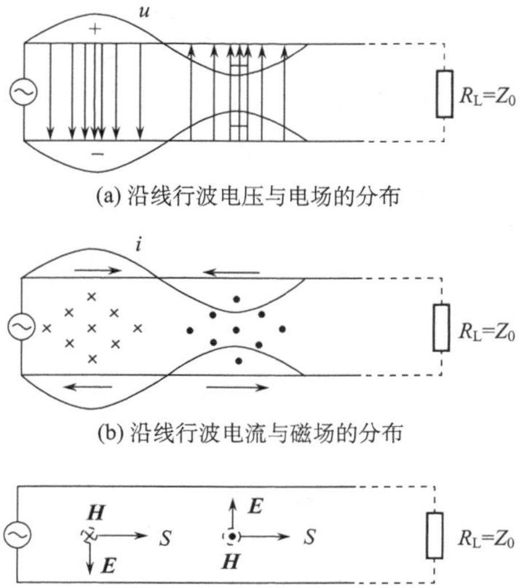

(a) 沿线行波电压与电场的分布

(b) 沿线行波电流与磁场的分布

(c) 沿线能量传播的方向

图 1-37 某一瞬间电场和磁场沿线分布的情形

1.3.4 天线

天线相当于张开的传输线，用来辐射和接收无线电波。它把高频电流形式的能量转换为同频率的电磁波能量，或反之。同一天线在用作发射和接收时的方向性特性相同，这就是天线的互易性。天线的选择与设计是否合理，对整个无线电通信系统的性质有很大的影响，若天线设计不当，就可能导致整个系统不能正常工作。

1. 天线参数

天线质量的优劣取决于天线的性能，表示天线各种性能的电参量介绍如下。

1）辐射功率

辐射功率表示天线向空间辐射的电磁波功率，是发射机输入到天线的功率与天线中损耗的功率之差。

2）天线效率

天线效率表示辐射功率与输入到天线的总功率之比。

3）方向性

方向性表示天线向一定方向集中辐射电磁波的能力，即定向辐射的能力，常用下列参数判断。

- 方向性图：在不同方向上辐射场的相对大小，即场强与方向间的关系。
- 主瓣宽度：半功率点上的主瓣宽度。
- 方向性系数：是指在最大辐射方向的电场强度值平方与辐射功率相同的各向均匀辐射天线电场强度值平方之比，即最大辐射方向的功率通量密度与辐射功率相同的各向均匀天线的辐射功率通量密度之比。
- 增益系数：是方向性系数与效率的乘积。如果把效率为1的无方向性天线称为理想的无方向性天线，那么天线的增益系数表示天线在最大辐射方向上比起理想的无方向性天线来说，其输入功率增大的倍数。

4）频率宽度

当工作频率变化时，天线的各种电参数不超过允许变动值的频率范围。

5）输入阻抗

天线的馈电点的电压与电流的比值等于输入阻抗。要使天线从馈线得到最大功率，必须使天线和馈线匹配良好，即天线的输入阻抗等于馈线的特性阻抗。

6）极化

极化是指电场矢量在空间的取向。天线的极化是指在最大辐射方向上的电场矢量的取向。天线的极化必须和它辐射的电磁波的极化一致。电磁波的电场垂直地面时称为垂直极化，与地面平行时称为水平极化，与此相对应，有垂直极化天线和水平极化天线。接收天线和发射天线的极化方向必须一致，否则将影响接收效果。

除此之外，天线还有一些电参数，如天线的有效面积、表面利用系数等。

2. 天线位置

用来处理传感器、通信系统和导航设备的机载天线的数目是相当大的。由于不少设备（特别是 VHF、HF、VOR 和 DME）的很多关键部件需要双余度或三余度备份，因此，这种现象变得更加严重。图 1-38 示出了波音 777 飞机的典型天线位置分布。它也表明了当前运营的多数民用飞机，特别是进行洲际飞行的民用飞机的天线安装情况。由于天线操作特性和发射属性的不同，很多天线都有自己的安装标准。例如，SATCOM 天线用来和卫星进行通信，需要安装在飞机的最高点，以便将天空尽可能覆盖；ILS 天线，用于进近和着陆通信，则需要安装在机身的前下方；飞机在空中机动的过程中，如果天线仍需要连续作用的话，天线必须同时安装在飞机的上方和下方，如 VHF。因此，一种天线多处安装也是常见的。

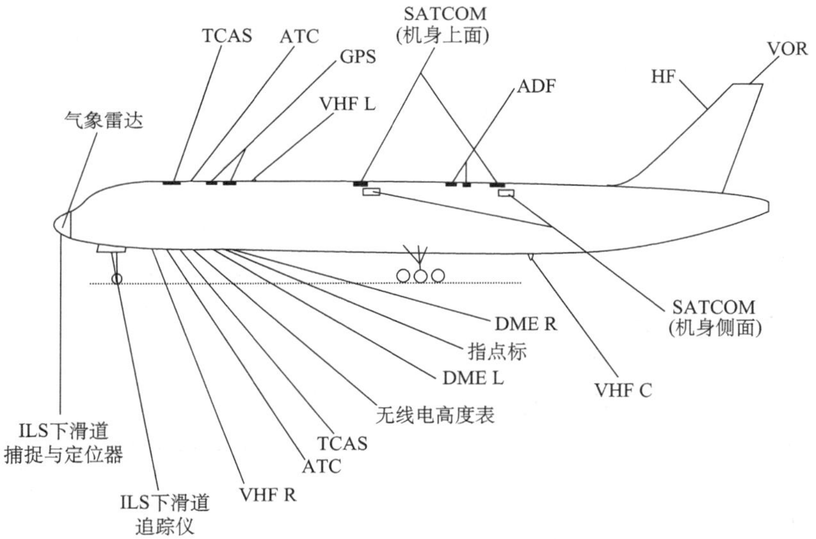

图 1-38 波音 777 飞机的天线位置分布

1.4 调 制

1.4.1 调制的原因

无线通信、导航、雷达及其他电子系统，都是利用天线将电磁波向空间辐射的方式传送信号。由电磁场理论可知，天线辐射单元的尺寸至少应为被辐射信号波长的 1/10 或更大些，信号才能被有效地辐射出去。通常需传送的语音或图像信号的频率较低，若语音信号的频率为 1kHz，采用 $\lambda/10$ 天线，则天线长度应为

30km，所以若要直接把语音或图像信号有效地辐射出去，天线的尺寸将大到难以实现的程度。此外，即使有可能直接发射低频信号，那么，由于各个电台所发出的信号频率基本相同，在接收端也无法区分、选择所需接收的信号，台与台之间的干扰和影响将无法克服。

1.4.2 调制的定义及种类

鉴于上述原因，要将音频信号有效地辐射出去，就必须想办法缩小天线的尺寸，同时使电台与电台之间留有一定的频带空间，避免相互干扰。用携有信息的低频电信号控制高频载波信号的某个参量，使得该参量按照电信号的规律去进行变化，这种处理方式称为调制。

调制的方式可以分为连续波调制与脉冲波调制两大类。连续波调制是用调制信号控制高频振荡信号的幅度、频率或相位，分别称为调幅 AM、调频 FM 或调相 PM，而调频和调相又统称为调角。脉冲波调制是先用调制信号去控制脉冲波的幅度、宽度、位置及脉冲编码组合等，然后再用该已调脉冲对高频振荡进行调制，因此脉冲波调制包含有脉冲幅度调制 PAM、脉冲宽度调制 PWM、脉冲位置调制 PPM、脉冲编码调制 PCM 等多种形式。

下面讨论连续波幅度调制。

1.4.3 连续波幅度调制

幅度调制是指利用调制信号的瞬时值去控制载波信号的幅度，从而使载波的振幅随着调制信号的变化而变化。图 1-39（a）所示低频电信号也称调制信号，是需要传送的信号，它的波形很复杂，包含了许多频率成分，但为了分析方便，将它看作正弦波。图 1-39（b）所示为载波信号，在未调制之前，它的振幅是维持不变的，也称为高频等幅振荡。图 1-39（c）所示为已调波信号，其幅度随调制信号的大小呈线性变化，频率等于载波频率，没有改变。下面通过调幅波的数学表达式对调幅过程进行分析。

1. 调幅波的数学表达式

设调制信号的电压为一低频正弦波

$$u_{\Omega}(t)=U_{\Omega}\cos\Omega t \tag{1-9}$$

载波信号为一高频振荡

$$u_{\omega}(t)=U_{0}\cos\omega t \tag{1-10}$$

如果用调制信号对载波进行调幅，已调波信号的振幅为

$$U(t)=U_{0}+k_{a}u_{\Omega}(t)=U_{0}+k_{a}U_{\Omega}\cos\Omega t \tag{1-11}$$

式中，k_a 为调幅波的比例系数。

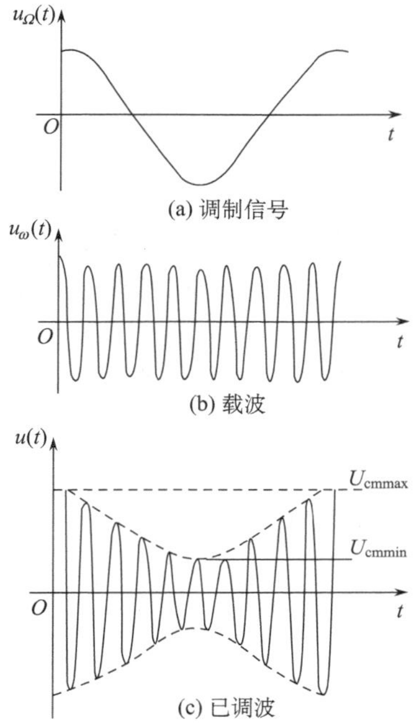

图 1-39　调幅波波形

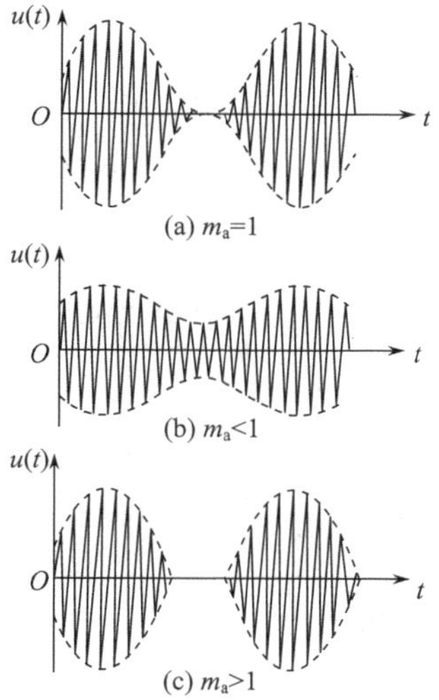

图 1-40　不同 m_a 值时的波形

因此已调波可以用下面的数学表达式表示，即

$$u(t)=U(t)\cos\omega t=U_0(1+m_a\cos\Omega t)\cos\omega t \tag{1-12}$$

式中，$m_a=k_aU_\Omega/U_0$，称为调幅指数。如图 1-39（c）所示，调幅波包络的最大值和最小值分别设为 U_{cmmax} 和 U_{cmmin}，则根据式（1-12）可以求出调幅指数 m_a

$$U_{cmmax}=U_{cm}(1+m_a),\qquad U_{cmmin}=U_{cm}(1-m_a)$$

$$m_a=\frac{U_{cmmax}-U_{cmmin}}{U_{cmmax}+U_{cmmin}} \tag{1-13}$$

由式（1-13）可以看出，不失真调制时 $m_a=1$，如果 $m_a>1$，其中有一段时间振幅等于零，则已调波包络形状与调制信号不一样，产生严重失真，这种情况称为过量调幅，必须尽力避免。如果 m_a 的值很小，在已调波的包络上不能充分反映调制信号的变化规律，而且容易被寄生调幅所掩盖，也不是人们所希望的，这种情形称为浅调幅。如果 $m_a<1$，称为欠调制，$m_a=1$，称为满调制，参见图 1-40。

2. 调幅波的频谱

上述波形和数学表达式都是时间的函数，是采用时域来表示的。为了说明调制的特征，还常用频域表示法，即采用频谱图。将式（1-12）采用三角公式将其展开，即

$$u(t)=U_0\cos\omega t+\frac{1}{2}m_aU_0\cos(\omega+\Omega)t+\frac{1}{2}m_aU_0\cos(\omega-\Omega)t \quad (1\text{-}14)$$

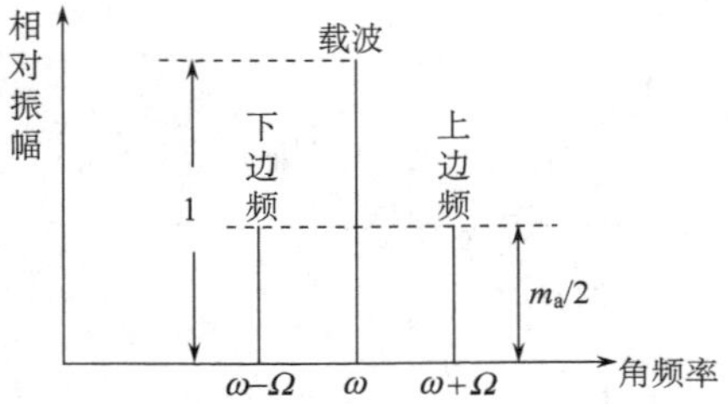

图 1-41 调幅波的频谱

式（1-14）说明正弦波调制的调幅波是由三个频率分量组成：载波分量 ω、上边频分量 $\omega+\Omega$、下边频分量 $\omega-\Omega$。图 1-41 所示为调幅波的频谱，由图中可以看出，上边频和下边频分别位于载波的两侧，幅度大小完全相等。实质上，调幅的过程就是频谱搬移的过程，经过调幅，调制信号的频谱被搬到载波的两侧，成为上、下两个边频。

3. 调幅波的功率

如果将调幅波信号输送至电阻 R 上，则负载上消耗的功率为

$$P_\omega=\frac{1}{2}\frac{U_0^2}{R} \quad (1\text{-}15)$$

下边频功率为

$$P_{\omega-\Omega}=\left(\frac{m_aU_0}{2}\right)^2\frac{1}{2R}=\frac{1}{4}m_a^2P_\omega \quad (1\text{-}16)$$

上边频功率为

$$P_{\omega+\Omega}=\left(\frac{m_aU_0}{2}\right)^2\frac{1}{2R}=\frac{1}{4}m_a^2P_\omega \quad (1\text{-}17)$$

调幅波的总功率

$$P=P_\omega+P_{\omega+\Omega}+P_{\omega-\Omega}=P_\omega\left(1+\frac{m_a}{2}\right)^2 \quad (1\text{-}18)$$

由式(1-15)～式(1-18) 可知，当 $m_a=0$ 时，$P=P_\omega$，没有进行信号调制；当 m_a 增大时，调幅波的功率随之增大，所增加的部分是边频信号所包含的功率；当 $m_a=1$ 时，边频信号功率等于载波功率的一半。因此，为了增加传输有用信号的能力，应当尽可能增大调幅指数，使其接近于 100%，但不能超过 100%。但是，即使是在 $m_a=100\%$时，$P_\omega=2/3P$，两个边带功率也仅占总功率的 1/3。

4. 单边带调制

从频谱当中可以看到，调幅波所传送的信息包含在两个边带内，且两个边带所包含的信息完全一样，而载波本身并不包含任何信息；从调幅波的功率关系中可以看出，载波分量的功率却在已调波信号中占有很大的比例，这样就降低了调幅波的效率。从理论上讲，只要发射两个边带就可以不失真地传送信息，这就是双边带调制，简称 DSB。进一步分析，一个边带仍然可以不失真地传送信息，

而另一个边带和载波分量都可以加以抑制，这就是单边带调制，简称 SSB。单边带调制与调幅相比具有以下优点：

（1）节约频谱。调幅波所占频谱宽度等于上、下边带所占频宽之和。而采用单边带调制，频带可节约一半，这对于日益拥挤的短波来说，具有十分重要的意义。因为这样就能在同一波段内，使所容纳的频道数量增加一倍，大大提高了短波波段的利用率。

（2）节省功率。在调幅波中，载波功率占整个调幅波功率的绝大部分，但它并不包含所传送的信息。单边带调制只传送携带信息的一个边带功率，因而在接收端的信噪比相同时，单边带调制能大大节省发射功率，或者在同样的发射功率或同样的信噪比条件下，单边带通信的距离比调幅通信的距离更远。

（3）抗干扰能力强。短波的传播方式主要以天波为主，但由于电离层的不稳定因素，不同频率的电波产生不同程度的衰落，而且原始的相位关系往往遭到破坏。对于调幅波，载波分量很大，因而接收端的合成波形由于选择性衰落而产生的失真也很严重，降低了信噪比。单边带通信不会有载波成分，因而衰落现象要轻得多。另外，由于单边带调制通信的频带较窄，因此电台之间的相互干扰也很小。

但是单边带调制也有严重的缺点。单边带调制对收、发频率的稳定度提出了很高的要求，而且需要复杂的自动控制系统，这必然造成收、发设备技术上的复杂和成本的提高。

本章思考题

1. 电离层对无线电波传播的影响。
2. 各波段无线电波的传播方式和原因。
3. 调制的含义。
4. 调幅波的组成和各成分功率分配情况。
5. 理解射频振荡信号在传输线上的传输。
6. 理解发射设备。
7. 理解接收设备。

第2章 通信系统

2.1 概　　述

一般客机的通信系统用于和地面电台或和其他飞机进行通信联络，以及在飞机内机组人员之间进行通话、向旅客传送话音和娱乐音频信号。

通信系统包括高频通信系统、甚高频通信系统、选择呼叫系统、客舱广播系统、飞行内话、旅客娱乐（录像、电视、音乐）、旅客服务、勤务内话、客舱内话和话音记录系统等，如图2-1所示。

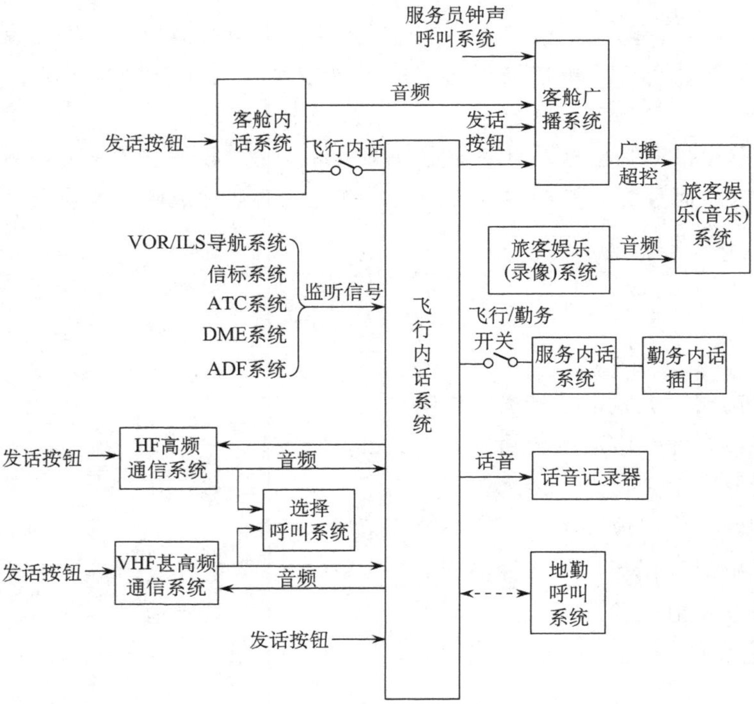

图2-1　通信系统方框图

高频通信系统用于飞机与地面电台或与其他飞机之间进行调幅和单边带通信联络。它的传播特性适用于远距离通信，频率范围为2～29.999MHz。

甚高频通信系统用于视线距离内的调幅通话联络，频率范围为118～136MHz。

选择呼叫系统是供地面人员向某一指定的飞机进行呼叫的机载译码设备。地面发出的音频信号通过所选用的高频通信系统或甚高频通信系统传输到飞机上，并以灯光和音响告知飞行员地面台的呼叫信息。

客舱广播系统供驾驶员或机上服务员通过客舱喇叭向旅客进行广播和播放音乐。

旅客娱乐系统用于向旅客放映录像、电视以及传送伴音信号。录像、电视伴音信号和客舱广播及音乐节目均通过多路调制送往每个旅客的耳机。

旅客娱乐系统的音乐部分用于将事先录好的音乐通过系统的耳机传送给旅客。

旅客服务系统可使每个旅客通过该系统呼叫服务员和开/关装在头顶上的阅读灯。

勤务内话系统供机组成员和地勤人员进行联络，以及飞机各维护点之间的联络。

客舱内话系统是可以完成多个站位、全部自动的按钮拨号电话，它给飞行员和服务员提供最大的机内通话能力，它能把飞行员或服务员的呼叫自动转换到所呼叫的站位，并可通过客舱广播系统对旅客进行广播。它还有自动呼叫优先顺序及广播优先顺序电路，这样就可以优先传递紧急的信号，如驾驶舱操控服务员进行重要广播。

驾驶舱话音记录器用于记录机组人员与地面的通信和驾驶舱内的谈话情况，供飞机出现问题时作参考。

2.2 甚高频通信系统

2.2.1 工作概况

甚高频通信系统供飞机与地面台站、飞机与飞机之间进行双向话音和数据通信联络。每一个驾驶员通过其中任一系统选择一个工作频率后，即可进行发射和接收。甚高频通信系统采用调幅工作方式，其工作的频率范围为 118.000～151.975MHz（实际使用至 136MHz），频道间隔为 25kHz，这是国际民航组织规定的频率范围和频道间隔。近些年，为了克服频率拥挤问题，密集的通信环境致使人们引入通道间隔为 8.33kHz 的数字式电台，使以前只能用于 1 个通道的谱宽可以容纳 3 个通道。自 1999 年 10 月 7 日起，这种电台在欧洲已经成为飞行高度在 20000ft（1ft=0.3048m）以上的飞机的必装设备。美国也将在若干年内强制使用，但预测进度表很困难，因为需要更换或改进的电台数量太多。

一般甚高频通信的接收和发射都用调幅方式。发射机最小发射功率为 20W，接收机灵敏度为输入 3μV（信噪比 6dB）。

2.2.2 组成

每套 VHF 系统由一部收发机、控制盒和天线组成。

甚高频通信系统天线是辐射和接收射频信号的装置。天线通常是刀形天线，长度通常为 12in（1in=0.0254m）。天线与发射电路的阻抗是匹配的，天线通过同轴电缆与甚高频收发组件相连。

甚高频发射机的输出阻抗为 50Ω。当甚高频电台天线受潮或者绝缘不良时，会使发射机输出功率降低，通信距离缩短。

VHF 通信控制盒为保证收发机的正常工作和测试系统提供输入。它包括以下部分：两个同轴旋钮用于选择工作频率；旋钮上方有两个频率显示窗，从指示的数字就可知道所选的频率；转换开关，用以选择两个预选频率中的一个频率；试验按钮，用于检查接收机工作是否正常。当按下时，静噪门限电压被降低，即噪声抑制电路不起作用，耳机内能听到噪声，用以测试接收机；有的控制盒上还有工作频率指示灯，如果指示灯亮，表示灯下面窗内所选频率为当时收发机所用工作频率。

VHF 收发机的前面板上装有一个“静噪断开”按钮，它与控制盒上的试验开关并联，此外还有“耳机”、“话筒”两插孔。静噪按钮供工作者通过操作静噪控制电路来测试接收机。两个插孔用于在不使用内话系统的情况下直接在电子设备舱中测试收发机。面板上还有一个“发射功率”指示灯。当输出功率超过 10W 时，指示灯亮，当发射机受到调制时，指示灯闪亮。在新生产的收发机上，用功率/电压驻波比指示器和功率指示器控制开关代替了发射功率指示灯。功率/电压驻波比指示器是一个两位数字的七段发光二极管显示器，它根据功率指示器控制开关的位置进行显示。反向、正向分别表示反向功率、电压驻波比或正向功率读数。

甚高频系统与飞机其他系统交连和供电情况如图 2-2 所示。各部件外形如图 2-3 所示。

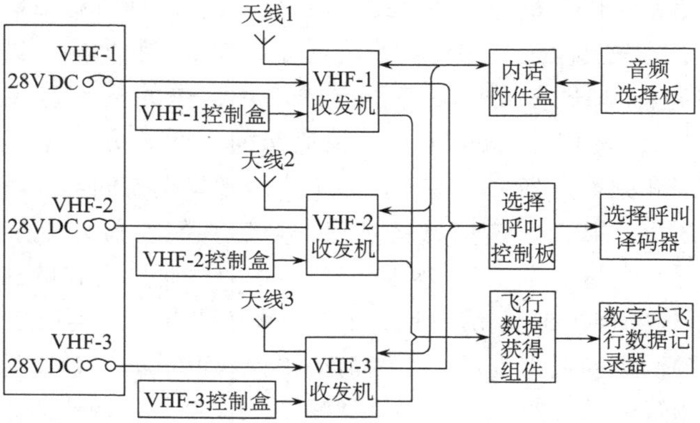

图 2-2 甚高频系统的供电和与其他系统的交连示意图

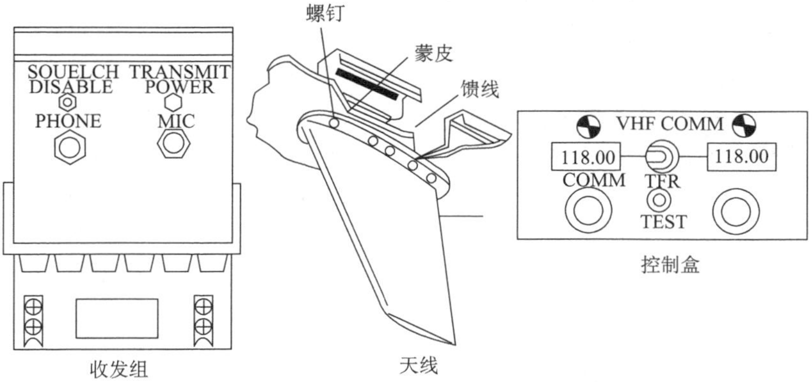

图 2-3 甚高频系统各部件

2.2.3 工作说明

1. 电源

收发机所需的28V直流电压由汇流条提供。28V直流电压用于收发机内部并加到电压调节器，当按下PTT发话按钮时，电压调节器为发射机提供16V直流电压。

2. 频率选择

频率选择是用控制盒上的两个同轴转动的旋钮完成的。旋钮利用五中取二原理为频率合成器提供两根地线，而频率合成器把五中取二的信息提供给调谐电压并产生相应的频率加至发射或接收部分。

3. 发射方式

通过在音频选择板上选择VHF并按下PPT按钮，使系统进入发射方式并提供各种控制，即为话筒提供地线，接通发射继电器，使噪声电路不工作和使电压调节器产生16V话筒直流电压。当空勤人员讲话时，音频进入话筒，经音频选择板、内话附件盒加至收发机内的音频变压器。从频率合成器来的音频信号被音频调制并放大，随后经发射继电器将被调制的射频由同轴电缆至天线发射出去。这个射频还被检测作为自听信号加至内话系统。如果发射功率大于10W，电平检测器输出正向功率，使发射功率灯亮。

4. 接收方式

在任何时间只要音频选择板上的VHF按钮按下（PPT开关未按下），或VHF收听开关接通，则VHF系统为接收方式。此时由天线接收的射频信号经同轴电缆输至收发机，随后经过收发转换开关的常通触点到接收部分。射频信号先加至射频预选回路，此回路受频率合成器来的调谐电压的控制，始终保持在所需的频率上。预选器的输出与由频率合成器输出的本振信号进行混频，得出的中频信号输至自动增益放大器，去控制中频电路的总增益。当接收到有用信号时，混频后的中频信号经中频放大器、检波器送至音频放大器，音频放大器把音频信号分别送至选择呼叫系统和飞行内话系统。当输入信号中没有有用音频时，中频输出信号向音频放大器加一个截止偏压，使音频放大器不工作，耳机内无噪声，减少了驾驶员的疲劳，这就是静噪电路的功用。当接收到临界信号时，可使噪声抑制电路接通或断开。面板上的噪声抑制断开按钮可将噪声门限降至零，这样就接通音频放大器，使机组能听到接收机的噪声，用来检查接收机是否正常工作。

2.2.4 主要性能数据及使用

1. 主要性能数据

频率范围：118.00～135.975MHz，增量为25kHz。

发射机输出功率：标称值25W，最小值20W。

工作时间：当环境温度为30℃，无冷却情况下可连续工作；环境温度为55℃时，1min发，2min收。

通信距离：当飞行高度为6000m时，通信距离为350km。

2. 使用

1）正常情况下的使用

（1）接通机上电源。

（2）接通有关的断路器。

（3）在音频接插板上插好话筒和耳机。

（4）在音频选择板上将方式选择开关放在“1”（VHF-1）或“2”位（VHF-2），同时按下“VHF1”或“VHF2”接收机按钮，选择其中一套甚高频电台。

（5）按下测试按钮（TEST），耳机中应能听到噪声，释放按钮，噪声消失。

（6）按下发话按钮，即可通信。

2）飞行中甚高频通信系统失效时采取的非正常程序

首先要确认是否真正的通信失效：检查声音控制面板，确认信号通道是否正确；检查并核实通信面板电源接通；检查声音大小调节旋钮，声音是否在最小位置；检查通话频率是否错误，再试另外的通话频率。如果上述四个步骤都不能解决通信故障，确认通信失效。

其次设置应答机编码7600，并且继续监听频率。

然后在VFR和IFR条件下，分别采取不同的行动。VFR条件下，选择就近机场降落，以500ft高于起落航线，盘旋和管制空域边界保持一定距离，直到其他的飞机被告知有通信失效的飞机在等待。注意塔台的目视信号灯，认识塔台信号灯的方法是在白天的时候摇摆机翼，夜晚的时候闪烁降落灯。在 IFR 条件下，高度在最低安全高度、塔台的预期高度、塔台给定的高度中选择最高的。航路在塔台指定的航路、雷达引导的航路、预期的航路、飞行计划的航路中选择优先级靠前的航路。到达目的机场附近的时候在机场的初始进近点等待，直到和飞行计划中的到达时间一致，降落至该机场。

2.2.5 新型甚高频通信系统

20 世纪 70 年代到 80 年代初期制造的飞机所装备的通常都是根据 ARINC566A 规范设计的 VHF 系统。到了 80 年代后期，新型飞机的甚高频系统是根据 ARINC 716 规范设计的。ACARS 是专门用于将飞机上的工作数据下行传输到航空公司运行控制中心的。它先是用一个 VHF 通信系统将数据传输到一个合适的地面接收机，然后将数据通过地面通信线路或者微波链路传输到航空公司的运行控制中心。这样，ACARS 将可以访问航空公司的内部存储和管理系统，包括运行情况、飞行机组人员情况和维修情况等。

最初，ACARS 只传输四个基本事件参数：OUT-OFF-ON-IN，简称为 OOOI。其中，OUT 代表飞机离开登机门位，准备滑行；OFF 代表飞机起飞，离开跑道；ON 代表飞机着陆；IN 代表飞机滑行至登机门位。目前，诸如燃油状态、飞机适用性、到达和起飞时间、天气和机组人员状态等在内的数据也包含在传输的数据信息中。引进 ACARS 的目的就是为了有助于航空公司运营效率的提高。图 2-4 示出了 ACARS 系统方框图。

目前飞机上任一部甚高频系统可完成 ARINC 通信寻址和报告系统 (ACARS) 的工作。ARINC 通信寻址和报告系统通过使用高速数据链信息增强了空地通信的能力和减少了机组的劳动强度。其工作原理是用甚高频无线电的通信方法从飞机发射各种信息至地面上的 ARINC 数据链控制中心，然后再经地面上的线路送至 ARINC 控制台及航空公司的地面用户。可见经过这个通信网络就可在飞机与地面电话电路之间打电话或传递其他信息，如图 2-5 所示。

在装有中央维护计算机的飞机上，甚高频收发机和无线电通信控制板可与中央维护计算机交连。在控制显示组件上选择后，中央维护计算机能够测试每一个甚高频系统。在控制显示组件中选择地面测试目录页面上的甚高频系统，起始甚高频系统地面自测试，如测试通过，则在控制显示组件上显示“通过”字样，否则显示“失效”字样。在控制显示组件上的地面测试结果页面上还能显示出失效原因，如收发机失效、天线失效、中央维护计算失效、输入接口失效等。

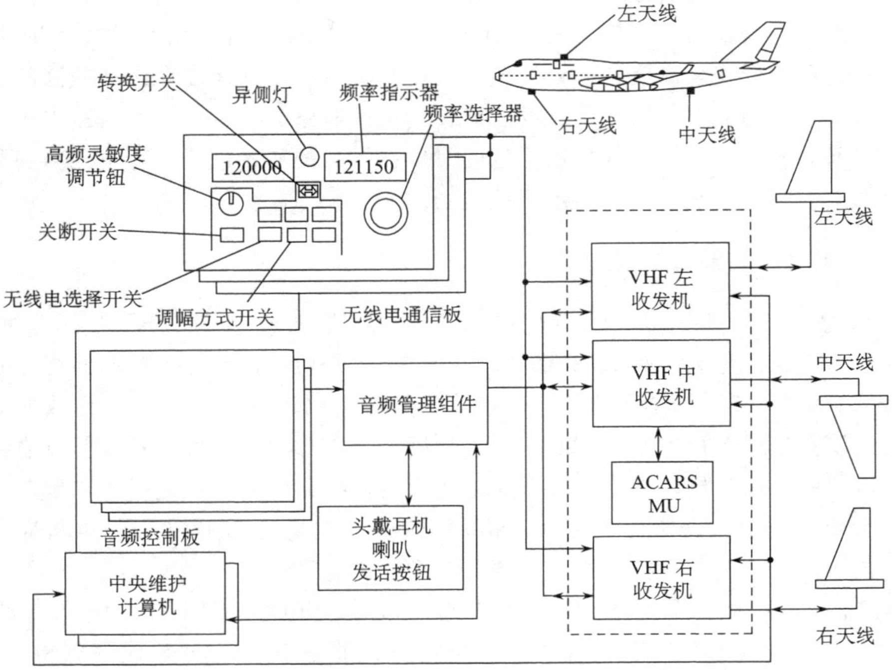

图 2-4　ACARS 系统方框图

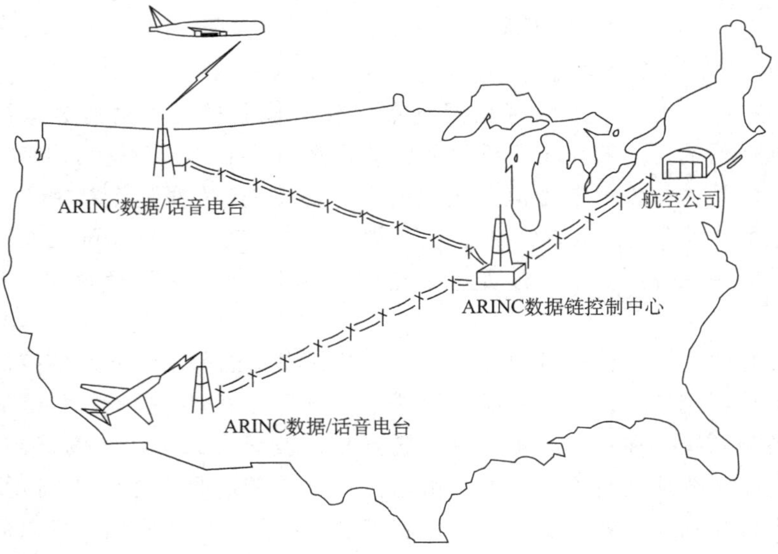

图 2-5　ARINC 通信寻址和报告系统

数字式的甚高频收发机的前面板上有能起始自测试的控钮和显示测试结果的指示器，如图 2-6 所示。

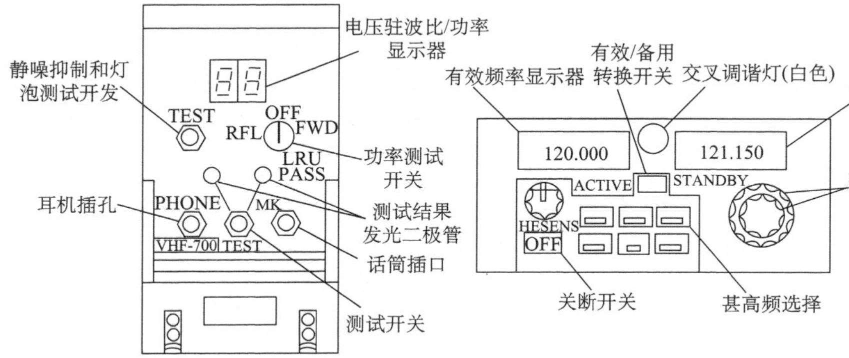

图 2-6 新型甚高频收发机面板和无线电控制板

静噪/灯泡测试按钮能起始静噪和灯泡的测试。而测试按钮能起始航线可更换件的自测试。用绿色“通过”字样的发光二极管、红色“失效”字样的发光二极管以及两个数字七段数码来显示测试的结果。耳机和话筒插口用于连接头戴耳机和手握式话筒。

(1) 静噪/灯泡测试按钮。当按下静噪/灯泡测试按钮时，就断开了噪声抑制，若测试有效，就可以听到接收机输出的背景噪声，同时绿色和红色发光二极管亮且每个七段液晶显示有效时，显示为 88。

(2) 测试按钮。当按下系统测试按钮时，就起始了航线可更换件的测试，包括天线电压驻波比测试。

若航线可更换件测试通过，则绿色航线可更换件，发光二极管亮约 4s，数字显示器内的读数不大于 2.0（数字显示器内的读数是电压驻波比测试结果）。若红色控制输入失效，则发光二极管亮，表示调谐数据失效。

(3) 反向/关断/正向功率指示器控制开关。当这个开关保持在正向位时，数字式读数显示正向发射效率电平 25W；当开关保持在反向位时，数字读数显示反向功率电平为 0.25W。

2.3 高频通信系统

2.3.1 工作概况

装在飞机上的两套高频系统用于与地面电台或者与其他飞机进行远程通信。驾驶员在选择工作频率和方式之后，即可发射或接收信号。高频系统的工作频率范围为 2～29.999MHz，频道间隔为 1kHz。高频通信系统的工作方式分为调幅、下边带和上边带，还可使用电报和数据通信方式。

2.3.2 组成

每套通信系统包括高频控制盒、高频收发机、天线耦合器、天线耦合控制器、高频附件盒、天线、避雷器和电键控制板。两套系统共用一部高频附件盒。每个高频系统都连接至音频选择盒、话筒和耳机，如图 2-7 所示。

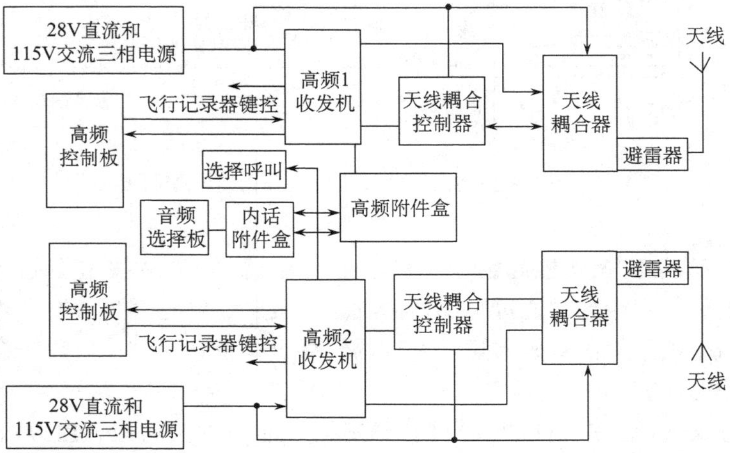

图 2-7 高频系统方框图

通常高频系统的电源为 115V 三相 400Hz 交流电源。

一旦加上电源，在双控制盒上选择了方式和频率，则高频系统即开始工作。发射和接收可工作在同样的频率上。发射或接收前，必须在音频选择板上选择高频位，这样高频系统就可经音频选择板与飞机组内话系统相连，供驾驶员通话联络。接收机对选择呼叫信号放大后直接加至选呼系统。当按下发话按钮时就使收发机内接收机电路断开而把发射机电路连至天线。在发话时，由检波产生的自听信号加至耳机以监听发射机的工作。每个发话信号都被记录在话音记录器内。当改变频率或按下电键时，系统就开始调谐，调谐时能听到 1kHz 音调时间最长为 12s。

收发机输出功率在单边带时通常为 400W，调幅方式为 125W。

如图 2-8（a）所示，控制盒上有四个频率选择钮，一个频率选择窗口，一个射频灵敏度调节钮和一个方式选择电门。射频灵敏度调节钮控制收发机内接收部分的射频增益。方式选择电门可关断系统，选择单边带或调幅方式。

使用高频收发机可在飞机上进行单边带、话音和数据通信。在发射期间，有

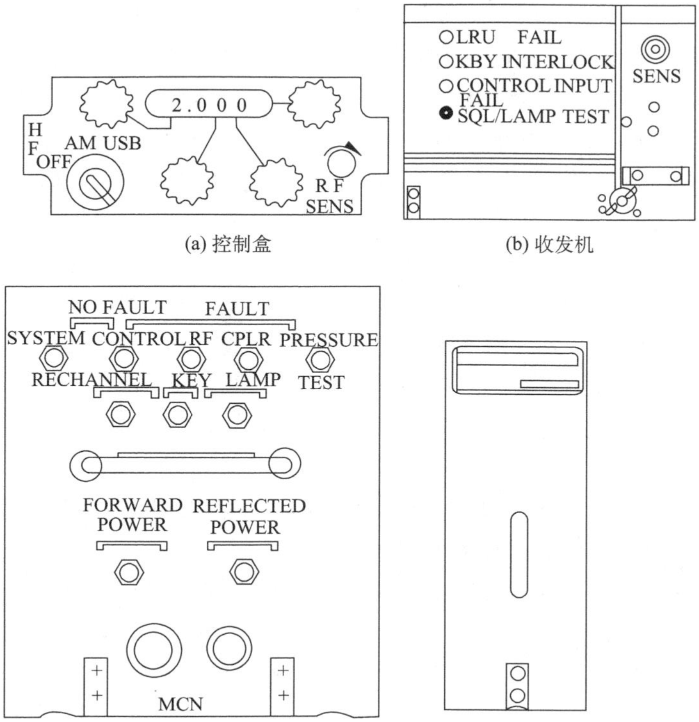

(a) 控制盒 (b) 收发机

(c) 天线耦合器 (d) 高频附件盒

图 2-8 高频系统的主要部件

一个机内风扇用来冷却收发机。如图 2-8（b）所示，收发机前面板上装有三个故障灯、一个试验电门、一个话筒和一个耳机插孔。当电源电压低、发射机输出功率低或频率合成器失锁时，射频故障灯亮；如果在发射机被键控后，在耦合器中有故障存在，则键控互锁灯亮，并抑制发射；当由控制盒来的频率数据失效时，控制输入失效灯亮；当按下静噪/灯试验电门时，噪声抑制电路不工作，在耳机内可听到噪声，同时上述三个灯亮。

转接器的前面板上有一个主天线插头，一个静噪/射频灵敏度电门和一个接地/不接地电门。主天线插头用于与天线连接。静噪/射频灵敏度电门一般置于灵敏度位置，此时与控制盒上射频灵敏度控制配合起作用。接地和不接地电门根据机型来选择正确的音频。

天线耦合器用于使天线阻抗与传输线阻抗在 2～4s 内相匹配，匹配阻抗为 50Ω，耦合器可在 2～30MHz 内调谐，调谐后的电压驻波比不大于 1.3∶1。

耦合器对单套或双套的高频系统都适用。耦合器内的互锁电路使在一个高频系统被使用或被调谐时防止相连的另一系统的收发机被使用或调谐，一个系统的故障不影响另一个系统的工作。调谐器使用115V交流电源。

天线耦合控制器用于确定、监控和显示系统的操作状态。耦合器前面板上有用于自测本控制器的按钮电门和七个系统状态指示器，耦合控制器指挥完整的调谐顺序，以便使收发机在所选的频率上与天线耦合器的阻抗匹配，如图2-8（c）所示。

• 耦合器故障灯：当耦合器在15s内未调谐好或者在15s内不能复位为零时，该故障灯亮。

• 射频故障灯：当发射机发射功率不足、收发机故障、同轴电缆开路时，该故障灯亮。

• 压力故障灯：当耦合器内压力降至15.5lb/in^2（1lb/in^2＝6894.76Pa）时，该故障灯亮。

• 系统无故障灯亮：当高频系统处在工作状态时，即耦合器在工作状态时，则无故障灯亮。

高频附件盒用于内话系统和每个高频接收机之间的阻抗匹配。

高频天线用于发射或接收射频信号。

在有的飞机上装有高频避雷器。避雷器可将闪电直接经机体接地，避免进入系统各部件，从而保护了高频通信系统。避雷器是由一个串联电容器、一个并联电阻和一个放电器组成的。并联电阻使聚积产生的静电有直流通路。

2.3.3 工作说明

在电源有效并在控制盒上选择了一种工作方式和一个频率后，高频系统工作。系统的电源来自于115V三相400Hz交流电源。

在电源接通或者一个新的频率被选定后，每个系统就重新回到接收-等待状态。在这种状态，系统通过天线耦合器内的隔离放大器接收射频信号并处理音频信号，然后加到音频综合电路。当通过继电器的控制使该发射机工作时，则相应的调谐元件被驱动至所选频率相应调谐点。在这段时间内，调谐过程指示灯亮，并有1000Hz音频加至音频综合电路。

在调谐完成后，调谐指示灯灭，1000Hz音频消失，工作指示灯亮，系统进入所选工作方式和准备供发射。在已调好的这个频率工作期间工作指示灯一直亮。

当高频系统发射时，按下发话按钮产生逻辑低电平，同时话筒音频加至收发机，产生高压源并使话筒音频对高频载波进行调制，然后射频经调谐元件送至天线发射出去。在停止发射期间，收发机从天线接收信号。

2.3.4 主要性能数据及使用

1. 主要性能数据

频率范围：2.0～29.999MHz，波道间隔1kHz。

工作种类：USB、LSB、AM。

天线调谐时间：3s，最大 6s。

输出功率：单边带峰值包络功率 200W，平均功率 100W；调幅 100W；调谐平均为 72～85W。

工作时间：高频电台以 5min 发射，5min 接收，可连续工作。

通信距离：当飞行高度在 6000m 时，与满足条件的地面电台（功率 1600W，灵敏度 2.5UV）双方“报”务通信，作用距离不小于 2300km。

2. 使用

1）电台接通

（1）接通机上交、直流电源。

（2）接通音频选择系统。在音频接线板上插好耳机和话筒，将音频选择板上方式选择电门置“3”位置，按下“HF”按钮，音量旋钮调节到合适的音量。

（3）接通有关的断路器。

（4）将高频控制盒上方式选择电门由“OFF”位转到所需工种方式位，电台即接通，耳机中应能听到噪声。

2）频率调整和调谐

（1）电台上工作频率是自动调谐的，只要在高频控制盒上把频率旋钮转到所需的数值上，就实现了收、发频率的选择。在频率转换过程中，耳机中的噪声消失，频率调整结束后又可以接收到噪声，随即可进行通信。

（2）频率选定后，将驾驶盘上无线电发射按钮前推，键控一下电台，给天线耦合器一个“接地信号”，此时，天线耦合器开始自动调谐，耳机中可听到 1kHz 的单音。同时天线耦合器面板上的“TUNE”灯和设备架上黄色的“TUNE”监控指示灯亮。当调谐过程结束后，1kHz 的单音消失，“TUNE”灯灭，这时可按下发射按钮进行通话。如果在调谐过程中，耦合器面板上的“TUNE”灯和“OPR”灯同时亮，则表明天线耦合器有故障。

（3）将方式选择电门放在所需位置，前推发射按钮或按下手持按钮即可发话，在耳机内有监听信号。发话时，设备架上绿色的工作指示灯和蓝色的发射指示灯应亮，同时收发机的风扇马达应工作。如果风扇马达不工作，应立即将发射钮推至中立位，转入非键控，如收发机有故障，则“T/R FAULT”（收/发故障）灯和“KEY INTERLOCK”（键控互锁）灯亮。

2.3.5 高频数据链

当飞机与地面通信站之间的距离超过视距范围时，HF 通信系统是飞机跨越海洋和荒漠进行远距空地通信的主要方式。为了保证系统的可用性，多数远距民用飞机都装备有两套 HF 设备。如果极地飞行成为可能的话，高频数据链

（HFDL）在民用飞机上的应用将日益增多。

HFDL 相对于 HF 语音通信系统是一大进步，这是因为数据链消息格式具有固有的位编码特性，HFDL 可以使用纠错编码。此外，由于更多先进的调制技术和频率管理技术的使用，HFDL 能够在 HF 语音通信系统不可用或者不清晰的情况下正常工作。航空无线电公司（ARINC）通过使用多个地面站就可以提供 HFDL 服务。这些地面站覆盖的范围可达 2700n mile（1n mile＝1852m），甚至更远。

2.4 选择呼叫系统

2.4.1 系统功能与组成

选择呼叫 SELCAL 系统不是一种独立的通信系统，它是配合高频通信系统和甚高频通信系统工作的。它的功用是当一个地面台想要和飞机上的一种通信（高频或甚高频）系统进行联系时，当被呼叫飞机的选择呼叫系统收到地面的呼叫后，指示灯亮、铃响，告诉飞行员地面在呼叫本飞机。这样，选择呼叫系统可以通知飞行机组，消除飞行机组人员连续的监控，从而可减少驾驶员工作负担。

飞机上装有两套相同的选择呼叫系统，如图 2-9 所示。

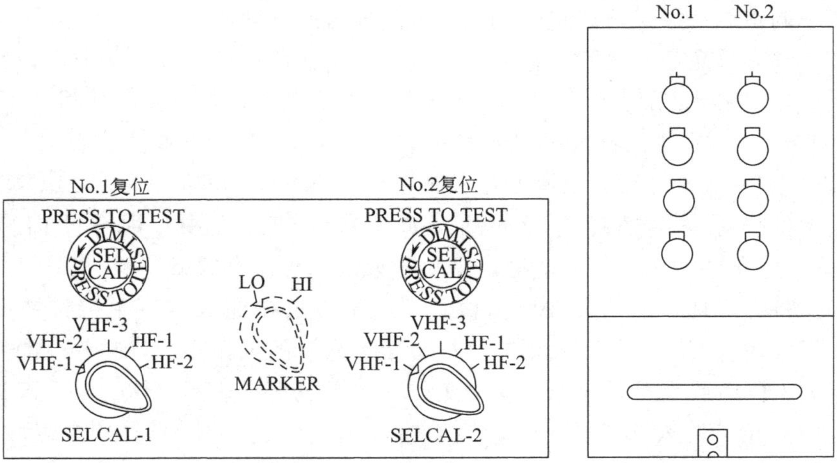

(a) 选择呼叫控制盒　(b) 选择呼叫译码器

图 2-9　选择呼叫各部件

选呼系统包括一个选择呼叫控制盒，一个具有双通道的选择呼叫译码器盒钟声装置。

选择呼叫控制盒上装有两个指示灯，每个通道一个。当接收到对本飞机的选择呼叫码时，指示灯亮。这两个灯按钮又是按下测试电门，当按下它时灯应亮。如果其中一只灯一直亮，则应检查试验灯是否弹出；若未弹出可先将其拉出，再做试验。在控制盒上还有两个选择转换旋钮，为每个通道选择通信接收机用。

选择呼叫译码器面板上有两套开关，每个通道一套，每套四个开关，用于选择指定的飞机选择呼叫码。两个相同的译码器电路分别控制选择呼叫控制盒上的一个指示灯和音响警告组件内的钟声装置。

每个译码器电路包括谐振簧片继电器、放大器和继电器转换电路，此电路用于调谐所选择的频率（频率范围为 300Hz～1kHz），并控制指示灯和钟声装置。

钟声装置用于当选择呼叫系统接收到与本飞机所指定的选择呼叫编码频率相同的地面台呼叫时，发出高音为 887Hz、低音为 487Hz 的钟声，以告诉飞行员地面在呼叫本飞机。

2.4.2 工作原理

在选择呼叫译码器上选定飞机呼叫码后，选择呼叫系统就处于待用工作方式。当地面通过高频或甚高频发射机呼叫该机时，飞机上的高频或甚高频将收到的信号加到译码器。若地面呼叫代码与飞机的代码相同，译码器便使控制盒上的灯亮、铃响（有的飞机是高低谐音钟声响）。这时飞行员按一下灯按钮使灯灭、铃不响，即可用高频或甚高频进行联系，其工作原理如图 2-10 所示。

来自甚高频或高频接收机的音频信号经选择呼叫控制盒加到选择呼叫系统。如果所选择的配对音频与输入的音频相符，则音频信号经过放大和限幅，使舌簧振动电路接通译码器继电器。直流 28V 经过继电器触点使其保持接通状态。译码器继电器的触点将直流 28V 加到断续继电器线圈，断续继电器接通，并将 28V 经过其中的一个触点直接加到指示灯，同时还经过译码器继电器触点加到铃（谐音钟）装置。由于断续继电器线圈与 RC 电路的输出端相接，该继电器时通时断，使指示灯闪亮，而铃（谐音钟）装置重复地发出音响信号。当飞行员发现控制盒上的灯亮、铃响时，即按下按钮，此时，控制盒所提供的直流接地复位信号使译码器继电器和断续继电器断开，从而断开输往铃和指示灯的直流 28V 电压。

老式选择呼叫系统内选择不同代码的关键部件是通过 12 个舌簧继电器实现的，这 12 个继电器分别命名为 12 个字母，并且它们在不同的专用频率下工作。有关字母的定义和相应的工作频率如表 2-1 所示。通过选择呼叫译码器前面板的旋钮以选择字母即可选择不同的舌簧继电器，从而达到不同飞机有不同的选择呼叫编码的目的。

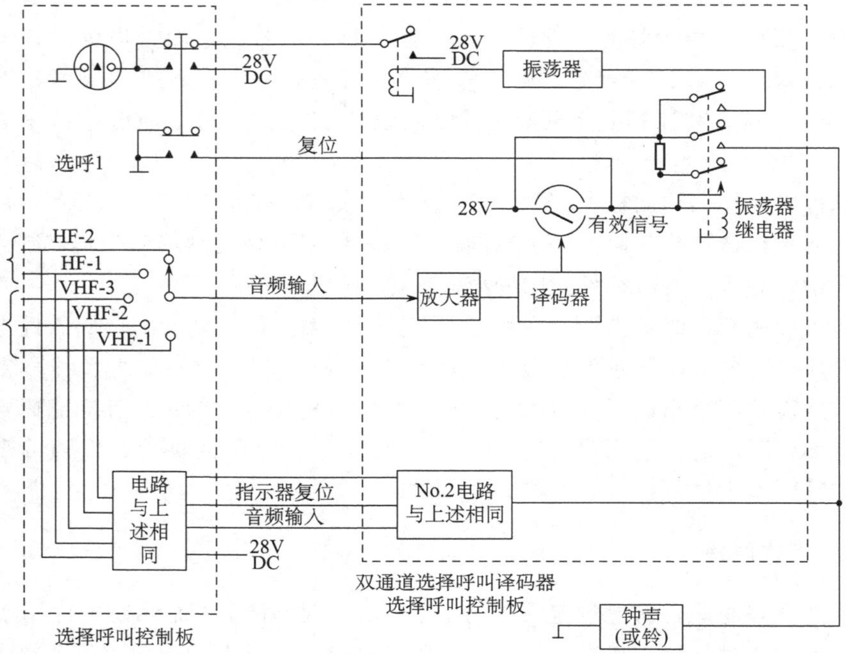

图 2-10 选择呼叫原理

表 2-1 音调定义

通道	TU-202 音调定义	P-7810 音调定义	频率/Hz
A	A	BZ	312.6
B	B	CZ	346.7
C	C	DZ	384.6
D	D	EZ	426.6
E	E	FZ	473.2
F	F	GZ	524.8
G	G	HZ	582.1
H	H	JZ	645.7
J	J	KZ	716.1
K	K	LZ	794.3
L	L	MZ	881.0
M	M	NZ	977.2

装有音调编码设备的地面台可把编码的音频音调脉冲发射出去，然后由飞机的接收机（甚高频或高频）接收，再送往译码器。每个发射机编码由两个连续的音频音调脉冲组成，而每个脉冲又同时有两个发射的音调，编码的音调由各种音

调组合构成并用字母定义，即 AB-CD，对每个编码字母定义为一个音频音调和一个 BCD 码，见表 2-2。选择呼叫编码格式如图 2-11 所示。

表 2-2 音调定义及其 BCD 码

标志符	参考标志符	频率/Hz	BCD 格式			
			8	4	2	1
T-A	AF101	312.6	0	0	0	1
T-B	AF102	346.7	0	0	1	0
T-C	AF103	384.6	0	0	1	1
T-D	AF104	426.6	0	1	0	0
T-E	AF105	473.2	0	1	0	1
T-F	AF106	524.8	0	1	1	0
T-G	AF107	582.1	0	1	1	1
T-H	AF108	645.7	1	0	0	0
T-J	AF109	716.1	1	0	0	1
T-K	AF110	794.3	1	0	1	0
T-L	AF111	881.0	1	0	1	1
T-M	AF112	977.2	1	1	0	0
T-P	AF113	1083.9	1	1	0	1
T-Q	AF114	1202.3	1	1	1	0
T-R	AF115	1333.5	1	1	1	1
T-S	AF116	1479.1	0	0	0	0

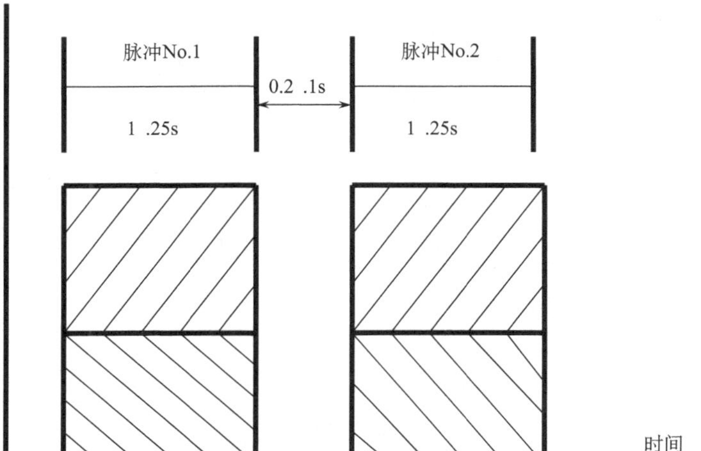

图 2-11 选呼编码格式

2.5 内话机系统

2.5.1 工作概况

机组内话系统可供驾驶舱机组成员之间进行通话和用来键控无线电系统的收或发工作，亦可用于收听导航接收机输出的音频识别信号。除此之外，该系统还可供机组成员对旅客进行广播（老式飞机机组内话不能对客舱进行广播）。

2.5.2 组成

通常该系统由音频选择盒、插孔板、发话按钮、耳机与话筒插孔、扬声器和内话附件盒中的有关设备等组成。

1. 音频选择盒

如图 2-12 所示，它包括 18 个监听按钮开关、6 个面板灯、1 个音量控制旋钮和话筒选择开关、氧气面罩-吊杆式话筒开关和无线电发射-关-内话开关。

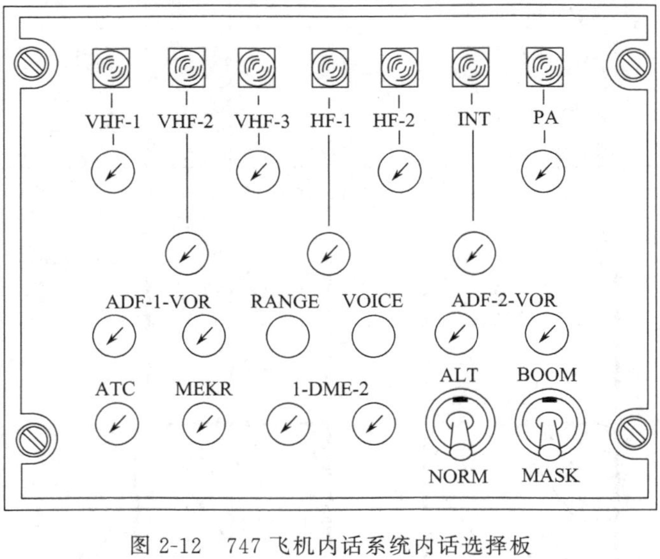

图 2-12 747 飞机内话系统内话选择板

(1) 17 个监听开关（除紧急/正常开关外）用来选择所要监听的通信、导航或内话信号。上位是开，下位是关。打开监听扳钮开关，就可监听相应设备的信号；同时打开，可同时收听。为了保证机组成员随时通话，内话按钮开关始终放在开位，并用保险卡住。

(2) 音量控制旋钮/话筒开关用来改变输出音频信号的强弱，以适合收听者的需要。

话筒开关用于将话筒音频和控制线接到需要使用的设备上去。如使用第一部高频通信，则可将开关扳到 HF-1 位，相应的面板灯应亮。此时话筒音频和控制线接至第一部高频收发机，同时第一部高频输出的音频信号亦经它加入音频选择板，因此无须打开 HF-1 扳钮开关就可以听到 HF-1 的信号。使用其他电台或内话时与此相同。可见，机内通话主要靠音频选择盒控制与外界通信。

话筒开关的最后一挡是“广播”位，用于机组对旅客广播。使用中应先拉出再转动才能转至“广播”位，否则转不动。这样可防止通信信号被广播出去。

(3) 氧气面罩-吊杆式话筒开关用于选择氧气面罩话筒或是吊杆式话筒。

(4) 无线电发射-关-内话三位开关在使用氧气面罩话筒或吊杆式话筒时才用。在正、副驾驶的驾驶盘上也各有一组与它功用相同的开关。

- 关位：把氧气面罩话筒或吊杆式话筒与音频电路断开。
- 无线电发射位：把氧气面罩话筒或吊杆式话筒与音频电路接通，同时把所选电台的控制线接地，使电台工作于发射状态。
- 内话位：把话筒线接至内话系统以进行机内通话。

在使用手握式话筒时，只要扳动话筒上的发话按钮，就可把话筒音频和控制线接到所选的设备上去，无须扳动三位开关。

(5) 紧急/正常开关平时放在正常位且有保险卡位。当音频选择板内的放大器故障而无法收听信号时，可将开关放“紧急”位。此时音频信号直接加至耳机及扬声器，所以仍可监听信号。但是监听开关不能同时打开，只能要哪个信号就打开相应的开关。如果几个开关同时打开就只能听到第一个开关相应的信号。开关的次序是从左至右，从上到下，故 VHF-1 是第一个，而 ADF-2R 是最后一个。

(6) 有的音频选择面板上还有话音（宽）和导航（音域）按钮开关。它应与定向机和全向信标监听开关一起使用。这两个按钮控制加至话音/导航滤波器的音频信号。如果这两个按钮都断开或都接通，则音频信号不通过滤波器而直接加到一个隔离放大器上。如果接通导航按钮，则滤波器把导航识别频带信号加到一个隔离放大器上，如接通话音按钮则滤波器把话音频带信号加至另一个隔离放大器上。所有接收到的音频信号都通过备用/正常开关加到上述两个隔离放大器中的一个。所选放大器的输出加至有关机组成员的耳机电路。

(7) 有的音频选择面板上还有“备用/正常”开关，它用来选择音频选择盒中的 1 号或 2 号放大器。1 号为正常放大器，当 1 号放大器有故障时，把开关扳至备用位，可将 2 号放大器接入接收电路。

总之，音频选择板（用户盒）的作用是选择各收发机耳机话筒的输出和输入线。

2. 话筒和耳机

手握式话筒可以用在装有手握式话筒插孔的任何位置。话筒上的按下发话电门接通话筒内部的前置放大器的电源。话筒音频加到音频选择上所选系统的控制线路。

氧气面罩上装有一个碳精式话筒。音频选择盒上或机长、副驾驶盘上的PPT开关，用来接通氧气话筒的电路。

吊杆式话筒/耳机装置是耳机和连在耳机上可以调节放大量的话筒的组合。音频选择板上和驾驶盘上的PPT开关用来把吊杆话筒音频接到音频选择板上所选的系统去。

耳机的阻抗为600Ω，机组每个成员位置均装有。可直接通过音频选择盒监听音频。

3. 内话附件盒

内话附件盒内装有内话放大器，它是一块印制电路板（有的飞机上作为单个放大器装在电子设备舱内）。该放大器把输入音频信号充分放大，以便使每个机组内话板位置都能相互通话。内话放大器是一种低频放大器。

内话附件盒还包含两块辅助卡、内话控制卡、转换卡以及测试选择器开关和插孔。

内话控制插件板包含本系统所有放大器的增益控制电位计。

内话附件卡包含有多种接收音频的电阻。

转换卡包含让内话和勤务内话放大器并联的继电器。

4. 内话机开关板

该开关位于随机工程师的辅助面板上，其上装有两个开关：一个是机内/勤务转换开关，用来把输入电路同内话放大器或勤务内话放大器并联，以便让随机工程师同机组内话或勤务内话各位置通话；另一个是内话-关-收/发开关，该开关对于随机工程师来说相当于两个发话按钮。

2.6 客舱广播系统

2.6.1 系统用途

旅客广播娱乐系统的用途是供机组或服务员对旅客进行广播以及播放预录通知和向旅客提供娱乐登机音乐。以下以较为复杂的747飞机广播系统为例来说明系统的组成。

在747飞机上，加至广播系统的输入共有六种，即四种音频输入和两种逻辑输入。四种音频输入为飞行员、服务员、自动预录通知和登机音乐，后两种输入来自磁带放音机。逻辑输入之一为“请勿吸烟”和“系好安全带”逻辑，它使低音钟响；另一个则为发动机启动时，来自发动机滑油压力开关的逻辑输入，它用于断开分流电阻，使放大量增加 6dB，以便旅客能听清广播。

2.6.2 组成

广播系统由下述部件组成：1 号和 2 号广播放大器、广播附件卡、预录通知和登机音乐磁带放音机，左 1 和左 4 号门服务员板，预录自动通知控制板和高音喇叭等。

1. 客舱服务员板

左 1 和左 4 号门服务员板上有登机音乐选择按钮和音量按钮。左 1 服务员板上还有登机音乐优先开关。

2. 自动预录通知控制板

自动预录通知控制板提供预录信息的能力。它包含三个选择磁带的字母按钮 A、B、C 和八个选择音轨的数字及启动通知、取消通知的瞬时电门。磁带和音轨选择电门是连续的，因此在同一时间，只有一盘磁带和一个音轨可被选择。每个磁带按钮旁边是琥珀色的等待灯。当所选的音轨尚未准备好时，等待灯亮。

紧急通知播音不能人工控制。当旅客氧气面罩从旅客服务组件落下时，紧急通知便自动开始（在 A 盒磁带 1 号磁轨）。

3. 广播放大器

旅客广播放大器由两个放大器组成：一个 120W 的主放大器和一个 16W 的辅助放大器，后者对服务员和厨房处的扬声器（8Ω）提供最大（16W）功率。

4. 磁带放音机

磁带放音机提供 24 个通道的预录通知（每个通道最长 30min）。这些通道中有一个被选为优先于其他全部通道的功能，作为紧急通知用。登机音乐的盒装磁盘是四个轨迹的磁带。当选择电门在“A”位可以提供 4h 音乐，选择 1、2、3 或 4 各提供 1h 的音乐。磁带放音机是专用的无端头预录磁带，每小时循环播放，不能自行重录。正常情况下为适应人耳在空中和地面感觉的不同，放音机空中放大量比地面高。

5. 广播附件盒

附件盒内的控制插件板用于控制客舱广播音频电平。服务员插件板将左 1 和左 4 号服务员话筒音频接到客舱内话转换组件和广播放大器（图 2-13）。

2.6.3 工作说明

从图 2-13 可以看出，广播机系统的作用是通过喇叭网路向主客舱和上层客舱的旅客播放登机音乐、预录通知和讲话信息。每一个广播机都有自己的优先顺序，以使某些信号超控其他信号。最优先的是驾驶员广播讲话，其次是服务员讲

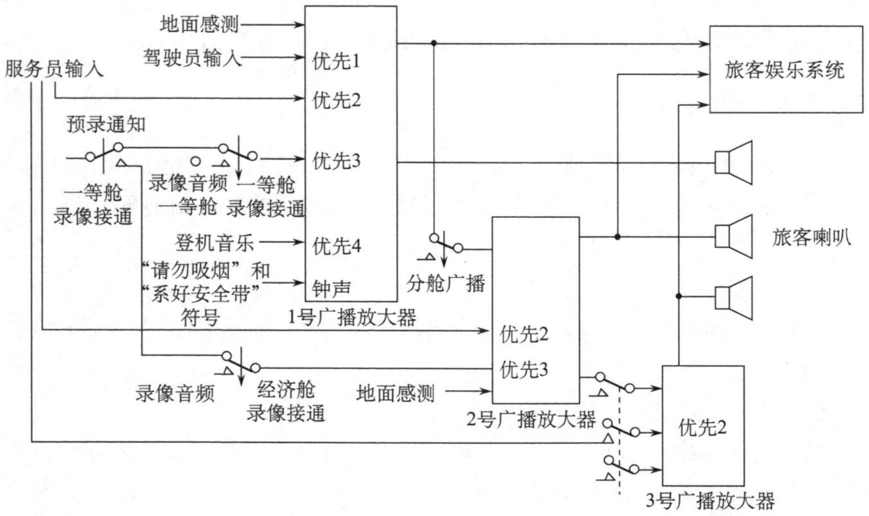

图 2-13 广播系统输入输出方框图

话，而后是预录通知，最后是登机音乐。除登机音乐外，所有通过喇叭系统进行广播的客舱广播音频信号，都可以超控旅客音乐，使带听诊式耳机的旅客收听通知，或者在客舱失压情况下，自动播放紧急通知。

从服务员呼叫系统来的控制信号通过所有喇叭发出低音钟声。这种钟声信号在接通或断开“系好安全带”或“请勿吸烟”信号牌和在客舱失压时发出。

由机组内话机系统来的驾驶员话音或经由客舱内话机系统来的服务员的话音，经放大器放大后加至喇叭。自听音频则经内话机返回到驾驶员的耳机内。

取下左 1 号或左 4 号门服务员手机后，听话筒与客舱内话机系统相连，按下发话按钮即可广播。

输入到广播机的四种音频的优先次序是：驾驶舱，服务员，预录通知，登机音乐。

登机音乐的选择和控制情况如下：

当接通登机音乐音量电门（接通 115V 交流通断信号）时，磁带放音机的马达和驱动电路工作。登机音乐磁带节目由四条连续播放的磁轨组成。这四条磁轨可以从一条磁轨转换到另一条磁轨上。磁带输出经前置放大后，送到客舱广播放大器。当接通登机音乐的音量电门时，4 号控制线信号送到 1 号客舱广播放大器，使音乐得到放大。音量由音量旋钮进行调节。

预录通知的选择和控制情况如下：

在左 1 号服务员站位的自动预录通知控制板上选择预录通知。按下按钮后，选择信号启动广播磁带放音机内的磁带卡盒。当接通音量开关时，电机和驱动电路工作。所选的每个磁带卡盒内有四条连续播放的磁轨，这四条磁轨循环一周后，每条磁带退回原处，从头再开始播放。在倒带期间，预录通知控制板上的等待指示灯亮。在同一磁带卡盒上不能进行磁轨选择，倒带结束后，等待指示灯灭，磁轨可以进行转换。

磁带各磁轨的输出送至优先电路。优先电路使紧急通知超控其他所有通知。3 号控制信号送到广播放大器，任选的音乐通道也受到超控。通知开始后，音乐自动中断，通知结束后，音乐继续播放，音频信号经过前置放大后，送到 1 号广播机放大器。如果选错通道，按下“清除”按钮，此时磁带放音机内的音频锁定电路导通，抑制至放大器的音频信号。

2.7 话音记录器

2.7.1 工作概况

驾驶舱话音记录器用于记录飞机着陆之前 30min 或 2h 内的机组耳机内的音频和在驾驶舱内的声音。记录共有四个录音通道：1 号录随机工程师，2 号录副驾驶，3 号录机长，4 号录驾驶舱。

话音记录器利用电磁原理把声音录在磁带上。

2.7.2 组成

1. 话音记录器

话音记录器包括磁带传送机构、23kHz（或 65kHz）磁偏振荡器、四个录音放大器、每个通道一个混频电路、四个放音放大器、全通道输出放大器、试验电路、试验指示器、试验耳机插孔、总体抹音电路和电源组件。磁带传送机构由录音头、抹音头、放音头、总体抹音线圈、磁带驱动机构和磁带组成。

试验指示器、耳机插孔、通道选择电门和试验按钮都装在记录器的前面板上。各通道可以同时试验，也可以单独试验。按下控制盒上的“试验”按钮，试验电路就把一个 800Hz 的信号加到四个录音放大器上，如各通道录音正常，从插入插孔的耳机中就可以听到一个 800Hz 的声音，试验信号灯亮。若要检查某一通道，就用录音机面板上开关选择好该通道，按下“试验”按钮，如果该通道录音正常，从耳机中可听到一个 800Hz 声音。当把机器面板上通道电门放在某一通道时，若该通道正常，则耳机内应听到没有杂音的录音信号。

在话音记录器前面板下方有一水下定位器，其作用是当话音记录器落入水中后，帮助确定记录器的水下位置。应该指出的是，水下定位器电池按 1985 年 4 月 24 日民航总局工特字 006 号文件规定，电池在出厂日期后每两年更换一次。

2. 控制板

话音记录器控制板用于对记录器进行远距离控制和试验。检测驾驶舱声音和谈话情况，并控制抹掉录音带上的声音。

• 耳机插孔：可监听记录器所有通道的声音。

• 试验按钮：当按下“试验”按钮时，就顺序地测试四个记录通道。

• 试验监视灯：按下按钮时，如果所有的监视通道有音频输出，则灯亮(有的控制板上装的是表，正常时表针应指示在绿区)。

• 话筒：可通过它记录驾驶舱内的谈话及四通道音频的输入。

• 抹除按钮：飞机落地和刹车后，再按下“抹除”按钮，并保持5～10s后，则记录器磁带能被抹除干净。

2.7.3 工作方式

话音记录器系统共有四种工作方式：记录、抹除、监听和试验。

(1) 记录方式：三个音频通道输入来自音频附件盒、第四个通道输入来自驾驶舱控制盒上话筒的音量。

(2) 抹除方式：在飞机落地和停放好停留刹车后，按下“抹除”按钮就可抹除记录器信号。

(3) 监听方式：音频信号从记录器的所有通道加至控制板的音频输出端。

(4) 试验方式：控制板测试电门起始记录器测试。记录器把各信号返回加至控制板。

2.7.4 工作说明

话音记录器系统自动记录驾驶舱中着陆前30min或2h内所有通信与对话。只要115V交流电压加到主无线电汇流条上，该系统就开始正常工作。来自随机工程师及正、副驾音频选择控制盒的通信和内话音频通过内话机音频附件盒分别加至记录器的1、2、3通道；驾驶舱的谈话信号由控制盒上的话筒接收，经前置放大器进行放大后送至记录器的第四个通道。

2.8 应急电台

根据美国联邦航空条令FAR91要求，在美国注册的每一架飞机必须备有一台应急电台。应急电台的作用是在飞机发生事故时，使用它发出呼叫信号以便能够得到救援。

应急电台最常用的电源是一个自备的干电池，它必须能供电48h。通常紧急发射机电源的更换日期必须标在发射机外部，通过观察在发射外部电池的更换日期就可确定紧急定位电台的更换日期。

应急电台较好的位置是尽可能地靠后，但要在垂尾之前。

在检查飞机时，通过将一台通信接收机调到民用警告频率上，然后使应急电台短时间工作就可检验应急电台的工作状况。

根据 1975 年 12 月 30 日发出的指令 FAR121.339 和 FAR121.309，要求对新电池在初次安装五年以后作试验台/电池检查，以后每隔两年进行一次。

2.9　飞行数据记录器

2.9.1　工作概况

飞行数据记录仪（FDR）是在飞机上自动记录飞机飞行中的飞行参数的仪器，是查找飞机失事原因的重要工具。航空公司和政府部门通过飞行记录仪自动记录的飞行参数，分析飞机的飞行情况，了解事故或事件引起飞机飞行参数的变化，为事故的分析结论提供可靠而有用的依据。旧式的数据记录仪只能记录 6～7 个飞行参数和航速、航向、海拔高度，而今天的最新式的飞机数据记录仪则能记录 100 多个参数，包括油门位置、离地高度、机外气温等。但是，不论是旧式还是新式的记录仪，其最基本的记录内容为飞机飞行的航班号/日期、飞行高度、空速、航向和垂直加速度，并根据需要记录飞机的其他状态参数和发动机状态参数。

目前大多数记录仪仍使用磁带记录，但最先进的黑匣子已改用数字固态器件，此固体器件可记录 25h 的数据。为确保坠机后能完整回收，采用了极硬的隔离保护外壳，以免撞碎、着火或渗进海水，如图 2-14 所示。

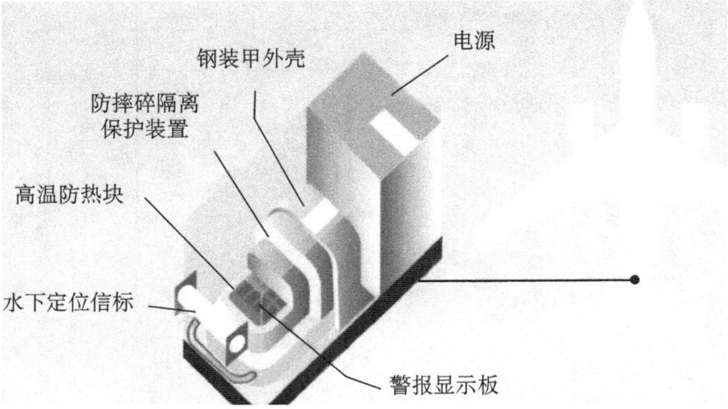

图 2-14　飞行数据记录仪的防护结构及安装位置

为了便于寻找，黑匣子外观往往是彩色的，只是人们习惯上还称呼为“黑匣子”。

2.9.2 组成

飞行数据记录仪在运输机上主要由航班日期编码器、控制板、飞行数据记录器、加速度传感器和电源电门等组成。其组成方框图如图 2-15 所示。在有的飞机上取消了航班日期编码器，由飞行管理计算机的控制显示单元在飞行前的飞行管理计算机中输入航班号和日期时，也直接输入了飞行数据记录仪所需的航班号和飞行日期。

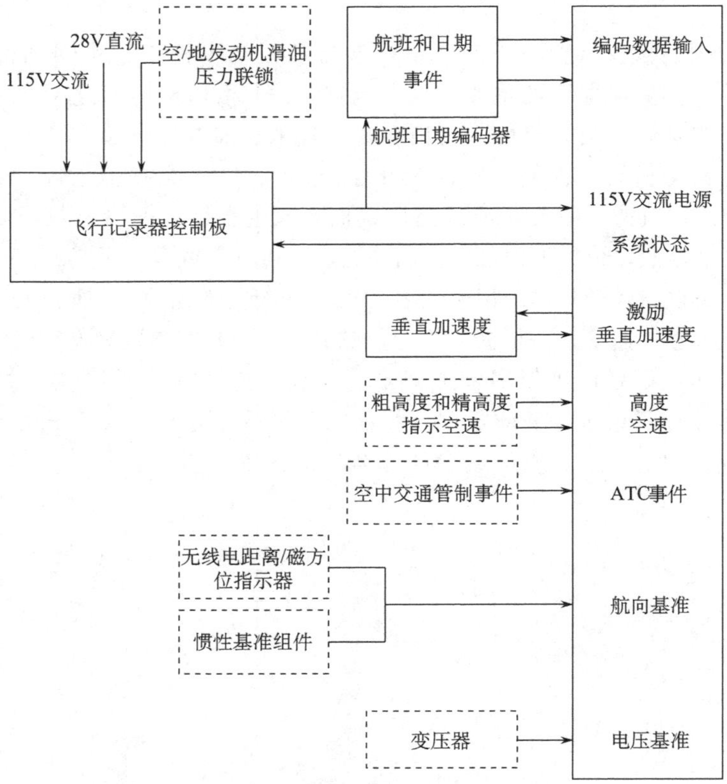

图 2-15 飞行数据记录仪组成方框图

1. *航班日期编码器*

航班日期编码的控制面板如图 2-16 所示，它是一个远距离安装的组件。面板上的六个人工操作的拇指轮控制器是数字转换器，用来调定选择的四位数航班号和二位数的日期，以便记录在记录带上。航班号的每个数字轮的数字范围是

0～9；日期数字轮十位数数字轮的数字范围是0～3，个位数数字轮的数字范围是0～9。通电后当人工输入航班号和飞行日期后，或按下“重复”按钮，信号就记录在记录器的磁带上，此时重复指示灯亮，完成此事件需要15min，但不影响记录其他飞行数据。飞行中，驾驶员需要记录一个特殊标记时，就按一下“事件”按钮，此时就产生一个脉冲记录在磁带上，以示这一标记的时刻和区分标记前后的记录，便于事后的分析。

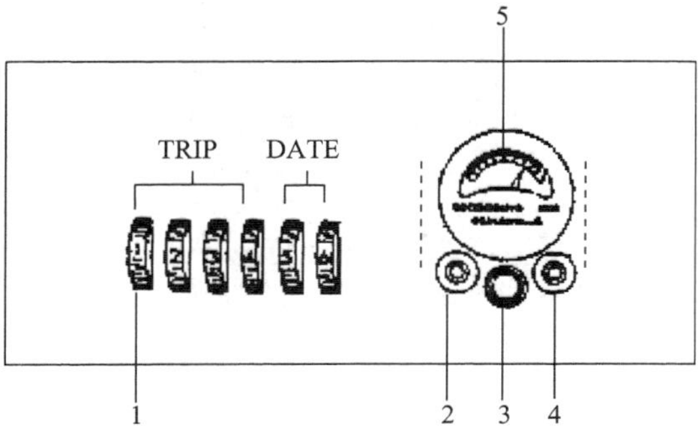

图 2-16　航班日期编码器控制面板

1. 数字转换器；2. 重复按钮；3. 重复指示灯；
4. 事件电门；5. 记录剩余时间指示器

2. 控制板

飞行数据记录仪控制板的输入输出如图2-15所示，控制板上有一个电门，是正常/试验电门，电门外有一个盖子，还有一个“OFF”故障黄灯。飞机在地面要检查记录仪的工作时，应将正常/试验电门保护盖往左扳动，然后将正常/试验电门放“TEST”位置，OFF灯不亮为良好。检查完毕，应将电门放“NORMAL”位置，盖好盖子。

3. 飞行记录仪

飞行记录仪通常装在飞机的尾部天花板上或地板下，它的外形如图2-14所示。为了便于寻找从失事飞机中失落的记录器，规定都在外壳上涂上橙红色，并且在记录器的两侧有反光条。整个记录仪由防尘盖、机壳组件、电子组件、传送机构、数据采集电路等组成。机壳是由坚固的不锈钢制成，有防腐蚀、防火、防震的功能。记录磁带由一个马达带动，磁带长338ft，走带速度为0.42in/s，能提供连续25h的记录。磁带有8个记录磁通。

4. 加速度传感器

加速度传感器是用于感受飞机垂直加速度，向飞行数据记录器提供飞机垂直加速度信号的仪器。加速度传感器由一块装于气密密封容器内弹簧上的震块和随动系统组成，输出的交流信号的电压大小与相位都与飞机垂直加速度的大小与方向成正比。加速度传感器的外形如图2-17 所示。

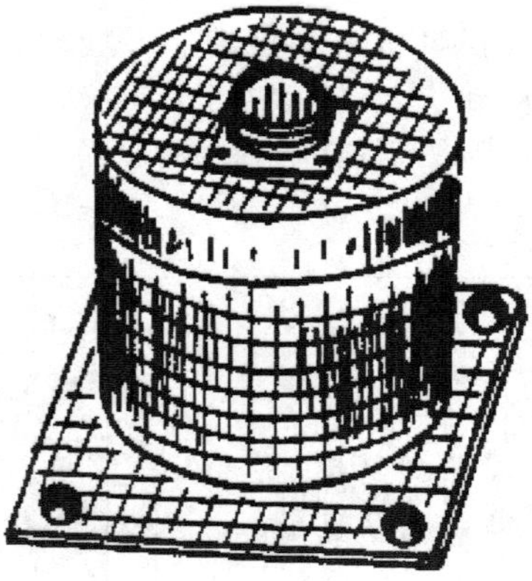

图 2-17　垂直加速度计外形

除加速度信号、航班号和日期外，其他自动记录的信号是由飞机上的相应系统正常工作，通过适当的方式输入至飞行数据记录器的。例如，飞机的高度、速度信号由大气数据计算机输入；飞机的磁航向由飞机的惯性基准系统或罗盘系统输入，如图 2-15 所示。

2.9.3　飞行数据记录仪的使用

对于不同型号的飞行数据记录仪，在使用上是有区别的，就是同一型号的记录仪在不同型号飞机上的安装位置也不相同，所以使用的方法是有差别的，但其步骤和使用注意事项是基本相同的，这些步骤如下：

（1）飞行前，在地面对飞行数据记录仪用编码器或用 FMS 的 CDU 输入飞机的航班号和飞行日期。

（2）在地面必须用飞行数据记录仪的测试电门进行测试，确认记录仪正常工作。

（3）在飞行中，记录仪自动接通并工作。自动接通的方法，在不同的飞机上所用的方法是不同的：如有的用空速信号控制，有的由飞机抬前轮控制，有的由供电系统控制。在起飞后和着陆前，记录仪的故障黄灯应灭；如亮，则说明记录仪有故障。

（4）飞行中需要输入特殊标记时，应按下“事件”按钮。

本章思考题

1. 甚高频语音通信系统的特点。
2. ACARS 的工作和使用状况。
3. 高频语音通信系统的特点。
4. 选择呼叫系统的功能和工作特点。
5. 客舱广播系统用途。
6. 话音记录器和飞行数据记录仪（黑匣子）的使用方法和工作特点。

第 3 章　无线电导航的理论基础

3.1　导航的定义

随着科学技术的发展，现在的导航已发展成为一门专门研究导航原理、方法和导航技术装置的学科。在舰船、飞机、导弹和宇宙飞行器等航行体上，导航系统已成为一种必不可少的重要装备。

从概念上讲，引导各种运载体（飞机、船舶、车辆等）以及个人按既定航线航行的过程称为导航，它是保证运载体安全、准确地沿着选定路线准时到达目的地的一种手段。

如图 3-1 所示，导航的过程一定要从目的地开始，根据要飞往的目的地，选择航线，确定距离，安排时间表，这就是飞机的进程。为了使飞机遵照事先安排的时间表，沿着所选定的航线飞行，必须要使飞机在某一方向上（一般称为航向）以一定的速度飞行。为了得到所要求的速度和航向，要通过驾驶仪表来控制飞机飞行的加速度。控制飞机轴线加速度是为了遵守进程中的时间表；控制飞机横向加速度是为了改变飞机的航向；控制垂直面内加速度是为了爬高或下降。图 3-1 中的“驾驶”指的就是飞机飞行加速度的控制。

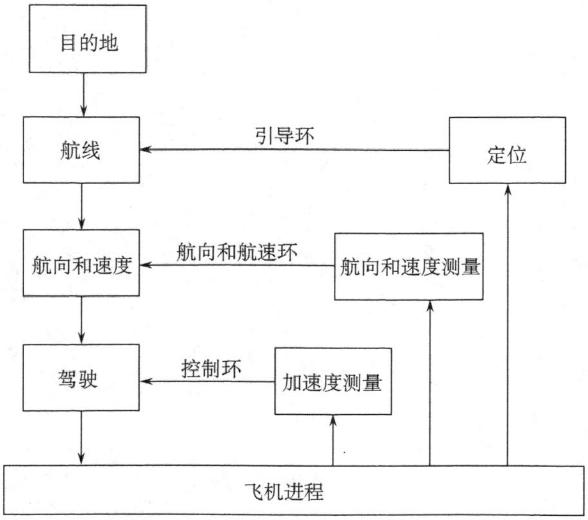

图 3-1　基本的导航环

由此可见，“引导环”是通过导航系统对飞机位置的测量，并根据所规定的航线来确定飞机进程中的航向和航速。“控制环”是得到所要求的航向和航速的一个环节。“航向和航速环”则是导航过程中的纽带，它把导航与普通的观测区别开来，因为观测只涉及位置；它也把导航与无目的滑翔区别开来，因为滑翔只涉及驾驶。

3.2 无线电导航的任务

无线电导航的任务一般包括四个方面：引导运载体沿既定航线航行；确定运载体当前所处的位置及其航行参数，包括航向、速度、姿态等实时运动状态；导引运载体在夜间和复杂气象条件下的安全着陆或进港；保证运载体准确、安全地完成航行任务所需要的其他引导任务。

为完成上述无线电导航任务，必须解决三个基本的导航课题：如何确定它的位置；如何确定它从一个位置向另一个位置前进的方向；如何确定距离（或速度、时间）。

对每个飞行员或领航员来说，都是在利用导航手段不断确定其航行中的位置、方向、距离、时间和速度，这些通常称为“导航参量”。

在这些导航参量中，对慢速运动体来说，或对于远距离航行来说，“位置”是关键。因为知道了“在哪儿”之后，就可以决定是继续保持当时的速度和航向，还是要作某种改变。因此，按传统的观点，导航系统从某种意义上说就是定位系统。

但是在现代航空中，有两个显著的变化打破了上述传统的观点。这两个变化是：极高的飞行速度和某些区域增加的交通密度。当飞行速度很快时，测量和判决之间的时间迟滞，使得位置信息不具有更多的意义。这种情况下，驾驶员关心的导航参量是“航向”和“距离”，以解决“到终点或下一个航路点要经哪条航线？还有多远？”的问题；而交通密度的增加，使得飞机在空中活动范围受到严格的限制，这时就会产生这样的问题：“在这个时刻，我应该在哪儿？我实际在哪儿？怎样到达我应该到达的下一个位置上去？”因此，这时所需要的是连续的、适时的驾驶信息输出，以便通过制导计算机来实行自动操作。

总之，由于导航的目的和对象不同，要求解决的问题也有所区别。但从根本上说，导航就是为了给领航员提供航行中的位置、方向、距离和速度这些导航参量。因此，就是运用所得到的结果来保证运动体安全而有效地航行。

3.3 导航的分类

根据几个世纪以来人类的知识和能力的增长顺序，常把导航分为观测导航、地磁导航、推算导航、卫星导航、无线电导航和组合导航六大类。各个导航系统都各有所长，根据导航应用的场合和精度等要求不同，可选择不同的设备导航，以确保运动体经济、安全地航行。

3.3.1 观测导航

观测导航也称天文导航，它是根据天上星座的运行规律来对地面上的目标进行定位的，通过观测星体相对地球的位置参数（如仰角）以及观测时间，即可确定观察者在地球上的位置，从而引导运动体航行。观测导航不需要地面支撑设施，具有保密性强的特点，是一种自备式导航系统，不受人为或自然电磁场干扰，具有隐蔽性好、无累积误差及较高的精度等优点，因此，常用来校正推算导航方法的积累误差。但是观测导航受气象条件（阴天、雨天）和时间（黑夜）的限制，而且观测时间较长，操作计算也比较复杂。借助于现代科学技术，观测导航进入了一个新的发展阶段。观测导航已成为现代导航的一个基本手段。

这种导航简单、可靠，但能见度低或在海洋、沙漠中无熟悉地标可供观测时，就无法导航了。现代雷达导航就是属于这种导航。

3.3.2 地磁导航

最早使用的地磁导航仪是指南针，经过几个世纪的不断改进和研究，地磁导航设备已拥有完备的指示、校正、照明、观测系统的磁罗经，同时对磁罗经自差原理和消除自差的理论形成了一门完整的科学。

3.3.3 推算导航

推算导航也称惯性导航，它是根据运动体的运动方向和所航行的距离（或速度、时间）的测量，从过去已知的位置来推算当前的位置，或预期将来的位置，从而可以得到一条运动轨迹，以此来引导航行。

惯性导航设备测出飞机的加速度数据，然后对时间积分，以求得位置参数，其原理框图如图 3-2 所示。

根据牛顿第二定律 $F=ma$（式中，F 为作用于飞机上某一物体的力；m 为此物体的质量；a 为加速度）制造了加速度计，通过测量作用与被测物体上的力的大小和方向就可以测量出物体的加速度大小和方向。然后通过加速度对时间的积分就可以求得物体的运动速度 W，即

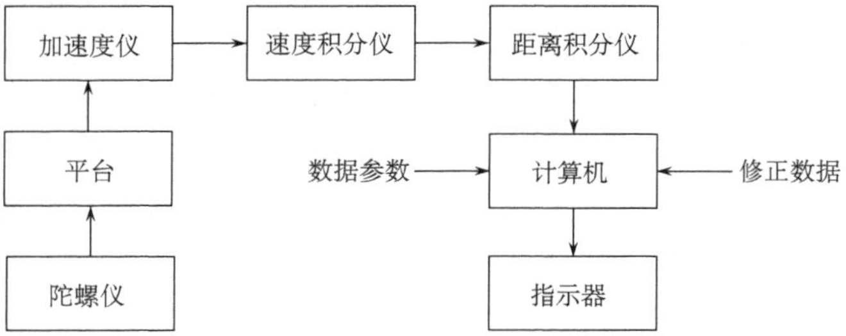

图 3-2 惯性导航的原理框图

$$W=\int_0^t a\,dt \tag{3-1}$$

再通过运动速度对时间的积分就可以求得物体运动所经过的距离 S，即

$$S=\int_0^t W\,dt \tag{3-2}$$

根据上述原理，利用稳定在飞机水平面内的南北、东西方向上的两个加速度计所测得的两个加速度分量 a_{SN}、a_{EW} 分别用积分器积分，就可以得到有南北方向和东西方向的地速分量。在起始速度等于零的情况下，两个地速分量分别是

$$\begin{aligned} W_{SN}&=\int_0^t a_{SN}\,dt \\ W_{EW}&=\int_0^t a_{EW}\,dt \end{aligned} \tag{3-3}$$

然后将两个地速再对时间积分，在起始速度等于零的情况下，就可以求得飞机沿经线和纬线飞过的距离，它们分别为

$$\begin{aligned} S_{SN}&=\int_0^t W_{SN}\,dt \\ S_{EW}&=\int_0^t W_{EW}\,dt \end{aligned} \tag{3-4}$$

求出 S_{SN} 和 S_{EW} 以后，就可以求出飞机位置的地理坐标，即

$$\begin{aligned} \varphi&=\varphi_0+\frac{S_{SN}}{R} \\ \lambda&=\lambda_0+\frac{S_{EW}}{R\cos\varphi} \end{aligned} \tag{3-5}$$

式中，φ 为飞机的瞬时纬度；λ 为飞机的瞬时经度；φ_0 为飞机起飞点的纬度；λ_0 为飞机起飞点的经度；R 为地球半径。

惯性导航克服了观测导航的缺点，因为它不需要对地标或地面导航设施进行观测，不受天气、地理条件的限制，保密性强，是一种自备式导航；具有良好的隐蔽性和抗干扰性，不受外界电磁波、光和气候条件的影响。缺点是结构复杂、造价高，使用、调整、维修复杂，随着航行时间和航行距离的增长，位置累积误差越来越大，准确度仅为作用距离的 0.5%～1%。因此，航行一定时间后，需要进行位置校准。

在航空导航的早期阶段，航向的测量用磁罗盘，距离的测量用空速表和航空钟。在现代航空中，则发展为惯性导航和多普勒导航。

3.3.4 卫星导航

随着人类航天技术的发展，导航技术也逐步由陆地导航转向卫星导航。卫星导航系统是以人造地球卫星作为导航台的星际导航系统，能为全球的陆、海、空、宇的各类运载体和其他用户，提供全天候、不间断、高精度、实时的三维位置、速度和时间信息。严格来讲，卫星导航系统属于时间或相位无线电导航系统，但由于它可自成体系，应用广泛且发展迅速，具有替代目前大多数导航系统的能力和趋势。

一般的卫星导航系统主要由三部分组成，即空间的人造卫星、地面监控站和用户接收定位设备。空间部分的卫星需要知道自己的精确位置及具有精密的原子钟，以提供导航的空间基准和时间基准，并按一定的时间周期向用户发布用于导航的参数（星历等）。为了保证导航精度，必须建立一些能够跟踪卫星运动轨迹和对其进行控制的地面测控基站，以对卫星轨道进行精确测量并预测卫星未来一段时间内的位置误差相关参数，将其注入到卫星中，供卫星在相当长的一段时间内播发或转发。此外，地面控制中心和用户之间也可以通过卫星中继进行数据通信。用户接收定位设备（或称用户接收机）一般是卫星信号的接收测量及位置解算设备，能够搜索、跟踪并利用卫星的信号和星历进行定位及进行其他相关处理。

1957 年 10 月 4 日苏联将第一颗人造地球卫星 Sputnik 发送入轨道，由此揭开了导航定位系统的新纪元。世界上第一个实用的卫星导航系统，是美国研制的“子午仪”卫星导航系统（图 3-3），它于 1964 年正式投入使用，主要为美国海军服务，1967 年对民用部门开放。子午仪系统能在全球范围内，全天候实现二维（经度、纬度）定位，航行定位精度 0.1～0.3n mile，因而获得广泛的应用。缺点是不能连续定位，一次定位的时间又较长，且不能确定用户位置的高度，因此限制了飞机等用户的使用。为了满足军事应用和民间用户提出的更高要求，美国于 1973 年开始研制 GPS 系统，如图 3-4 所示。GPS 系统可在全球范围内，全天候为海上、陆上、空中、空间的用户连续地提供高精度的位置、速度和时间信息，并且有良好的抗干扰和保密性能，对导航定位、武器使用、交通管制、大地测量及精密授时等均具有重要意义。

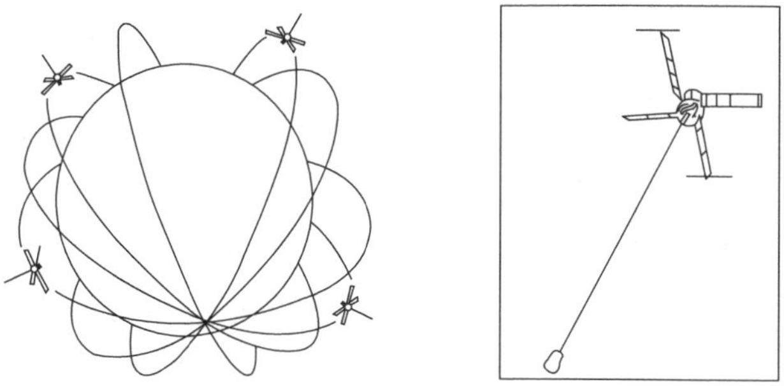

图 3-3　子午卫星导航系统 NNSS

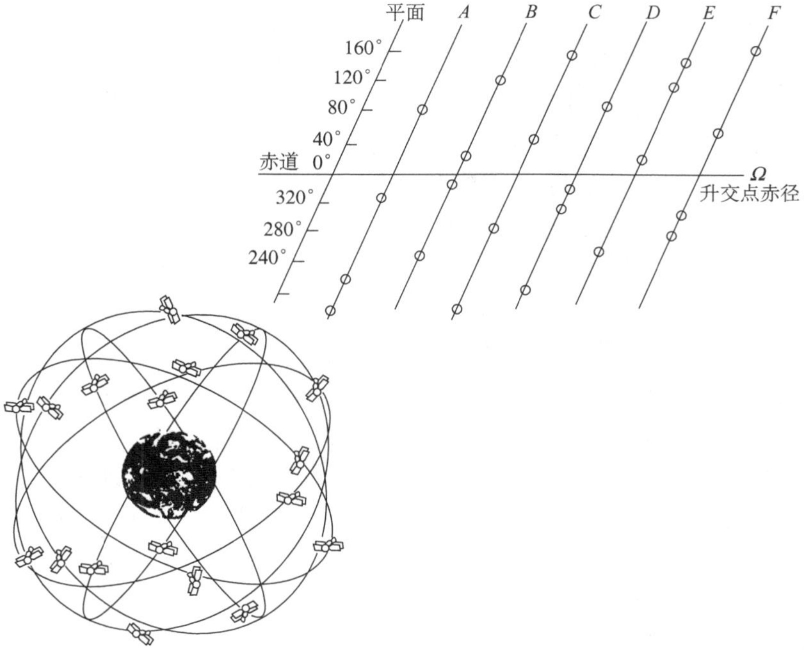

图 3-4　GPS 卫星系统

苏联从 20 世纪 80 年代初开始建设了与美国 GPS（图 3-4）系统相类似的卫星定位系统 GLONASS（图 3-5）。GLONASS 系统于 1996 年初建成，其组

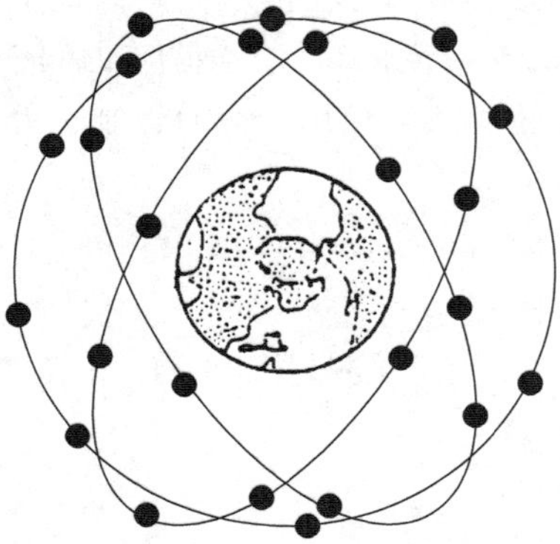

图 3-5 GLONASS 卫星系统

成和功能与美国的 GPS 相似，在定位、测速及定时精度上则优于施加 SA 技术的 GPS，同时由于 GLONASS 的倾角比 GPS 的大，所以在高纬度（50°以上）地区的可视性较好。

为了确保欧洲用户在导航定位方面不会陷入被他人独占或垄断的被动局面和困境，鉴于政治、经济、军事等多方面利益的考虑，欧洲于 2002 年提出了伽利略卫星导航系统的实施计划。伽利略系统不是一种军用卫星导航系统，分为空间卫星星座、地面控制、用户接收机三大部分，与 GPS、GLONASS 一样采用时间测距原理进行导航定位。与 GPS 相比，伽利略系统的卫星数量多，轨道位置高，轨道面少，且伽利略系统具有更高的定位精度，并按等级提供导航服务，通过不同的频段组合和加密手段为不同等级的用户提供不同的服务。

2003 年 6 月 1 日，我国自主研发的北斗系统正式开通，这标志着我国已经拥有了完全自主的卫星导航系统。“北斗一代”卫星定位系统由两颗地球静止卫星、一颗在轨备份卫星、中心控制系统、标校系统和各类用户机等部分组成，覆盖范围：东经 70°～140°，北纬 5°～55°。我国的“北斗一号”导航系统与 GPS 和 GLONASS 有很大的不同：①使用范围不同，“北斗一号”是区域卫星导航系统，只能用于中国及其周边地区；而 GPS 和 GLONASS 都是全球导航定位系统，在全球的任何一点，只要卫星信号未被遮蔽或干扰，都能接收到三维坐标。②卫星的数量和轨道不同，“北斗一号”是三颗，位于高度近 3.6×10^4km 地球同步轨道。③定位原理不同，“北斗一号”用户先发射需要定位的信号，通过卫星转发至地面控制中心，地面控制中心解算出位置后再通过卫星转发给用户；而 GPS 和 GLONASS 只需要接收四个卫星的位置信息，由自己解算出三维坐标。“北斗一号”本身是两维导航系统，仅靠两颗星的观测量尚不能定位，观测量的取得及定位解算均在地面中心站进行，定位精度较 GPS 和 GLONASS 要差。

2010 年 1 月 17 日 0 时 12 分，我国在西昌卫星发射中心用“长征三号”运载火箭发射第三颗北斗导航卫星，即“北斗三号”。“北斗三号”卫星导航系统空间段由五颗静止轨道卫星和 30 颗非静止轨道卫星组成，提供两种服务方式，即开放服务和授权服务。开放服务是在服务区免费提供定位、测速和授时服务，定位精度为 10m，授时精度为 50ns，测速精度为 0.2m/s。授权服务是向授权用户提供更安全的定位、测速、授时和通信服务以及系统完好性信息。“北斗三号”

卫星导航系统将克服“北斗一号”卫星导航系统存在的缺点，同时具备通信功能，其建设目标是为我国及周边地区的我军民用户提供陆、海、空导航定位服务，促进卫星定位、导航、授时服务功能的应用，为航天用户提供定位和轨道测定手段，满足武器制导的需要，满足导航定位信息交换的需要。

随着微电子技术、计算机软/硬件技术、网络通信技术和电子数字地图技术的发展，作为用户设备的卫星导航接收机，正向小型化、数字化、硬件软化、多功能组合化方向发展。

3.3.5 无线电导航

1. 无线电导航定义

利用无线电技术对运载体航行的全部（或部分）过程实施导航，称为无线电导航。能够完成全部或部分无线电导航功能的计时装置组合成为无线电导航系统或设备。置于地面、船舰或已知运动轨迹的卫星上，为其他用户提供导航定位功能的无线电导航系统或设备，称为无线电导航台（站）。

2. 无线电导航特点

无线电导航的特殊优点是：不受时间、气候的限制；精度高，定位精度可达到 10m 以内；定位时间短，可以连续、适时地定位；设备简单、可靠；在复杂气象条件下或夜间飞机着陆，无线电导航则是唯一的导航手段。其缺点是：它必须要辐射和接收无线电波，因而易被发现和干扰，保密性不强，在受到自然及人为干扰时甚至无法工作；一般需要地面设备配合，因而限制了它的工作区域。

由于无线电导航有保证飞机在任何气象条件下迅速、准确定位的优点，所以它在目前是应用最广泛、最普遍的一种导航方法，可以说它仍是目前航空中基本的、核心的导航手段，加上无线电导航设备能使飞机的导航问题日趋自动化，因此无线电导航设备在导航技术中占有特殊的地位。

3. 无线电导航分类

无线电导航系统的分类可按不同原则进行，主要有以下几种分类方法。

(1) 按位置线形状：直线位置线系统、圆位置线系统、双曲线位置线系统、混合位置线系统（圆/直线位置线系统、圆/双曲线位置线系统）。

(2) 按测量电信号的不同参量：振幅式导航系统、相位式导航系统、频率式导航系统、脉冲式导航系统、混合（如脉冲/相位）式导航系统。

(3) 按作用距离：近程导航系统（100～500km）、中程导航系统（500～1000km）、远程导航系统（1000～3000km）、超远程导航系统（3000km 以上）。

(4) 根据飞机的飞行阶段：航路导航系统（保证飞机在预定航线上安全航行的导航系统）、终端区导航系统（保证飞机进近引导和着陆的导航系统）。

(5) 按机载设备的独立程度：分为他备式导航系统和自备式导航系统。机上导航设备测定导航参数时需与地面导航设备协同工作，称为他备式导航系统。所有的测向、测距差导航系统都属于他备式导航系统。这种系统的优点是机载设备简单、准确度高；缺点是容易受到干扰。机载导航设备测定导航参数时不需要地面导航设备协同工作，称为自备式导航系统。例如，利用多普勒效应测量地速和偏流角，并且根据飞机航向来推算飞机位置的多普勒雷达属于自备式导航设备。其缺点是机载设备复杂、质量大、成本高、准确度低，特别是使用时间越长，准确度越低。

3.3.6 组合导航

由于单一的导航系统在性能上均存在本身的局限性，难以满足飞速发展的航空、航海、航天事业对现代导航的要求，这就需要将各种导航手段有机地组合起来，互相取长补短，运用卡尔曼技术，通过计算机对所获得的各种信息进行处理，获得最佳导航数据。组合导航具有系统精度高、可靠性好、多功能、实时、对子系统要求低等特点，因而被广泛采用且成为导航技术的一个明显发展方向。

3.4 导航参量

导航参量是与运动体的引导和定位有关的最基本参数，较重要的参数包括航向、航迹、方位、航向角和航速等。

3.4.1 航向（HDC）

航向（角）是由飞机所在位置的经线北端顺时针测量到航向线（飞机纵轴前端的延长线在水平面上的投影）的角度，如图3-6所示。

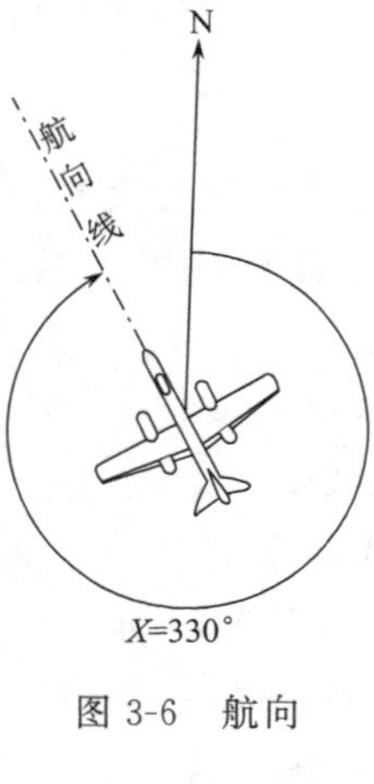

图3-6 航向

以磁经线为基准的航向称为磁航向；以真经线为基准的航向称为真航向；以罗经线为基准的航向称为罗航向；以陀螺北为基准的航向称为陀螺航向。各航向间的换算关系如下：

$$
\begin{aligned}
\text{真航向} &= \text{磁航向} + \text{磁差} = \text{罗航向} + \text{罗差} \\
&= \text{陀螺航向} + \text{陀螺差}
\end{aligned}
$$

3.4.2 方位角

方位（bearing）角是以经线北端为基准，顺时针量到水平面上某方向线的角度。例如，在图3-7中，北（N）、东（E）、南（S）、西（W）的方位角分别是 0°、90°、180°、270°；电台方位角是 40°。

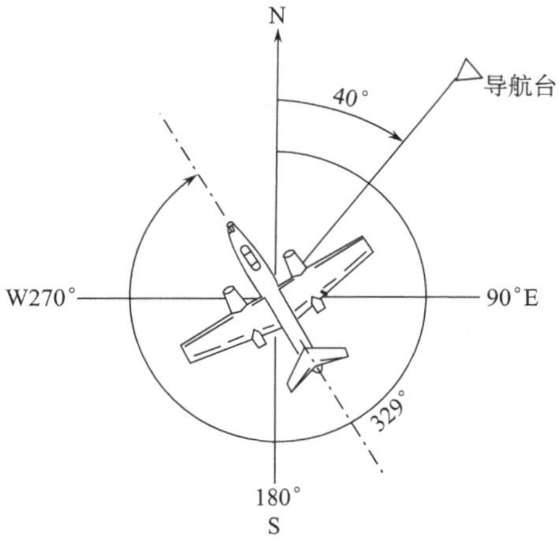

图 3-7 方位角

表示方位时必须明确以哪一点为基准点。例如，在图 3-8 中，当从飞机处（图中 A 点）观察地面电台 S 时，从 A 点处的经线北端量到飞机与电台连线 AS 的角度 θ_S，称为电台方位角；如果从电台 S 处观测飞机，从 S 处的经线北端量到电台与飞机的连线 SA 的角度 θ_A，则称为飞机的方位角。

表示方位时可以用磁经线为基准，也可以用真经线为基准。以磁经线为基准的方位角叫磁方位角；以真经线为基准的方位角叫真方位角。

在飞机上观测地面或空中目标，也常以飞机纵轴的前端同观测线在水平面上的夹角来表示目标的方向。这一角度称为相对方位角 θ_r。例如，图 3-9（a）所示电台的相对方位角为 330°；图 3-9（b）所示另一架飞机的相对方位角也是 330°。

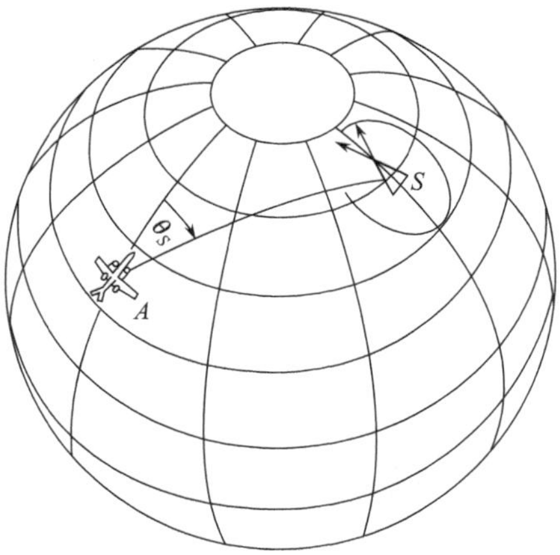

图 3-8 电台方位角和飞机方位角

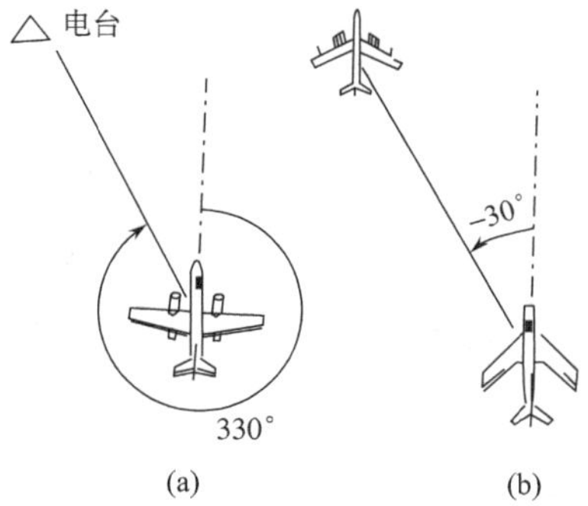

图 3-9 相对方位角

3.4.3 航迹与航迹角

飞机重心在地面的投影点的移动轨迹，称为航迹线或航迹，如图 3-10 所示。

飞机在某一时刻的实际运动方向角就是该时刻飞机的航迹角。航迹角是从经线北端顺时针量到航迹去向的角度。

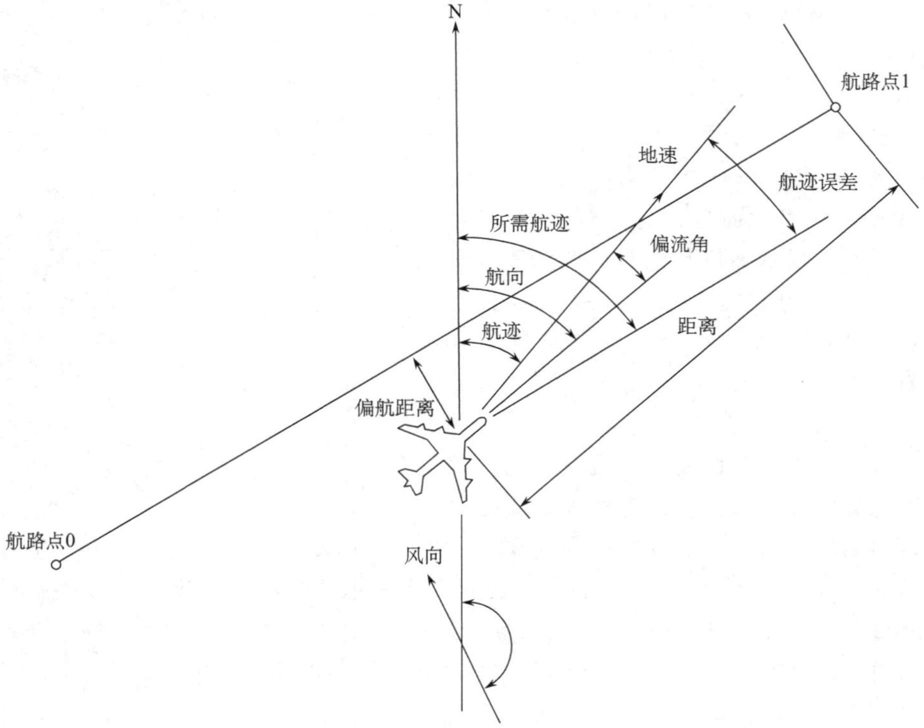

图 3-10 导航参量

3.4.4 所需航迹角

所需航迹（角）是飞行员所希望的飞机的运动方向，如图 3-10 所示，有时也可以把所需航迹叫做待飞航迹。

3.4.5 偏流

当存在侧风时，飞机的实际航迹就会与飞机的航向不一致。航向线与航迹线之间的夹角，称为偏流角，如图 3-10 所示。

3.4.6 航路点

飞机的飞行目的地以及航路上可用于飞机改变航向、高度、速度等或向空中交通管制中心报告的明显位置，称为航路点。

3.4.7 距离

距离指从飞机当前位置至飞往目的地或前方航路点之间的距离，即待飞距离。

通常，航路是由几个航路点连成的折线航路。在不加声明时，距离是指飞机沿指定航路飞往目的地的沿航距离。

两个航路点之间的距离为连接两个航路点的大圆距离。

3.4.8 偏航距离

偏航距离指从飞机实际位置到飞行航段两个航路点连线之间的垂直距离，如图 3-10 所示。

3.4.9 地速 GS、空速 AS 与风速 WS

飞机在地面的投影点移动速度叫做地速。地速是飞机相对于地面的水平运动速度。

空速是飞机相对于周围空气的运动速度。

风速或风向指飞机当前位置处大气的运动速度与方向。风向或风速是相对于地面而言的。空速 S_A、风速 S_W 和地速 S_G 三者的关系为

$$\boldsymbol{S}_G = \boldsymbol{S}_A + \boldsymbol{S}_W$$

上述关系可用如图 3-11 所示的向量图表示。当风速等于零时，飞机的地速等于空速。

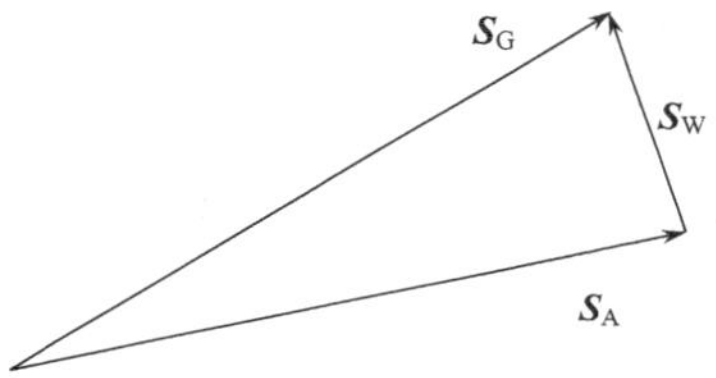

图 3-11 空速、风速和地速的关系

3.4.10 预计到达时间与待飞时间

预计到达时间是从飞机目前位置到飞行目的地（或前方航路点）之间的估计飞行时间。预计到达时间是以格林尼治时间为基准的。在飞行中，待飞时间是自飞机当前位置起，按飞机当前的地速值等计算的沿航线飞达目的地的空中飞行时间。

3.5 位置线与导航定位方法

3.5.1 位置线

在导航发射设备位置精确已知的前提下，测量出所接收的无线电导航信号的一个电参量，如振幅、频率、相位及时间延迟等，即可获得一个相应的导航参量，如方向、高度、距离等。对他备式系统来说，发射设备位置指地面导航台位置；对自备式系统来说，发射机位置就是飞机本身的位置。

从定位观点来看，测定一个电参量，就可以确定接收点（即飞机）所处的一条位置线，但不能确定飞机的确切位置点。所谓位置线，就是一个导航系统所测得的电信号的某一参量为定值时，该参量值所对应的接收点位置的轨迹线。例如，在测距机测得收发脉冲对之间的时间延迟值 Δt 后，就可以计算出飞机距离测距台的距离 r，从而确定飞机是处在以测距台为圆心、以距离为半径的圆线上。但根据这一值，并不能确定飞机是在这一圆线的哪一个具体位置点上，如图 3-12（a）所示。又如，在测得甚高频导航系统的磁方位 θ 后，可以知道飞机是在甚高频导航台的哪一条经线上，但无法确定飞机是在该经线的哪一点上，如图 3-12（b）所示。

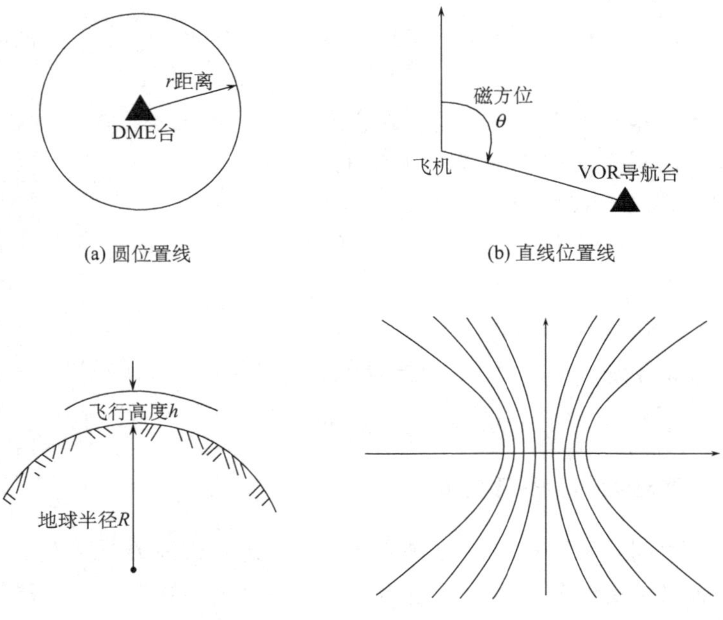

(a) 圆位置线　(b) 直线位置线　(c) 等高线　(d) 双曲线位置线

图 3-12　位置线

3.5.2　位置线的种类与导航系统

导航系统可能的位置线有直线、圆、双曲线等。

测向系统，如全向信标、自动定向机的位置线是直线。

测距系统的位置线是平面上的圆。

测高系统的位置线也是一个圆，不过这个圆是以地心为圆心、以地球半径与飞机离地高度之和为半径的，如图 3-12（c）所示。在可以把地球表面看成是平面的范围内，才可以把等高线看成是与地平面平行的直线。

测距差系统，如利用测距差原理工作的奥米伽导航系统、罗兰系统等，其位置线为双曲线，如图 3-12（d）所示。

上述讨论是以接收点与发射点位于同一平面（指地平面，或平行于水平面的平面）内为前提的。当接收点与发射点不在同一平面内时，对应于某一导航参量值的接收点轨迹就不是平面中的位置线而是空中的位置面了。只有在飞行高度相对于距离来说可以忽略不计时，才能把位置面看成是位置线。

3.5.3 导航定位方法

由上述可知，必须利用平面中的两条或两条以上的位置线相交，才能确定飞机的具体位置点。

按照所利用的位置线的形状，可以把导航定位系统分为 ρ-θ 系统、ρ-ρ 系统或 ρ-ρ-ρ 系统、θ-θ 系统和双曲线系统。这里 ρ 表示距离，θ 代表角度或方位。

1. ρ-θ 定位

利用测距系统的圆形位置线与测向系统的直线位置线相交的方法，可以确定接收点（飞机）的具体位置 M，这种定位方法称为 ρ-θ 定位，也称为极坐标定位，如图 3-13（a）所示。

在实用中，利用同台安装的全向信标台和测距台即可实现上述 ρ-θ 定位。

机载气象雷达也是用 ρ-θ 方法来确定危险气象目标位置的。有的气象雷达显示器中所采用的电子束扫描方式，就是这种极坐标扫描。

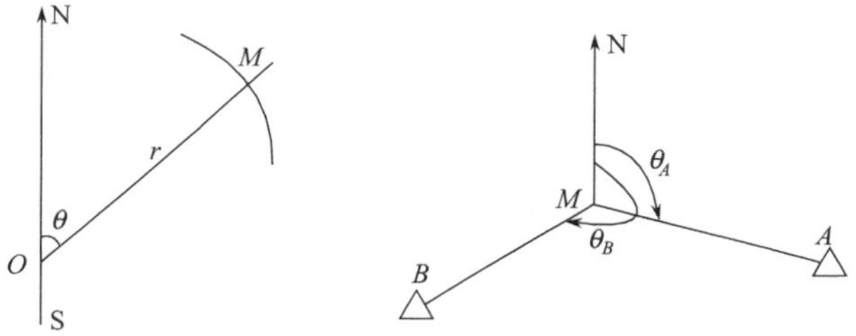

(a) ρ-θ定位 (b) θ-θ定位

图 3-13 ρ-θ 定位与 θ-θ 定位

2. θ-θ 定位

通过测定对于两个导航台（如两个 VOR 台）的方位，可以获得两条径向直线，从而通过这两条直线的交点 M 确定飞机的位置，如图 3-13（b）所示。

利用自动定向系统也可进行上述 θ-θ 定位，只不过在测得电台的相对方位角

θ_r 后，还要依据当时的磁航向才能换算出飞机相对于电台的磁方位，进而利用两条方位线的交点来定位。对现代飞机来说没有必要利用这种方法。

3. ρ-ρ 定位

测定到两个导航台的距离以获得两个圆形位置线，通过两个圆的交点即可确定飞机的位置，如图 3-14（a）所示。

但两个圆可以有两个交点 M_1 和 M_2。因此在这样的系统中还需设法解决这一位置的模糊问题。如果同时测量到三个独立的导航台的距离而获得三条圆形位置线，则三个圆就只可能有一个公共交点 M_1 了，因而也就不再存在位置模糊问题。这就是 ρ-ρ-ρ 定位系统，如图 3-14（b）所示。

利用两个或三个测距台，即可进行上述 ρ-ρ 或 ρ-ρ-ρ 定位。

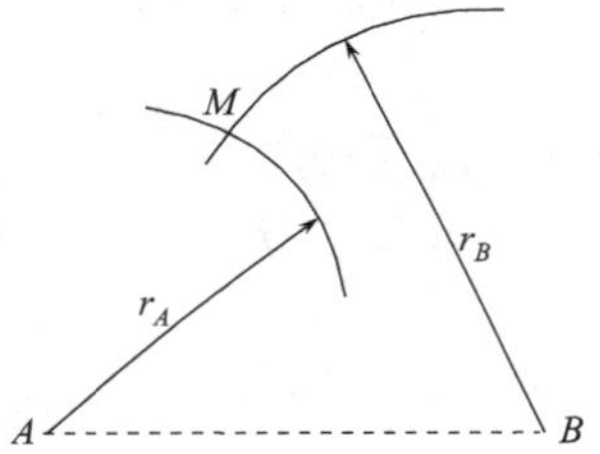

(a) ρ-ρ定位

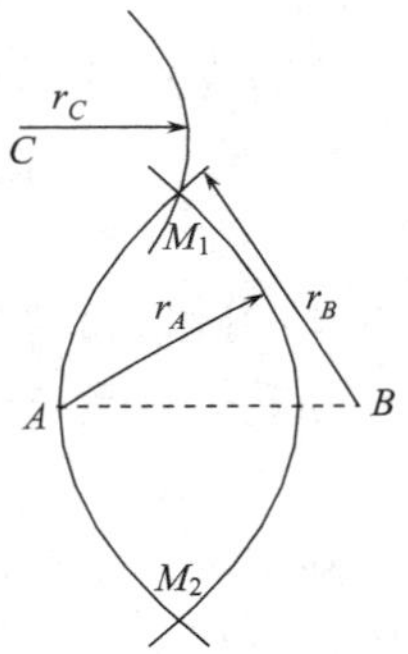

(b) ρ-ρ-ρ定位

图 3-14 测距定位

4. 双曲定位

双曲定位也称测距差定位，通过测量航空器与两个导航台的距离差进行定位。由几何原理可知，一动点至两定点的距离差为常数的点的轨迹是以这两定点为焦点的一条双曲线。

飞机到两个固定电台距离的差值不变时，位置线是以两个电台为焦点并通过飞机的双曲线，如图 3-15 所示。位置线的导航参数为距离差 ΔR，其表达式为

$$\Delta R = R_1 - R_2 = \sqrt{\left(x + \frac{d}{2}\right)^2 + y^2} - \sqrt{\left(x - \frac{d}{2}\right)^2 + y^2} \tag{3-6}$$

式中，d 为两导航台之间的距离；x、y 为飞机的平面位置信息。

平面上两条双曲线的交点便是运动体的位置。如图 3-16 所示，A、B、C 为三个导航台，在航空器上测得一对距离差：$\Delta R_1 = R_A - R_B$，$\Delta R_2 = R_C - R_B$，得到两条双曲线位置线，其交点 P 便是航空器的位置。

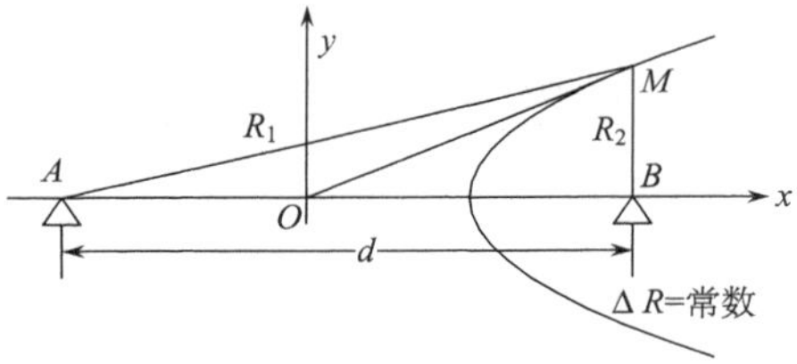

图 3-15 双曲位置线

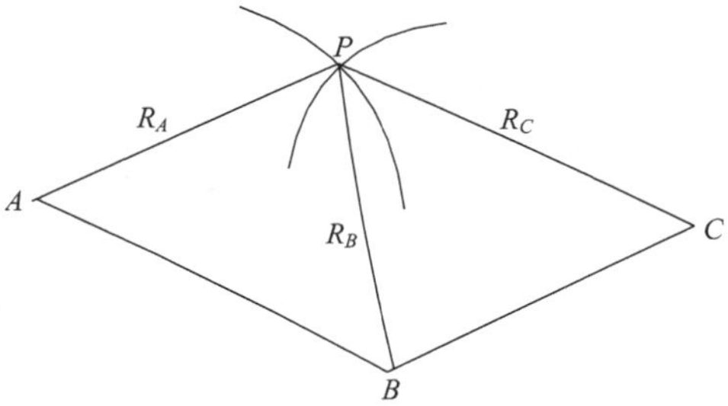

图 3-16 双曲定位

本章思考题

1. 导航的分类。
2. 惯性导航和天体导航的特点。
3. 无线电导航的分类。
4. 理解导航参量。
5. 无线电导航的定位方法。

第 4 章　自动定向机

4.1 概　　述

自动定向机 ADF 也叫无线电罗盘，是一种地基定向系统，机载与地面设备配合，可测量无线电波的来波方向，获得相对方位角。

人工手动无线电罗盘在 20 世纪初就已投入使用，但并不适用于对高速飞行的飞机进行导航。20 世纪四五十年代的 ADF 采用电子管电路，对地面无线电台频率采用机械软轴进行调谐，定向天线为单个的旋转式环形天线；六七十年代采用晶体管电路，采用两个正交的旋转式或固定式环形天线；80 年代左右，采用集成电路，天线系统有较大改进，如采用旋转测角器代替了环形天线的旋转；而最新的 ADF 则采用了组合式环形垂直天线，从而在天线系统中取消了任何机械传动部件。

自动定向机具有结构简单、使用和维护方便、价格低廉等优点，它可以在 190～1750kHz 频率范围内，利用众多的民用广播电台和专用的无方向信标台为飞机定向定位，并可与无线电高度表、航向信标系统（图 4-1）等设备配合引导飞机进行着陆。所以，自动定向机早在 1937 年开始就是第一个规定在运输机上使用的无线电导航设备，由于它具有以上优点，至今仍广泛应用于飞机导航。世界各国的军用、民用飞机都装有 ADF，在飞机的航路飞行和着陆过程中起重要作用，用户数量很大。例如，美国有 1800 多个 NDB 台在工作，可以覆盖大部分领空和近海空域，飞机用户数量达几万。

现代飞机的自动定向机具有下列功能：

（1）测量电台相对方位角，并显示在方位指示器上。

（2）定位。在现代飞机上，一般都装有两部自动定向系统，在使用中将它们分别调在两个不同方位的导航台上。两个定向机的指针则装在同一个仪表内，分别指出各自相应电台的相对方位角。根据这两个相对方位角，在地图上可以划出飞机对地面导航台的两条相应的位置线，两条位置线的交点便是飞机的位置。

（3）判断飞机越台时间。当飞机飞向导航台，然后飞越导航台，进而背台飞的过程中，可根据相对方位角的变化来判断飞越导航台的时间。如方位指示器的指针由 0°转向 180°的瞬间，即为飞机飞越导航台的时间，如图 4-2 所示。

（4）沿预定航线飞行。可连续、自动地对准地面导航台，利用自动定向机的方位指示保持沿预定航线飞行，即进行向台或背台飞行，从而可以完成：从一个

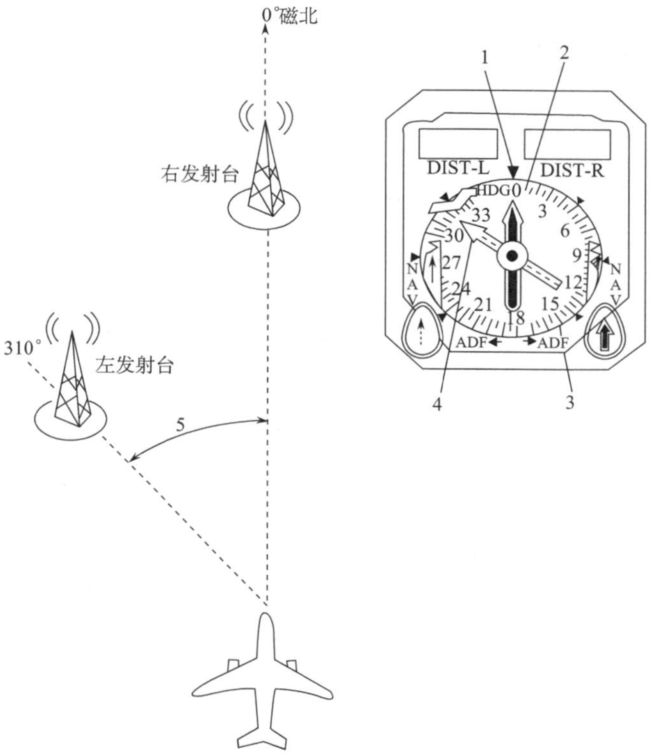

图 4-1　方位角图示

1. 标线；2. ADF 右方位指针；3. 罗牌（磁航向为磁北 0°）；4. ADF 左方位指针；
5. 两台相对方位差 50°

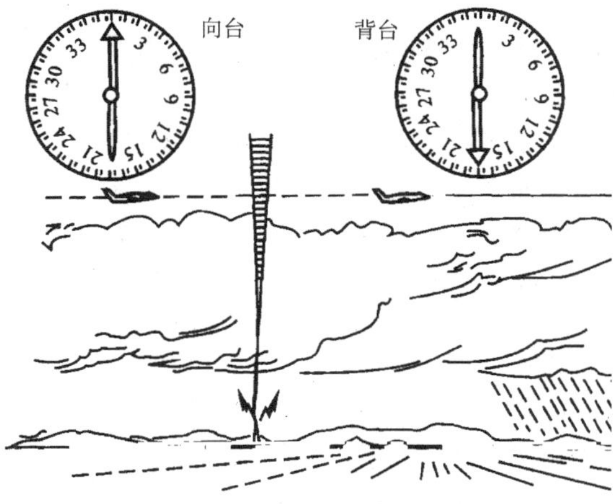

图 4-2　判断飞机越台时间

台站至另一个台站的飞行；引导飞机进入空中走廊的出、入口；引导飞机完成着陆前的进场机动飞行和下降飞行，使飞机对准跑道中心线，配合仪表着陆系统引导飞机着陆。

(5) 由于自动定向机一般工作在190～1750kHz的中长波段范围内，因此可以接收民用广播电台的信号，并可用于定向；还可收听500kHz的遇险信号(700型ADF可收听2182kHz的另一海岸的遇险信号)，并确定方位。

自动定向机系统的技术指标，根据ARINC570规范三的选定和概括，应具有下列主要性能：

频率范围：190～1750kHz；频率间隔0.5kHz；频率转换时间小于4s。

作用距离：由地面导航台发射功率及机上接收机灵敏度决定，一般可达300km左右。

定向摆动：小于±1°。

接收机选择性：调谐频率为所选频率±175Hz；频带宽度－6dB处最小1.9kHz；－60dB处不大于7kHz。

设备精度：信号较强时，不考虑飞机结构的影响，设备精度为2°左右；信号较弱时，设备精度为3°左右。

4.2 系统组成

自动定向机属于他备式系统，包括地面设备和机载设备两部分。

4.2.1 地面设备

地面设备主要是地面导航台，它由中波导航机(发射机)、发射天线及一些辅助设备组成，安装在每个航站和航线中的某些检查点上，不断地向空间全方位地发射无线电信号，因此也叫做无方向性信标(NDB)。典型的用于自动定向的地面电台是一个调幅制的NDB，其工作频率为190～550kHz。

根据不同用途，地面导航台又可以分为两种：一种是供飞机在航线上定向和定位使用的，要求发射功率大，作用距离远，通常称为航线导航台；另一种是供飞机在着陆时使用的，安装在飞机着陆方向的跑道延长线上。因为需要两个导航台，所以称为双归航台。

1. 航线导航台

航线导航台工作在190～550kHz频率范围内，发射功率为400～1000W(我国一般用500W)，有效作用距离不少于150km。不同的航线导航台使用不同的识别信号，识别信号由两个英文字母组成(如EX)，用国际莫尔斯电码拍发，拍发速度为20～30个字母/min，一般用等幅报方式以相等的间隔发射识别信号，每 30s 至少发三遍。

航线导航台可用于归航。当飞机要求飞往某导航台时，飞行人员首先调节机载自动定向机接收该导航台的信号，观察指示器所指刻度，然后改变飞机航向，使指针对准指示器的航向标记（即机头方向），并且在飞行中保持航向不变，飞机就能飞到该导航台上空。

驾驶员经常需要了解飞机在飞行中是否偏离了航线，飞机是在某一导航台的哪个方位上飞行，因此航线导航台可以与机载自动定向机配合为飞机定向。

此外，利用两个航线导航台与两部机载自动定向机配合，可确定飞机的地理位置，参见图 4-1。

航线导航台的开放与关闭由航站指挥调度部门控制和掌握。导航台的值班人员根据指挥调度部门的通知开放和关闭航线导航台，也有的通过遥控装置直接由调度人员在塔台控制。

2. 双归航台着陆系统

用于飞机着陆的双归航台，不仅可以引导飞机进场，完成机动飞行和保持着陆航向，而且可以在夜间或气象条件很坏的白天，利用双归航台和机载自动定向机引导飞机对准跑道，安全下降到一定高度（一般为 50m）穿出云层，然后进行目视着陆。

双归航台的使用频率范围与航线导航台一样，也为 190～550kHz，一般远台频率和近台频率的间隔不能小于 15kHz，以保证机载自动定向机在工作中不致相互干扰。

远台一般都兼作航线导航台使用，故发射功率与航线导航台的规定相同，有效作用距离不小于 150km。近台发射功率为 100W 左右，有效作用距离为 50km。

远台发射的识别信号由两个英文字母组成，如 DF；近台识别信号用远台的头一个字母，如 D。两台的识别信号均采用国际莫尔斯电码发射，拍发速度为 20～30 个字母/min，拍发次数要求用相同间隔，每分钟拍发六遍。

远台和近台都要以调幅报方式发射识别信号，调制频率为 1020Hz。因为在调幅报方式下高频载波是连续发射的，这样可以防止拍发识别信号过程中引起的自动定向机指示器指针的摆动。同时要求远归航台能够发话，以便当飞机上的通信设备发生故障时，驾驶员可用自动定向机来接收地面的指挥信号。

远台和近台所配有的指点标台是一个发射机，发射频率为固定的 75MHz，通过一个方向性很强的天线向上垂直发射一个很窄的倒锥形波束。当飞机刚好飞过指点标台的上空时，飞机上的指点标台接收机就可收到该电波信号，在驾驶舱内就可显示灯光和音响信号，表示飞机正通过归航台上空。

指点标台和双归航台是同时开放和关闭的，都受到指挥调度部门控制。因为远台兼作航线导航台使用，所以至少要在飞机到达前30min开放，以便引导飞机进场，近台可以在飞机到达前15min开放。如果装有双向双归航台，跑道两端的双归航台所使用的频率一般是相同的，但识别信号不同，在使用双归航台时，只能根据飞机着陆方向开放其中一边的双归航台，不能两边同时开放，以免影响飞行安全。

4.2.2 机载设备

机载设备一般包括自动定向接收机、控制盒、方位指示器、环形天线和垂直天线，其基本组件如图4-3所示。

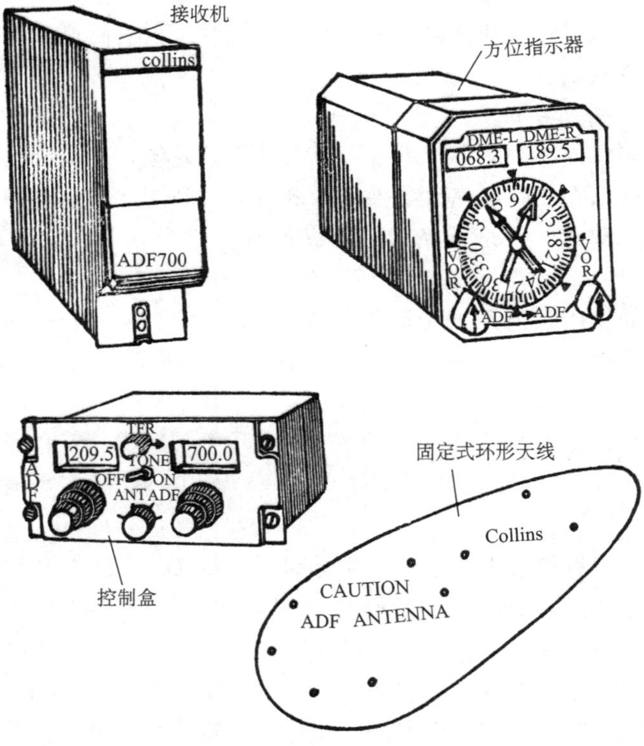

图4-3 ADF-700型自动定向机

1. 自动定向接收机

自动定向接收机是机载自动定向机系统的主要组成部分。它接收、处理环形天线和垂直天线收到的地面导航台的信号，并将处理后的方位信息送至自动定向机的方位指示器，显示出飞机与地面导航台的相对方位，并将分离出来的地面导航台的音频识别信号送至飞机音频系统。自动定向接收机还可以作为普通中波收音机使用，收听广播信号，接收和处理地面广播电台的信号，也能用中波广播电台进行定向。

2. 控制盒

自动定向接收机的控制盒用来控制接收机的工作方式和选择导航台的频率。工作方式一般有断开（OFF）、天线（ANT）、定向（ADF）、测试（TEST）四种。工作频率从 190～1750kHz，频率间隔为 0.5kHz。

控制盒上装有增益控制，可调节接收机输出的音量。音调电门可选择接收等幅电报信号，提供 1020Hz 音调。

一些现代定向机的控制盒有双频控制（即控制两部自动定向机的频率）和频率预选装置，以在飞行前预先将飞经航路上的导航台频率调好，这些导航台的频率可以在飞行中逐个重现。如果控制盒选频调谐为数字式，可预先调谐在沿航路各导航台的频率上，并输入到飞机上的 FMC 中，在飞行中由 FMC 控制可自动转换到各航线导航台的频率上。

3. 方位指示器

自动测向仪指示的角度是以飞机纵轴为基准，顺时针转向飞机到导航台连线之间的夹角，如图 4-4 所示。

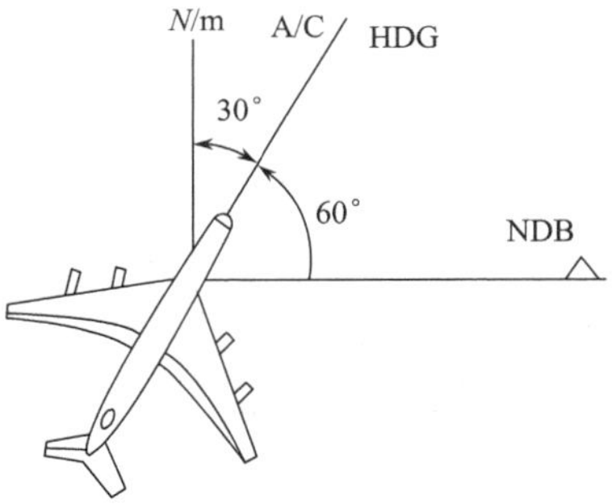

图 4-4　RMI 指示方向原理

自动定向机的指示器也有多种型别。方位指示器或相对方位角指示器 RBI 是以飞机纵轴为基准，从指示器顶部标线（0°）开始，顺时针转动的角度即是飞机与地面导航台的相对方位角，仪表的刻度是固定的，如图 4-5（a）所示。

要确定导航台相对于飞机的方位，还必须知道飞机的航向，因此需要与磁罗盘或其他航向测量设备相结合。为了获取读数的方便，飞机上常把磁罗盘与自动测向仪的指示部分合在一起，称为无线电磁指示器 RMI。RMI 的刻度盘是活动的，称为罗牌。它由磁罗盘系统带动，相对于指示器顶部标线的读数就是飞机的磁航向。自动定向时指针相对于罗牌上的角度数是地面电台的磁方位角。而仪表同时仍可能指出飞机与地面电台的相对方位（与固定指标的关系），如图 4-5（b）所示。

现代飞机上使用的无线电方位距离磁指示器 RDDMI，可以指示两部自动定向机的相对方位（也可能转换为 VOR 方位）、磁航向和两部测距机的相对距离。当方位（ADF 或 VOR）数据源失效或 RDDMI 内部方位电路失效时，方位故障旗出现；当 RDDMI 的罗盘电路出现故障或惯性基准组件 IRU 供给的航向数据无效或者没有计算数据输入时，航向故障旗出现，如图 4-5（c）所示。

(a) RBI无线电罗盘指示器

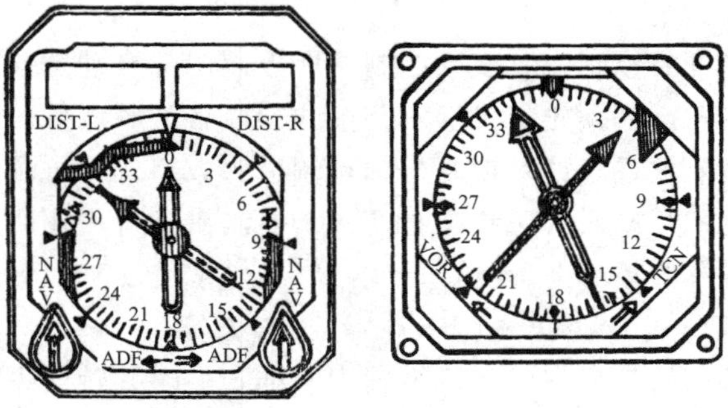

(b) RMI无线电磁指示器 (c) RDDMI无线电方位距离磁指示器

图 4-5 多种型别的方位指示器

数字式方位信息加至电子飞行仪表系统 EFIS 的符号产生器中，并显示在电子水平位置指示器 EHSI 上，如图 4-6 所示，细针指示第一部 ADF 方位，粗针指示第二部 ADF 方位。当方位信号源或 EFIS 符号产生器出现故障时，在 EFIS 上出现长方形故障旗，左框内 ADFL 表示第一部（左）故障，右框内 ADFR 表示第二部（右）故障。

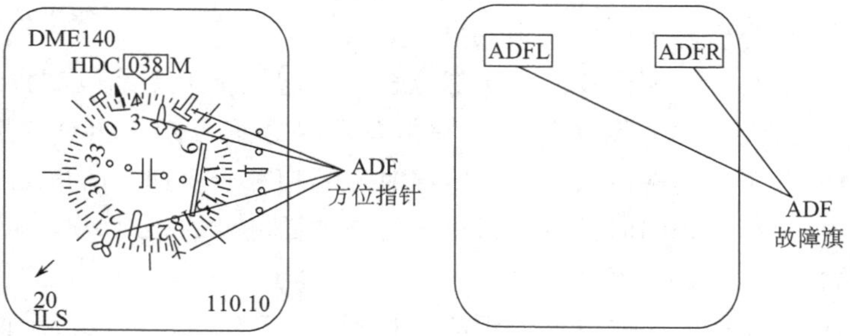

(a) EHSI (b) ADF故障

图 4-6 电子水平位置指示器

4. 天线

自动定向机工作时需要两种天线：一种垂直天线是无方向性的，或称为辨向天线，用来调谐接收机和辨认方向（定向的单值性）；另一种环形天线是有方向性的，用来提供方位信息。这两种天线都工作在190～1750kHz频率范围内。

不同型别的定向机使用不同类型的环形天线，早期的人工定向机所使用的环形天线是一个装在机身外部的圆环，由人工转动。稍后的自动定向机使用的环形天线也是环形的，安装在密闭的椭圆流线型壳体中，固定于飞机外部，由电动机传动。现代飞机由于飞行速度增大，突出于机身外部的环形天线已不适应飞机性能的要求，所以制成与飞机蒙皮平齐的偏平形固定天线，同时省却了活动部件。

垂直天线是一根单独安装在机身外部的鞭状天线，也有同环形天线装在一起的组合型天线。

4.3 自动定向原理

自动定向机利用环形天线特性确定地面电台方位，环形天线是一个方向性天线，接收信号的强弱取决于天线与地面发射台的相对方位。

环形天线的方向特性用半导体收音机也可以体验到，当转动半导体收音机时，广播电台的声音会时大时小，这就是天线方向性的体现。

早在20世纪20年代就有一种简单的环形天线用于飞机定向。当飞行员转动飞机上的环形天线时，就可以从电台的信号中得到最小信号（称为哑点），这个最小信号就是电台的方向，再从环形天线的方位刻度上读出飞机与电台的相对方位；如果将定向机接收机再调到另一个电台，得到另一个电台的相对方位，那么，两个电台杆对方位的交角，就是飞机在地图上的所在位置。虽然经过几次较大规模的技术改造，但是基本定向原理并没有改变。

4.3.1 环形天线的方向特性

环形天线是一个比接收信号波长小得多的闭合环路，最简单的环形天线是一个用导线绕成矩形或圆形的环，如图4-7所示。

下面以矩形线环来分析环形天线的方向特性。

如以 e_1 和 e_2 表示线环两个垂直边 A 和 B 产生的感应电动势，则由于 A 和 B 是连接的，所以在线环中的合成电势 e_l（接收机输入端）将等于 e_1 与 e_2 之差，即

$$e_l = e_1 - e_2$$

图4-8所示为环形天线在几个不同方向与电台来波的关系。当天线环面对准电台来波方向时［图4-8（a）］，e_1 和 e_2 的振幅相等，方向相反，合成电势 e_l

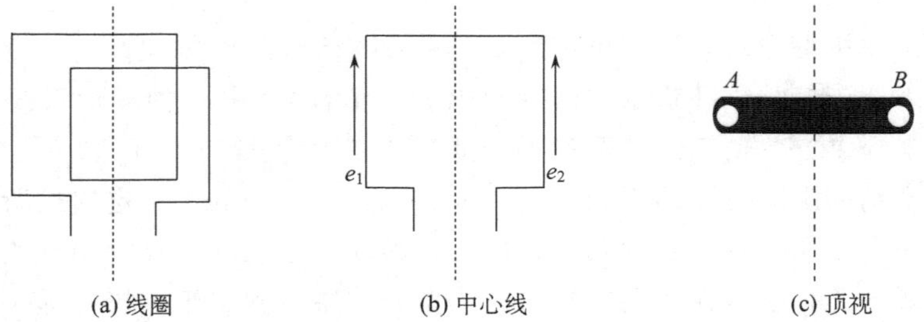

图 4-7　环形天线原理示意图

等于零，也就是接收信号等于零。当天线环面与来波方向成一角度时［图 4-8（b）］，波面将先通过 A 边，然后通过 B 边，e_1 超前 e_2 一个相位角 φ，e_1 与 e_2 之间就有相位差（$\Delta\varphi$），这时，从曲线 e_1 减去曲线 e_2，就得出合成电势 e_1 曲线。显然，天线环面与来波的方向越接近平行，相位差越大，合成电势的振幅也越大。当天线环面与来波方向平行时［图 4-8（d）］，则由于 A 边和 B 边互换了位置，所以合成电势的相位也改变 180°。

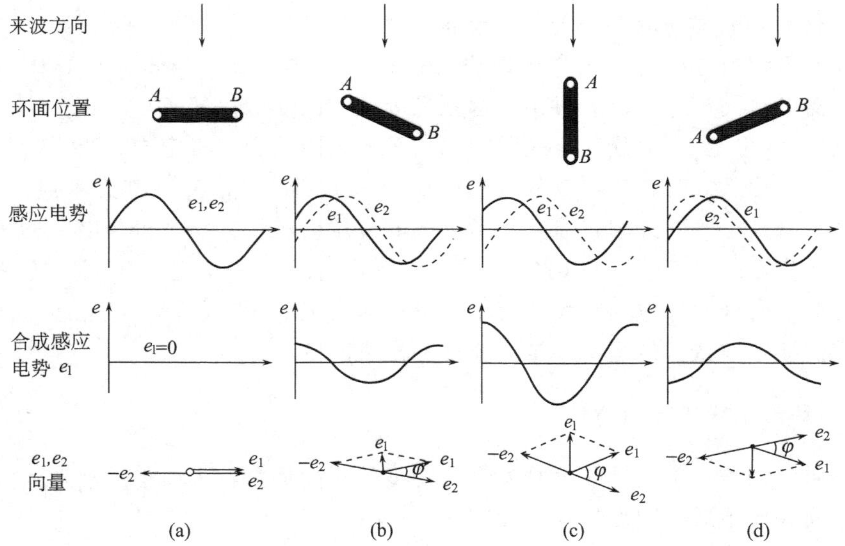

图 4-8　不同来波时的感应电势

如以环形天线中点 O 为中心，在它的周围等距离各点 X_1，X_2，…，X_{12}，分别发射功率相等的电波（图 4-9），则由上述分析可知，电波在 X_4 和 X_{10} 点上，环形天线的合成电势等于零；在 X_1 和 X_7 点上，合成电势最大，但两个合成电势相位相差 180°。如果把这些合成电势的向量连起来，就可以得到一个以环形天线为中心的“8”字图形。这个图形就是环形天线在水平面的方向图，图中用“+”、“−”号表示相位相反的合成电势。叠加后的心形方向图如图 4-10 所示。

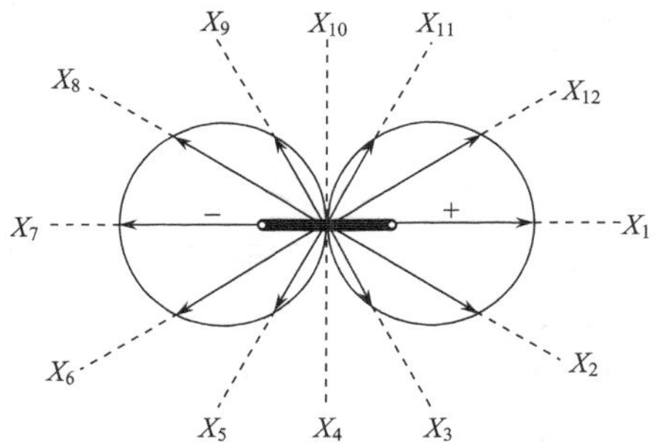

图 4-9　环形天线方向性图形

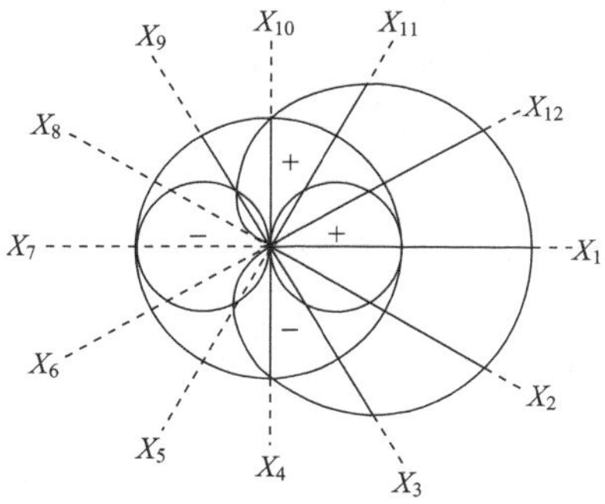

图 4-10　叠加后的心形方向图

分析“8”字形方向性图可以看出以下特点：

(1) 接收信号的最小值比最大值灵敏（比较 X_4、X_5 和 X_1、X_2）。

(2) 接收信号最小值有两个（X_4 和 X_{10}），称为双值性，且相位相差 180°。

(3) 最小值接收信号两侧（X_3、X_5 和 X_9、X_{11}）传来的合成电势，其相位相差 180°。

4.3.2 自动定向机的单值定向

在 ADF 中，环形天线的“8”字形方向性图最小值方向有两个，二者相差 180°，即具有“双值性”，应该加以判别或消除以保证定向的单值性。

由图 4-8 可知，当 $0° < \varphi < 180°$ 时，e_1 超前 e_2。此时若通过伺服电机使环形天线顺时针旋转，φ 将逐渐减小，当 φ 减小到 0°时，环形天线感应的合成电动势 $e_1 = 0$，天线停止转动，$\varphi = 0°$的方向即为导航台方向。反之，若 $180° < \varphi < 360°$，则 e_2 超前于 e_1，通过伺服电机使环形天线逆时针旋转，φ 将逐渐增大，直至 $\varphi = 0°$时为止。

采用这种办法，环形天线将只有一个稳定的最小值方向（$\varphi = 0°$），而另一个最小值方向（$\varphi = 180°$）将是不稳定的。当非稳定的最小值方向对准导航台时，在干扰作用下或电波的来向稍有变化，产生的摆动便会使环形天线离它而去，自动转向稳定的最小值点，而不会再回到非稳定点，这样就保证了单值定向。

要确定信号 e_1 和 e_2 的相对相位，即判断 e_1 是超前或滞后于 e_2，需要利用垂直天线（又称判读天线），它接收同一无线电波信号，通过比较其上的电动势与环形天线合成电动势的相位差，即可确定 e_1 是超前还是滞后于 e_2，从而确定环形天线的旋转方向。

4.3.3 固定式环形天线测向原理

在测向过程中，环形天线的转动是个关键，一般有两种方法。①直接法，即直接用电机拖动环形天线旋转，但对于高空高速飞行的飞机而言，受高空气流影响等操作比较困难。②间接法，即天线固定不动，通过测角器实现方向性图的转动。

直接法目前已比较少见，现在多采用间接法，即在飞机上安装两个环形天线，相互垂直放置并且固定不动，可分别取与飞机的纵轴平行和垂直的方向，两天线同时接收地面信标台的信号，如图 4-11 所示。接收信号通过馈线连接到测角器。测角器有两个定子线圈和一个转子线圈。两个定子线圈连接到相应的两个固定式环形天线的线圈上。转子线圈则用来感受两个定子线圈产生的合成感应电势，也称为搜索线圈，如图 4-12 所示。

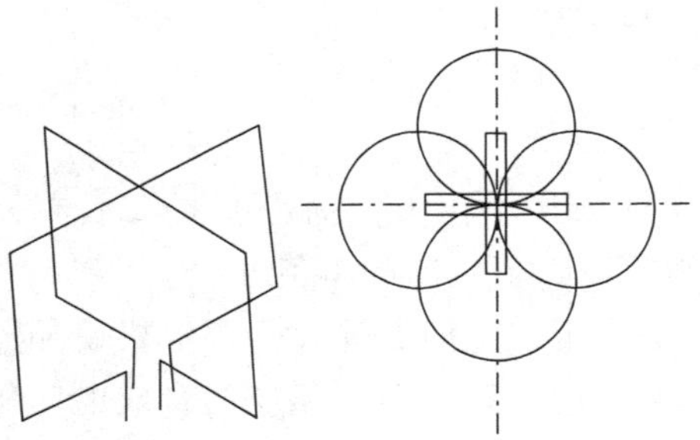

图 4-11　固定式环形天线及其方向性图

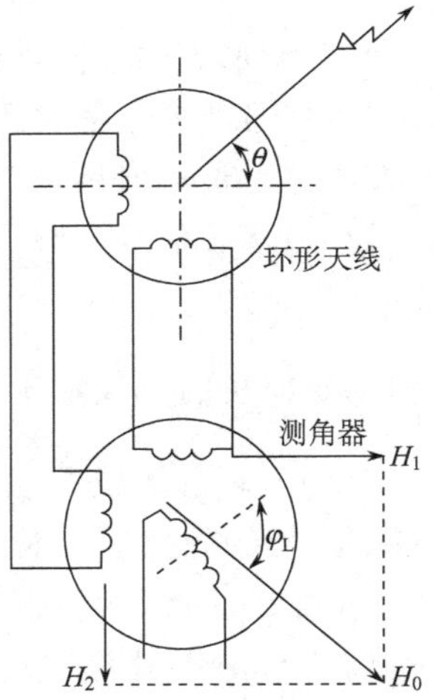

图 4-12　测角器的工作原理

垂直天线采用了与飞机蒙皮（整流罩）平齐的隐蔽式天线，可减小静电干扰，也不影响飞机的空气动力性能。

两个环形天线接收到电波后，得到的感应电动势在方位空间上相互垂直，其振幅分别与 $\cos\theta$ 和 $\sin\theta$ 成正比，为

$$e_1 = E_{1m}\cos\theta\cos\omega t$$
$$e_2 = E_{2m}\sin\theta\cos\omega t \tag{4-1}$$

式中，θ 为环形天线 1 所在平面与地面导航台的相对角度。

由于定子线圈与环形天线两两相连，这两个感应电动势将分别加在测角器的固定绕组上，在测角器内产生互相垂直的两个感应磁场，即

$$h_1 = H_1 \cos\theta \cos\omega t$$
$$h_2 = H_2 \sin\theta \cos\omega t \tag{4-2}$$

两个磁场将形成一个合成磁场，即

$$h = \sqrt{h_1^2 + h_2^2} = \sqrt{H_1^2 \cos^2\theta + H_2^2 \sin^2\theta}\ \cos\omega t \tag{4-3}$$

由于测角器内两线圈的参数是按照比例设计的，即满足

$$\frac{E_{1\mathrm{m}}}{E_{2\mathrm{m}}} = \frac{H_1}{H_2} \tag{4-4}$$

因此合成磁场即为两环形天线合成电动势的影射，其方向代表了无线电波的来波方向，并与基准方向即环形天线 1 的夹角为 θ。

测角器内的转子在合成磁场的作用下转动。设其活动线圈平面与合成磁场方向的夹角为 φ_{L}，则搜索线圈在合成磁场作用下，所产生的感应电动势为

$$e = E_{\mathrm{m}} \sin\varphi_{\mathrm{L}} \cos\omega t$$

可以看出 e 为 φ_{L} 的函数，且具有“8”字形方向性图的性质，同时与式（4-1）比较可知，活动线圈的感应电动势与其中一个环形天线的表达式完全相同（$\varphi_{\mathrm{L}}=\theta$），即活动线圈转动时，$\varphi_{\mathrm{L}}$ 变化导致 e 的变化规律与环形天线完全一样，相当于环形天线在转动。这样就通过搜索活动线圈的转动，代替了环形天线的转动，实现了天线不动、方向性图转动的目的。

环形天线（或测角器转子）转动时，同时带动方位指示器指针（以电气同步方式）向左或向右转动，直到环形天线环面（或测角器转子）对准电台来波方向时，环形天线接收信号等于零，定向信号消失，方位指示器指针就停留在相应的方位上。

在实际工作中，环形天线（或测角器转子）的方位指针始终在对准电台的方位上来回摆动，不断搜索着电台的方位，这是因为接收信号最小值两侧的相位相差 180°，这种摆动量同地区电台的距离、发射台的功率以及接收机的灵敏度、天电的干扰有关。一般在 50km 范围内不超过±2°，80km 处不超过±3°。

4.4 系统的干扰和误差

无线电波在传播过程中，由于受大气条件、地表性质、地理环境和人为干扰等原因，使自动定向机存在一定的误差。概括有以下几种干扰和误差。

4.4.1 静电干扰

大气放电时，会辐射多种频率的电波，其中影响最大的是中波和长波。在这

种情况下，利用中波和长波进行定向是比较困难的，因为大气中的杂波会同时被接收机接收，使定向机指针摆动或缓慢旋转，难以辨别准确的方位。在雷暴云附近飞行时，由于雷暴云大量放电也会使方位指针突然偏向雷暴云方向。

空中的雨、雪、冰晶和较浓的浮尘微粒也都可能带有电荷，飞机碰到这种微粒就会把电荷接收过来，聚积多了，在飞机与空气之间往往发生放电（高速飞行时，可以在机翼、安定面和螺旋桨的尖端上出现电晕放电），这种放电会影响自动定向机的接收和定向，严重干扰时可使方位指针在20°～40°范围内摆动。遇到这种干扰时，应仔细辨听信号，读取方位角的平均值，选择距离近、功率大的导航台。

4.4.2 夜间效应

频率在150～1800kHz范围内，属于中、长波波段。在此波段内，可靠的方向信息只能从地波或直达波得到。地波可以作用到几百千米，但也常受到天波的污染，特别在夜间，因为天波大大增强，定向机有可能同时接收到地波和空间波。天波一般是非正常极化波，它会使环形天线的水平部分产生感应电势。这样，环形天线在正对电台时合成电势不等于零，所以测得的方位角会有误差。只有当飞机离地面导航台较近，在很好的地波覆盖范围内，方位读数才可靠。

夜间效应引起的误差，通常在10°～15°；在日出前和日落后1～2h内因电离层变化最大，天波反射最紊乱，干扰也最强，所以测得的误差也最大。

减小夜间效应的根本方法是避免接收天波。长波的波长比较长，反射较弱，所以应尽量选择频率低、距离近的导航台，并在测定方位时注意读取平均值。

4.4.3 山区效应

电波在传播过程中，遇到山峰、丘陵和大建筑物时会发生绕射和反射。所以，在山区低空飞行时，自动定向机方位指针将会偏离准确位置或摆动，这种现象叫做山区效应。图4-13示出了电波在山区绕射引起的方位误差。

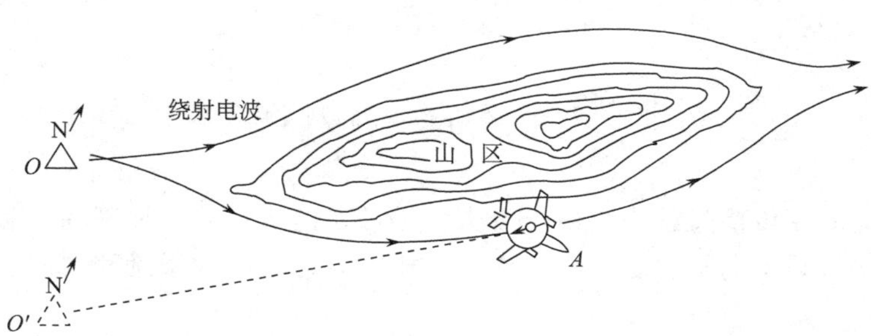

图4-13 电波绕射引起的方位误差

O 是导航台所在位置。由于电波的绕射，飞机在 A 点接收的电波，就像是从 O'点传来的，使测得的方位角产生误差。电波的波长越长，绕射能力越强，用中波或长波进行定向时影响越大。图 4-14 示出了由于山区反射而引起的误差。

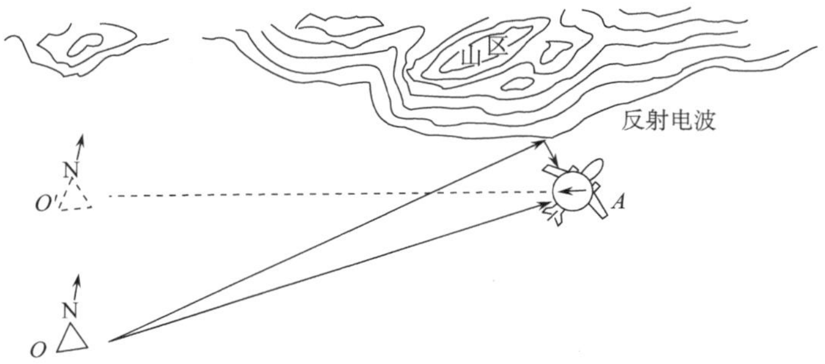

图 4-14　山区反射引起的误差

由于山区对电波的反射，使飞机在 A 点接收电台 O 直接传来的电波外，还接收到来自 B 点的反射电波，所测得的方位不是 AO，也不是 AB，而是 AO'。电波的波长越短，反射能力越强，所以导航台的频率在多山地区应选得低些为好。

山区效应只存在于靠近山区 30～40km 范围内，在这个范围内，山区效应的大小主要取决于飞行高度和离山的距离。高度越低，离山越近，山区效应就越大。所以在多山地区或山谷中飞行应引起飞行员的足够重视，如果不注意山区效应，轻率地根据测得的方位确定飞行方向，就有撞山的危险。所以，在飞行中应随时注意推算飞机位置来检查飞行方向。

为避免和减小山区效应的影响，应尽可能在目视条件下飞行，熟悉地形或在上述干扰范围以外测定方位；适当地升高飞行高度和选择合适的导航台。

4.4.4　海岸效应

电波从陆地进入海面，或从海面进入陆地时，由于电波传播的电导率改变，从而使方位指针偏离电台的方位，这种现象叫做海岸效应，如图 4-15 所示。电台在 O 点，而自动定向机的方位指针却指在 O'的方向。

海岸效应是由于电波在传播过程中，波面倾斜发生变化引起偏转产生的。陆地的电导率比海洋小，波面在陆地的倾斜程度比海洋大，电波从陆地进入海洋，波面倾斜程度将逐渐减小，传播速度将增大，如果波面上的各点不一样，波面方向就会发生偏转。

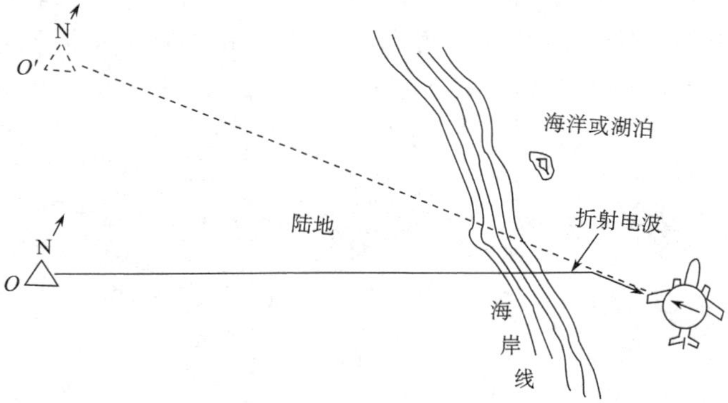

图 4-15 由于海岸效应引起的误差

电波传播的方向与海岸线的夹角有关，夹角越小，波面偏转越大，引起的误差也就越大；传播方向与海岸线垂直，波面偏转程度最小，不产生误差。

海岸效应只在飞机接近地面或海面时发生，随着高度的升高，误差逐渐减小，高度 3000m 以上，海岸效应可忽略不计。

4.4.5 无声锥的影响

地面导航台由于采用垂直天线发射信号，在天线上空信号很弱，因此当飞机处于导航台上空的一个圆锥形区域内时，指示会不稳定，当飞机飞越导航台上空时，指示也不能立即改变 180°，该区域称为无声锥，如图 4-16 所示。

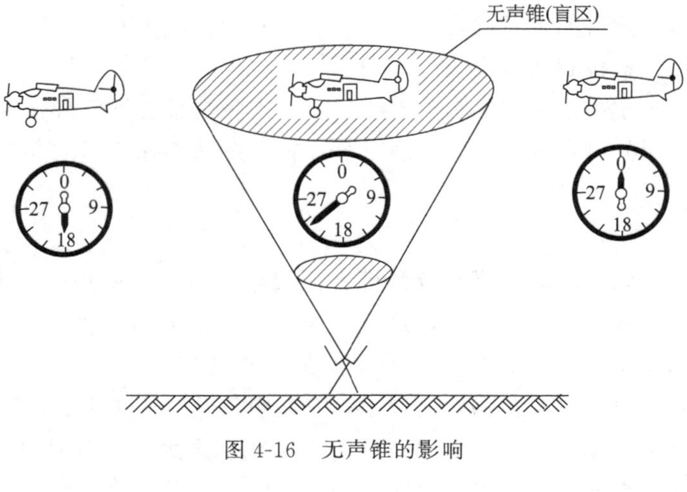

图 4-16 无声锥的影响

4.4.6 象限误差

由地面电台传播到飞机的电波，碰到飞机的金属部件会使金属部件产生感应电势，并向空间辐射微弱电波，这种现象称为二次辐射。二次辐射电波也能使环形天线产生感应电势。在这种情况下，环形天线平面同原电波磁场波面平行时产生的感应电势并不等于零，而必须再转一个角度同二次辐射磁场的合成电势平面平行时，感应电势才等于零。因此，环形天线平面对正的不是电台 O，而是 O'，如图 4-17 所示。由此而引起的误差叫二次辐射误差，或者叫无线电罗差。图中，H_0 为原来的磁场，H_r 为二次辐射磁场，H'为两者的合成磁场。

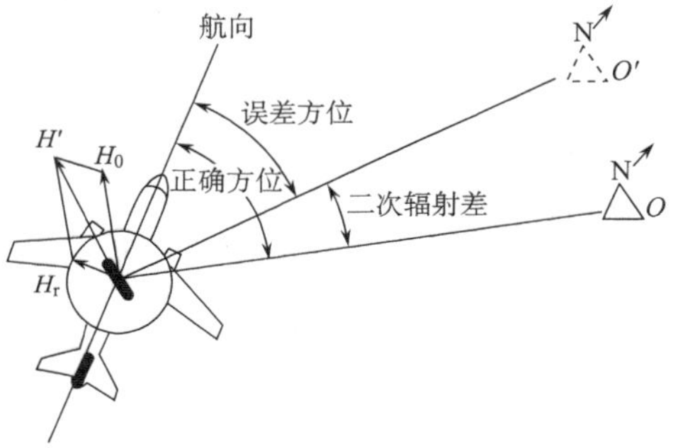

图 4-17 二次辐射引起的误差

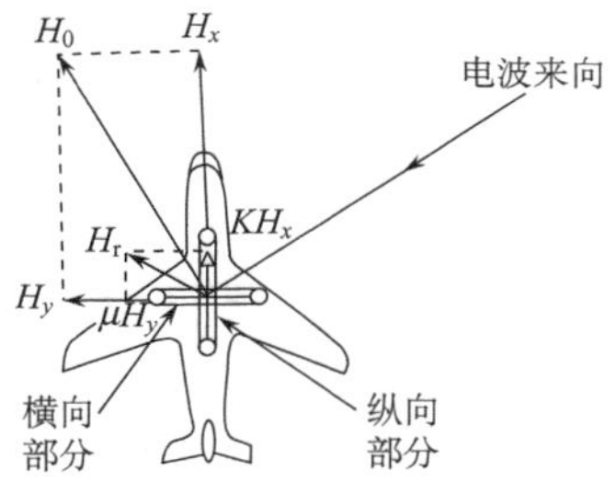

图 4-18 机体产生的二次辐射磁场

指示的相对方位角小于电台的相对方位角，称为正罗差；指示的相对方位角大于电台的相对方位角，称为负罗差。

二次辐射误差同飞机的形状（主要是机体）和来波的方向有关，所以二次辐射误差将随来波的方向而变化。为便于分析，把二次辐射误差分为纵向和横向两部分，如图 4-18 所示。

纵向部分，在原电波磁场沿横轴的分量 H_y 作用下，将产生沿横轴的二次辐射磁场，如以 μ 代表这两个磁场的比值，则这一二次辐射磁场可用 μH_y 来表示。

横向部分，在原电波磁场沿纵轴的分量 H_x 作用下，将产生平行于纵轴的二次辐射磁场，如以 K 代表这两个磁场的比值，则这一二次辐射磁场可用 KH_x 来表示。

上述比例系数 μ 和 K 都是常数，对现代飞机来说，μ 比 K 要大得多（机翼比机体大）。飞机机体所引起的二次辐射误差的特性，可以用图 4-19（a）来分析。从图中可以看出，在电台相对方位 135°或 180°（相位相反）时，纵向部分机体辐射的二次辐射磁场与原电波磁场平行。横向部分机体辐射的二次辐射磁场等于零，所以二次辐射误差等于零。根据同样道理，在相对方位 90°或 270°（相

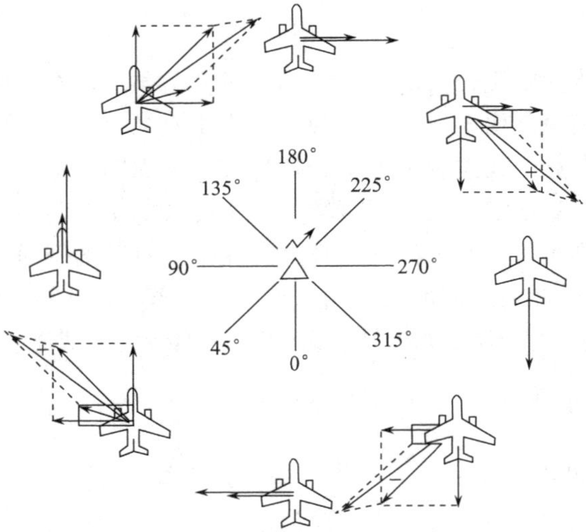

(a) 机体各方位上的二次辐射误差

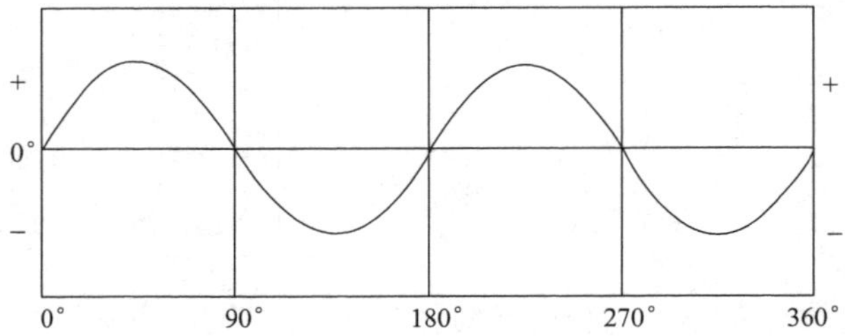

(b) 电台各方位上误差的变化规律

图 4-19　由机体引起的象限误差

位相反）时，二次辐射误差也等于零。

按 $\mu>K$ 图解，在电台相对方位 45°或 225°时，可以得到正的二次辐射磁场误差；在电台相对方位 135°或 315°时，可以得到负的二次辐射误差。用同样方法图解出 0～360°各电台相对方位上的二次辐射误差，可以发现，45°、135°、225°和 315°四个方位上二次辐射误差的绝对值最大，具有象限误差特性，所以叫象限误差。

0～360°范围内电台各相对方位上的变化情况，可用图 4-19（b）的曲线表示。

二次辐射误差既然是有规律的，就可以用机械传输装置或电感的方法来补偿。补偿的原理是使指示器指针比环形天线多转或少转一个相当于二次辐射误差的角度。这种补偿通常是通过环形天线和指示器之间的罗差补偿器（也称为象限修正器）来解决。

4.4.7 安装误差

自动定向机由于安装不准确而产生的误差，叫安装误差。安装误差的特点是在任何电台方位角上误差是一致性的等值误差。安装误差产生的原因有：①指示器指针的指示与罗差补偿器指针在方位角刻度上指示不一致；②由于环形天线底座或罗差补偿器安装不准确，使补偿器外壳上的“0”刻度不代表飞机上的纵轴。

4.5 飞行中的使用

4.5.1 飞行中的使用和检查

自动定向机在飞行中的使用和检查比较简单，只要将控制盒上的工作方式选择电门放在“天线（ANT）”、“定向（ADF）”、“试验（TEST）”或在某些控制盒上的“环形天线（LOOP）”位置上，自动定向机就接通机上电源，并按所选择的工作方式开始工作。在飞行中的使用和检查应注意以下四点。

1. 正确选择电台和频率

在预定飞行航线上使用时，要正确选择所飞地区的地面导航台或广播电台及其工作频率。因为在同一地区可能有多个地面中长波电台，而且它们的工作频率间隔可能很小，自动定向接收机容易错调在其他电台的频率上。

2. 收听电台的呼号

利用飞机上的音频综合系统，收听地面电台的音频信号，或接通控制盒上的“报/话（TONE）”电门来收听地面电台的呼号和英文识别字母信号，以判断所接收的地面电台是不是所希望的。特别是在某些大型机场归航时，因跑道两端都有远、近归航台，这时要确信所选的归航台是需要归航一端的归航台。必要时要收听一下远方电台的信号，判断接收机的接收和定向灵敏度及噪声电平（如启动闪光灯、雷达、防冰泵等以检查接收噪声干扰的程度），检查完毕后，将接收机调到原选择地面电台的频率上。

3. 判断指示方位的正确性

判断方位指示器（RMI）指示的方位是否正确，可在“环形天线（LOOP）”位转动一下环形天线，或在“试验（TEST）”位检查方位指示是否指向135°（ADF-700）（在ADF-206系统中，方位指示应为45°或135°），以验证接收机工作是否正常。如在飞机上装有两部自动定向机，则可以使两部自动定向机接收同一地面电台的信号，相互比较。在ADF-206自动定向系统中，在“天线（ANT）”位或当“自动定向（ADF）”位信号丢失时，方位指针指在水平位置上。在飞行航图上测绘飞机的位置时，应了解地面电台的地理位置，注意该

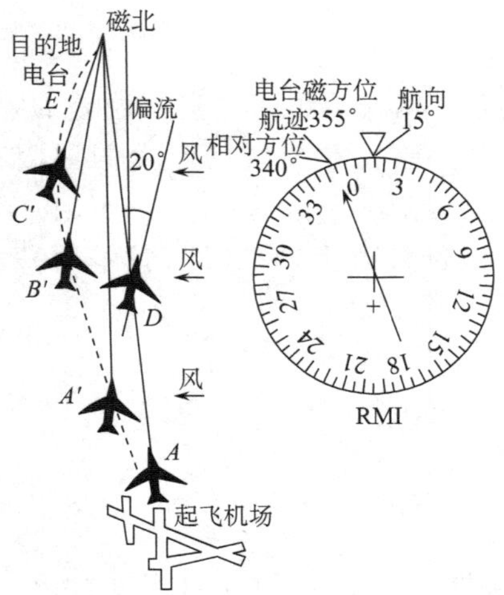

图 4-20 遇有侧风归航时的偏流和修正

地区的误差修正，并将飞机的航向指向将归航的地面电台方向。

4. 掌握好飞机过台点

一般地面归航台设置在沿跑道的延长线上。驾驶员可利用自动定向系统中指示器的方位指针做向台和背台飞行，如图 4-20 所示。这时应该掌握好过台时方位指针反指 180°的瞬间。通常地面电台正上空有一个静锥区，当飞机进入静锥区时，将收听不到地面电台的信号，同时方位指针将停滞或摆动，此时即为过台点。如果飞机高度低、速度快，由于过台时间很短，驾驶员往往不能发现过台点。为了保证着陆的可靠性，一般在远、近归航台的地方同时设有远、近指点标台，在飞机过台的同时，有灯光和音响信号通知驾驶员，以示飞机正在过台。

如果飞机从地面电台的一侧过台时，则方位指针将指 90°或 270°（此时也叫切台），过台后，随着飞机远离地面电台，方位指针将逐渐向 180°方向接近。

以上是在正常工作时自动定向机在飞行中的使用情况。但有时对某些错误的方位指示，自动定向系统没有故障显示。这就需要驾驶员应经常以不同的方法来判断，如与磁罗盘和其他导航设备进行比较、校验，以实现对飞机的正确导航。

地面民用广播电台不作为仪表飞行规则的主要依据。另外，在夜间飞行时使用较高的频段（大于 1000kHz），由于天波影响大，可靠性变差。这些都应在使用中注意。

4.5.2 归航和偏流修正

1. 归航时遇侧风的偏流修正

当飞机向某一目标（地面台）飞行时（归航），可使用自动定向机来引导。一般在 50～100km 以外，接收远归航台、航线导航台或广播电台的信号，飞机只要保持对地面台的相对方位为 0°，就可引导飞机飞到目的地。例如，图 4-20 表示一架飞机从起飞机场飞往某目的地。假设目的地地面电台的磁方位为 355°，飞机起飞后操纵飞机使磁航向为 355°（RMI 指示器的航向指标对准罗牌刻度 355°），并使方位指针指向 0°（指针对准 RMI 指示器的航向指标），即地面电台的相对方位为 0°，这样飞机就可按图中粗实线的直达航线飞到目的地。

当遇有右侧风时，飞机就会偏离原预定航线；假设使飞机仍保持相对方位为0°（方位指针会对准指示器航向指标）进行飞行，那么飞机将以图中弧形虚线所示的航迹飞行，即在 A'位飞机的磁航向变为0°，B'位飞机的磁航向变为10°，C'位飞机的磁航向变为20°。如果飞机以相同的速度飞行，不仅改变了飞机的航迹，而且延长了飞机到达目的地的时间。

在上述情况下，应根据当时的风向、风速，在飞机起飞后及时修正航向（磁航向）。例如，在右侧风时，飞机起飞后使偏流角为－20°（见图 4-20 中 D 位飞机），使飞机的磁航向为15°，飞机到地面电台的相对方位为340°，RMI 指示器的指针在罗牌上的读数仍保持地面电台磁方位为355°，如图 4-20 中 RMI 所示的情况。

2. 侧风偏流的渐次修正

在飞机上也可以利用 ADF 的指示对飞机的偏流进行渐次修正，以上述同一航线为例。如图 4-21 所示，在飞机起飞后，操纵飞机对准地面电台，即 RMI 指示器指针指示的相对方位为0°，磁航向为15°，地面电台的磁方位也为355°，如图中 A 位飞机的情形。当遇有右侧风而仍保持磁航向355°飞行时，相对方位变为5°，地面电台的磁方位变为0°。这说明在右侧风的影响下，飞机已经偏离原航线的左方，因此应使飞机向右修正。当保持地面电台磁方位不变（仍为0°），使磁航向向右修正到10°时，相对方位为355°，如图 4-21 所示 B 位飞机的情形。如继续保持磁航向10°不变飞行，那么在右侧风的影响下，地面电台的磁方位将增大。如增大到2°时，相对方位变为352°，此时飞机仍偏左，如图 4-21 中 C 位飞机的情形所示。因此需要继续增大磁航向，而减小地面电台的磁方位，最后使飞机磁航向为15°，地面电台磁方位为355°，相对方位为340°，则飞机进入远直达预定航线。

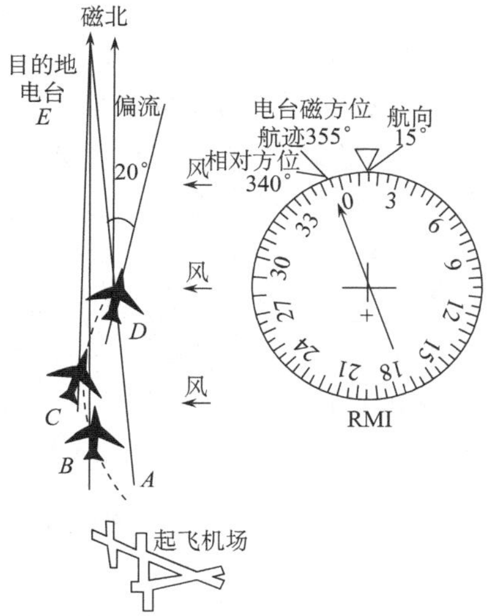

图 4-21 侧风偏流的渐次修正

上述过程实际上是逐渐修正飞机的偏流角，而实现保持飞机到地面电台磁方位不变的。这种方法称为偏流渐次修正法。

根据上述分析，可以用地面电台磁方位的变化来判断飞机偏离预定航线的方向。如果地面电台磁方位增大，说明飞机向左偏；地面电台的磁方位减小，则说明飞机向右偏。判断出飞机偏离预定航线的方向后，再用同样的方法进行修正，直至飞机到地面电台的磁方位不再变化为止，即飞机进入原预定航线飞行。这种修正可由人工操作，也可由飞机自动驾驶仪来自动完成。

4.5.3 飞机的空中定位

飞机在空中飞行时，可以利用自动定向机采用三角测量定位法来确定其地理位置，即利用两个已知的地面电台来测定飞机的地理位置，用第三个地面电台来检查定位的精度。如图 4-22 所示，选择沿航线附近的 A、B、C 三个电台，使自动定向接收机工作在“定向（ADF）”方式。如图 4-22 所示，当飞机沿 75°航线飞行时，在航线的 A'点可测得地面导航台 A 的磁方位为 102°，即方位指示器 A'的指针所指的罗牌刻度，此时，相对方位为 27°；在航线 B'点可测得地面导航台 B 的磁方位为 45°，相对方位为 30°；同样在航线 C'点可测得地面导航台 C 的磁方位为 329°，相对方位为 254°，同时记下测得导航台 C 磁方位的时间。

这样就可把每个测得的地面导航台磁方位线画在航图上，并按该地区的误差修正，则飞机的位置可确定在最后测得导航台 C 时所形成的三角形 OPQ 内。

应当指出，由于是在飞机沿航线飞行中进行测量，所以三个测量点 A'、B'、C'的距离越短，所形成的三角形越小，它们的间隔越趋于接近，定位就越精确。这种方法适用于只装一部自动定向机的小型、低速飞机。由于这种方法定位精度较低，所以在现代大型、高速飞机上都装有两部自动定向机，且它们的方位指针装在一个指示器上，如图 4-20 所示的 RMI 指示器。这样可以同时选择两个地面导航台，利用两条磁方位线的交点准确地测得飞机的位置。

现代飞机的定位还可以采用 VOR / DME 设备，在远程航路上可用惯性导航系统或奥米伽系统等。自动定向机主要用于进近归航和着陆阶段。

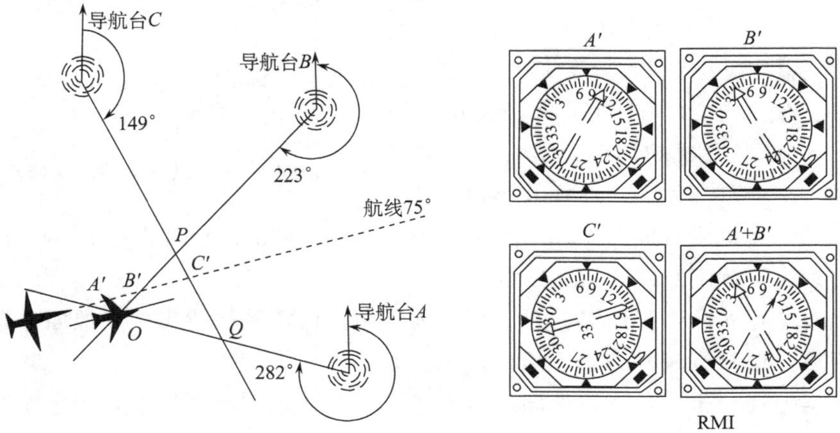

图 4-22 飞机的空中定位

4.5.4 测量飞机到地面电台的距离和时间

1. 倍角法

测量飞机到地面电台的距离可以采用倍角法，如图 4-23 所示。在飞机航向的任一侧选择一个已知的地面电台，假设飞机在 A 点测得地面电台的磁方位为 60°（电机的航向与飞机和地面电台连线的夹角为 30°），记录此时时间 T_x，飞机保持如图 4-23 所示的航向 90°和空速 v 不变，在 B 点测得地面电台的磁方位为 30°（即飞机的航向与飞机和地面电台连线的夹角为 60°），并记录此时时间为 T_y，那么，此时飞机到地面电台的距离 D 可由下式表示，即

$$D=v(T_y-T_x)$$

这是因为飞机从 A 点飞到 B 点，其所测地面台的磁方位具有倍角关系，如图 4-24 所示。因此飞机从 A 点到 B 点所需要的时间 T_1 和距离 D_1 恰好等于飞机从 B 点到地面电台所需要的时间 T_2 和距离 D_2，即 $T_1=T_2$，$D_1=D_2$。所以飞机在 B 点时到地面电台的距离可以表示为

$$D=v(T_y-T_x)=vT_1=vT_2$$

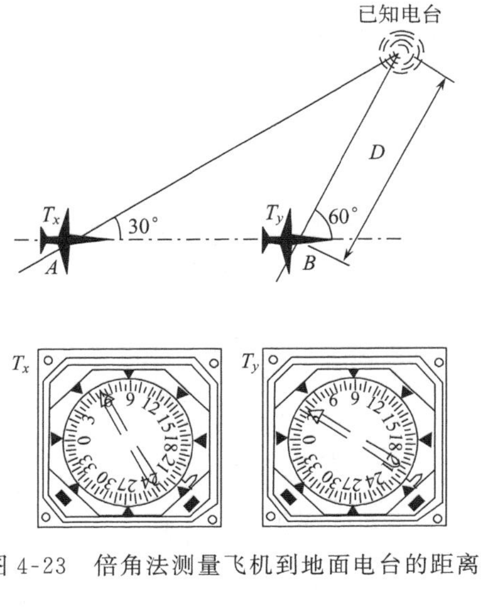

图 4-23 倍角法测量飞机到地面电台的距离

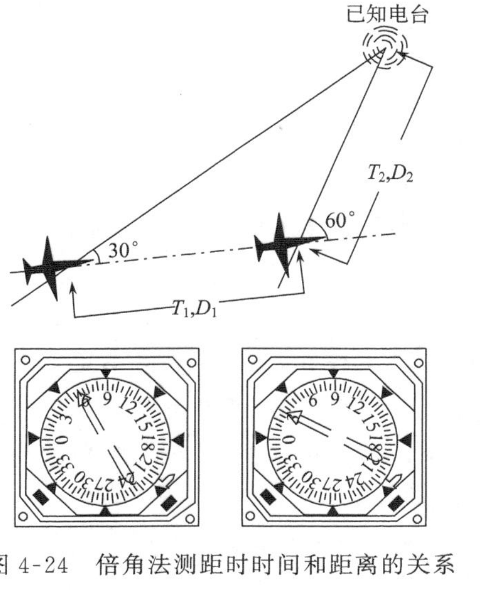

图 4-24 倍角法测距时时间和距离的关系

2. 切台法

利用 90°切台法也可以测量飞机到地面电台的距离。利用自动定向机将飞机操纵到与已知地面电台相对方位为 90°或 270°的位置上，如图 4-25 的 A 点所示，并开始计时，且保持飞机飞行航向不变，当相对方位改变了 10°或 20°时，记下

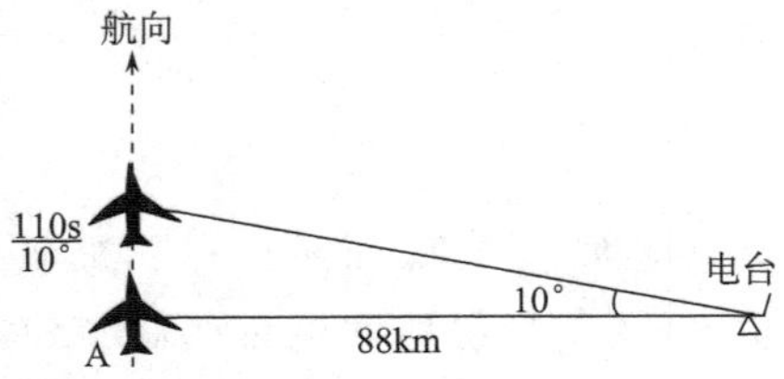

图 4-25 切台法测距

所需要的时间（s），用记录的秒数除以相对方位的变化数，即可得到飞机相对方位在 90°时（A 点），以相同速度到达地面电台的时间。因为 $\tan1° = 0.017 \approx 1/60$，所以采用切台法使相对方位变化 1°的时间秒数，就是切台点（相对方位为 90°处）到地面电台的时间数。

如果飞机上只装有一部自动定向机，必须要能使驾驶员简单、准确地转换远、近归航台的频率。

在使用中须注意，对于一些小功率的远归航台，当距离超过 30km 时，自动定向机就不能可靠定向。另外，各机场的穿云下降图不同，对不同的飞机机型，其他要求也不相同。

再将当时的空速与时间相乘，便可得到飞机在切台点处与地面电台之间的距离。例如，相对方位改变 10°，所需时间为 110s，那么，飞机从 A 点到地面电台所需的时间分数

$$t = 110(\mathrm{s})/100 = 11\mathrm{min}$$

如当时空速 $v = 480\ \mathrm{km/h} = 8\mathrm{km/min}$，那么飞机从 A 点处到地面电台的距离为

$$D = vt = 88\mathrm{km}$$

3. 预定位切线法

当飞机在空中飞行时，为了使飞行员能掌握飞行动态，如控制飞机的转弯时机和检查飞机飞过的距离，可以事先在航图上设定所需要的位置线，并量出已知地面电台的方位角，当飞机向预定位置线飞行时，可利用自动定向机测得的相对方位和地面电台磁方位的变化来判断飞机进入预定位置线的瞬间。

如图 4-26 所示的预定位置线为 OB，当飞机由 A 点向 B 点飞行时，飞机对地面电台的相对方位和磁方位都在不断变化（保持航向不变），如果地面电台在飞机的右侧，则相对方位和磁方位都将逐渐增大（反之，则逐渐减小）。当飞机到达 B

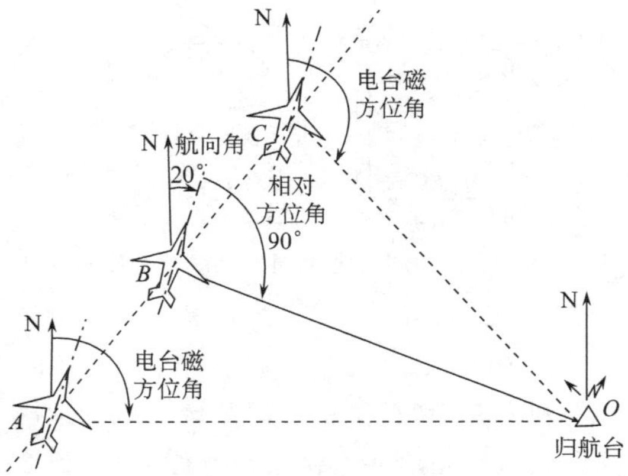

图 4-26 进入预定位置线的瞬间

点，即进入预定位置线时，所测得的电台磁方位应恰好等于预定位置线的方位，说明该时刻即为飞机到达预定位置线的时刻，之后自动定向机所测得的相对方位和电台的磁方位将同时增大。

4.5.5 进近和穿云着陆

1. 进近的程序转弯

飞机着陆过程通常包括进近和着陆两个阶段。飞机从 LOC 覆盖边缘开始一直下降到跑道延长线上空 15～30m 的高度，这一阶段称为进近。

当飞机由自动定向机引导飞到目的地（机场）上空时，驾驶员将操纵飞机对远归航台作过台飞行，即自动定向机方位指示器指针反指 180°，此时飞机可进入航图中的程序转弯（标准转弯）。

飞机从远归航台上空飞向穿云下降点时，如果进入远归航台上空的高度较高，则需要平飞和下降的时间较长，为缩短时间也可以在飞机通过远归航台后立刻下降，当下降到正常下降距离的一半时即做 180°水平转弯，并使飞机对准着陆航向，继续穿云下降，进行着陆。图 4-27 示出了飞机过台、穿云下降和程序转弯的过程。程序转弯的角度和进入下降点的高度，随机场净空条件和飞机机型的不同而各不相同。

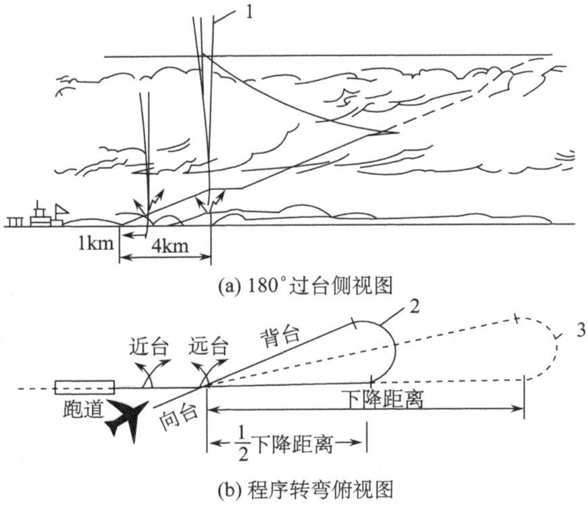

图 4-27 进近的程序转弯

1. 远归航台上空静锥区；2. 短航线程序转弯；3. 正常航线程序转弯

2. 典型进近图

利用自动定向机，使飞机工作在“ADF”位，对远归航台做进近飞行，如图 4-28 所示。飞机在 A 位以磁航向 140°，对远归航台的相对方位为 0°做进近飞行（图 4-28 中示出了自动定向机的使用频率为 221kHz，呼号为 BO，跑道着陆方位为 35°）。

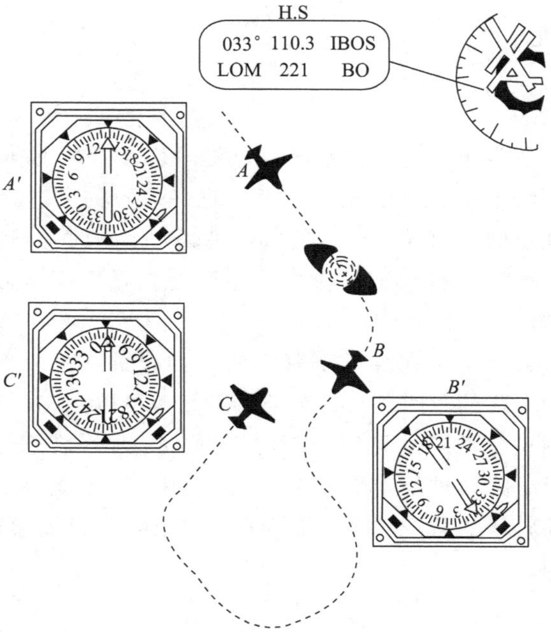

图 4-28 典型进近图（RMI 指示）

当飞机飞越远归航台上空后，RMI 指示器的方位指针将反指 180°，此时指示器的箭尾指出飞机背台飞行时的方位，以表示飞机飞离归航台。当飞机飞到 *B* 位时的磁航向为 215°，对远归航台的相对方位为 147°，远归航台的磁方位为 2°，此时可进行程序转弯和下降高度。当飞机飞到 *C* 位时，磁航向为 35°（正好对准跑道方向），而后再次通过远归航台上空（指示器指示再次反指 180°），保持此航向飞行并降低高度，然后进行着陆。

3. 穿云着陆

目前一些没有装备仪表着陆系统的小型机场，通常使用自动定向机进行穿云着陆。

飞机在云中或云上空飞行时，如果机场被低云或浓雾遮盖，就需要使飞机先穿至云下，然后进行着陆（机场的最低能见度和最低云高图都有规定，可事先与塔台保持联络）。因为在跑道延长线上一般都设有远、近归航台和 75MHz 指点标台，因此，飞机穿云下降时，只要引导飞机下降到预定高度或预定位置线，就能准确地使飞机进入远归航台上空。

例如，如图 4-29 所示，飞机对远归航台做 90°（或 270°）切台飞行，飞机高度为 900m，按机场的标准穿云下降到四边至五边时，即可穿出云层，进行目视着陆。

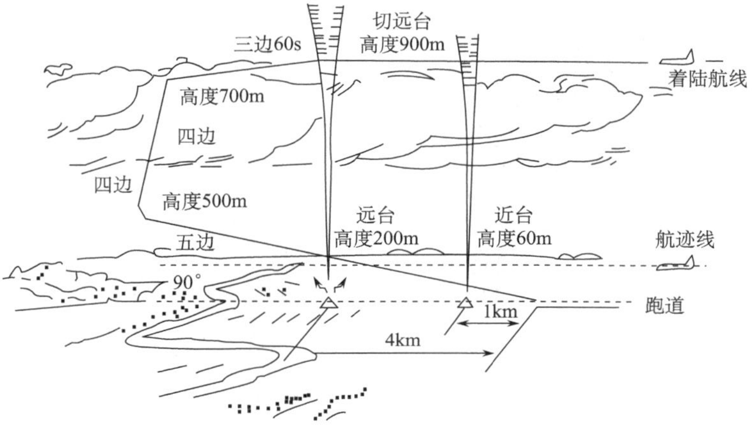

图 4-29 穿云着陆示意图

由于在进近和着陆期间驾驶员集中精力操纵飞机，没有时间调节 ADF 的频率，所以在飞机上装有两部 ADF 时，通常把一部调谐在远归航台频率上，而把另一部调谐在近归航台频率上。如果飞机上装有一部 ADF，必须要能使驾驶员简单、准确地转换远、近归航台的频率。

在使用中须注意，对于一些小功率的远归航台，当距离超过 30km 时，ADF 就不能可靠定向。另外，各机场的穿云下降图不同，对不同的飞机机型，其他要求也不相同。

4.5.6 在机场上空作等待飞行

由于跑道使用繁忙或天气等原因，指挥调度人员会通知已进入机场上空的飞机在指定的空域和高度层上做等待飞行。

如图 4-30 所示，在 *A* 点的飞机对归航台和跑道做进近飞行，此时飞机磁航向为 35°，即对准归航台和跑道，相对方位为 0°，当飞机飞过远归航台后，RMI 指示器的指针反指 180°，然后，飞机做标准的 180°水平转弯，对航向进行侧风修正，并按特定等待航线在规定时间飞离跑道上空。当飞机转至 *B* 位时，飞机磁航向为 215°，飞机对远归航台的相对方位为 85°（相对方位约由 45°逐渐增大到 155°），接近切台位，飞机飞到等待航线的末端再次做标准的 180°水平转弯，并使飞机按原等待航线飞行（即对准远归航台和跑道）。这样使飞机在等待航线上重复飞行，直至指挥调度人员通知可进行着陆为止。

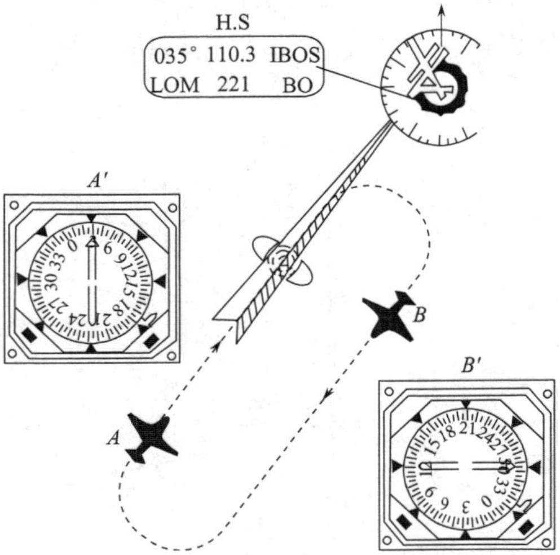

图 4-30　飞机在机场上空做等待飞行

本章思考题

1. NDB 的设置和功能。
2. ADF 的工作频率分配。
3. ADF 系统的功能。
4. ADF 测得的相对方位角在各种仪表上的显示。
5. ADF 的基本工作原理。
6. ADF 的误差种类、产生的原因及减小误差的方法。
7. ADF 在飞行中的使用。

第5章 甚高频全向信标系统

5.1 概 述

甚高频全向信标系统，简称VOR（伏尔），它是一种近程无线电导航系统。1946年成为美国的标准导航设备，1949年被ICAO采用，正式作为国际标准航线的无线电导航系统。为了克服地面站内地形地物带来的影响，在普通伏尔（CVOR）的基础上又发展了多普勒伏尔（DVOR），进一步提高了系统的测向精度。VOR系统工作于甚高频，不会产生天波效应，系统性能相对稳定，但是会受到视距和地形遮蔽物的限制，并且也会受到恶劣天气，特别是电暴的严重干扰。

VOR在北美大陆和欧洲大陆分布广泛，可以覆盖整个欧美大陆。通常，这些信标台的部署与主要航线的航路点和DME信标台的交叉点分布一致，这样飞机可以利用航线网络/信标结构对飞机的全程飞行进行导航。目前，美国已建有950个VOR/DME地面台，日本大约有61个，我国也有100多个地面台，国内、外已建成的地面台总数近2000个，系统用户在100000户以上。

5.1.1 VOR与ADF比较的特点

VOR与ADF的作用基本一致，都可提供定位和航路导航功能，但两者相比较，VOR还具有下列特点：

（1）ADF采用地面无方向性天线发射，机上用方向性天线接收的方法测角；VOR则采用地面方向性天线（CVOR）或全向天线（DVOR）的旋转辐射，机上用无方向性天线接收的方法测量方位。

（2）VOR精度高于ADF，并可直接提供飞机相对于地面导航台的方位角，采用磁北为方位基准，无须航向基准的辅助。

（3）甚高频波段的电磁波受静电干扰小，因此VOR指示较稳定，但作用距离受到视距传播的限制，覆盖范围较近。

（4）VOR多路径干扰较严重，因此对地面导航台的场地要求较高，如果地形起伏较大或有大型建筑物位于天线附近，会引起较大的方位测量误差。

5.1.2 VOR导航系统的用途

1. 定位

利用VOR设备定位有两种方法。

(1) VOR 机载设备测出从两个已知的 VOR 台到飞机的磁方位角，便可得到两条位置线，利用两条位置线的交点便可确定飞机的地理位置。这种定位方法叫测角定位，即 θ-θ 定位。

(2) VOR 台通常和 DME 安装在一起，利用 ρ-θ 定位（极坐标定位）。

2. 沿选定的航路导航

VOR 台能够辐射无限多的方位线（或称径向线），每条径向线表示一个磁方位角（磁北为基准零度）。驾驶员通过机上全向方位选择器 OBS 选择一条要飞的方位线，称预选航道；飞机沿着预选航道可以飞向（To）或飞离（From）VOR 台，并通过航道偏离指示器指出飞机偏离预选航道的方向（左边或右边）和角度，以引导飞机沿预选航道飞往目的地。

在一条“空中航路”上，根据航路的长短，可以设置多个 VOR 台。VOR 台在航路上的安装地点叫航路点。飞机从一个航路点到另一个航路点按选定的航道飞行。图 5-1 表示一架飞机利用 VOR 台导航的情况。假定飞机从起飞机场 A 选定 225°方位线飞向 VOR 台-1，在飞越 VOR 台-1 上空后，再选 90°方位线飞离 VOR 台-1，在距离（频率）转换点 B，再按 270°方位线飞向 VOR 台-2，接着按 45°方位线飞离 VOR 台-2……这样，一段接一段地飞行，直到目的地机场 C。

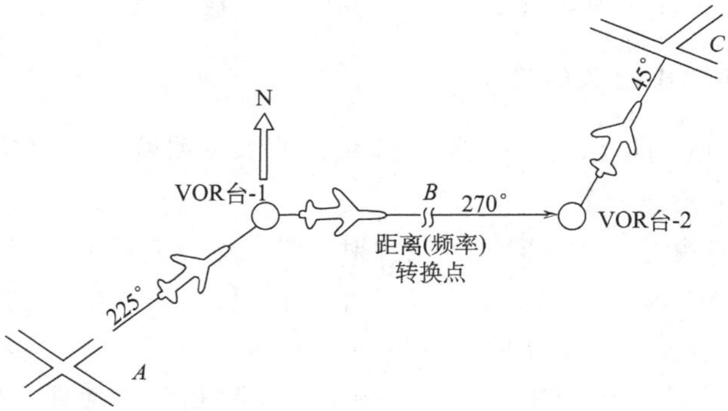

图 5-1 沿选定航路导航

如图 5-2 所示是由全向信标系统引导的，一架由成都飞往北京的飞机在航线上飞行的情况。

3. 具有航道偏离指示和向/背台指示

具体内容见 5.3 节。

5.1.3 VOR 工作频率

在现代飞机上，VOR 导航系统的机载设备与 LOC 的机载设备的有些部分

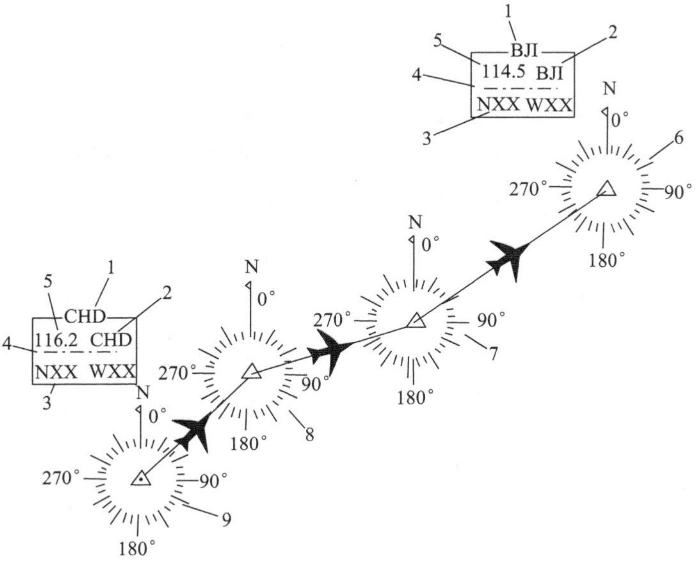

图 5-2 由全向信标系统引导飞行的飞机

1. 所在地名；2. 所在地名代号；3. VOR 台所在地理位置经、纬度信息（NXX WXX)；4. 电台识别码；5. VOR 台频率（MHz)；6. 北京 VOR 台；7. 西安 VOR 台；8. 广元 VOR 台；9. 成都 VOR 台

是共用的，如天线、控制盒、指示器、接收机的高频和中频部分。在航路上用于 VOR 导航，而在进近着陆时用于航向信标。因此，VOR 和 LOC 工作在同一甚高频频段的不同频率上。

VOR/LOC 工作频率范围为 108.00～117.95MHz，频率间隔 50kHz，共有 200 个波道。其中 108.00～111.95MHz 的频率，VOR/LOC 共用，有 40 个波道分配给 ILS 系统的 LOC，具体分配如下：

108.00——只用于试验。

108.05——VOR。

108.10——凡 100kHz 奇数倍频率的波道及再加 50kHz 的波道用于 LOC，并配对下滑信标波道；凡 100kHz 偶数倍频率的波道及再加 50kHz 的波道用于 VOR。

⋮

111.90

111.95

112.00——间隔 50kHz 的所有频率用于 VOR 波道。

112.05

⋮

117.90

117.95

108.00MHz 的频率没有分配给导航设备，留作试验用。也有一些波道（低频率端）留作 ILS 试验用，而不用于 VOR。如果 VOR/LOC 接收电路共用，试验频率使用 117.95MHz。机载接收机能够接收 108.00～117.95MHz 的所有波道。

5.1.4 VOR 的误差及布置

如表 5-1 所示，VOR 系统的误差归因于多种不同要素，总误差是各要素误差平方和的根。目前广泛应用的 DVOR 的精度至少是表 5-1 所述例子的 10 倍。

表 5-1 VOR 误差估计

误差要求	误差值
辐射方向信号误差 E_g（基于实测信标数据）	±1.4°
机载设备误差 E_a（基于典型航空电子系统精度，现代设备的精度相对较高）	±3.0°
仪表误差 E_i（基于模拟系统，数字系统误差相对小）	±2.0°
飞行技术误差 E_f（假定与其他变量相独立，影响很可能是消极的）	±2.3°
总误差＝（$E_g^2+E_a^2+E_i^2+E_f^2)^{0.5}$	±4.5°

VOR 在 1200m 高空，典型作用距离为 370km，能在 360°视线范围内向飞行员提供相对于地面台磁北方位，被广泛用来确定航路及走廊口宽度。

我国规定的航路宽度为±10km，走廊口航路宽度为±5km。VOR 系统布台是根据规定的航路宽度和伏尔系统的精度来规划的。两台站间隔计算如图 5-3 所示。两台站间隔为 $2D=2W/\tan\Delta\theta$，其中 $2D$ 为 2VOR 台间隔；$2W$ 为航路宽度；$\Delta\theta$ 为系统的测角误差。

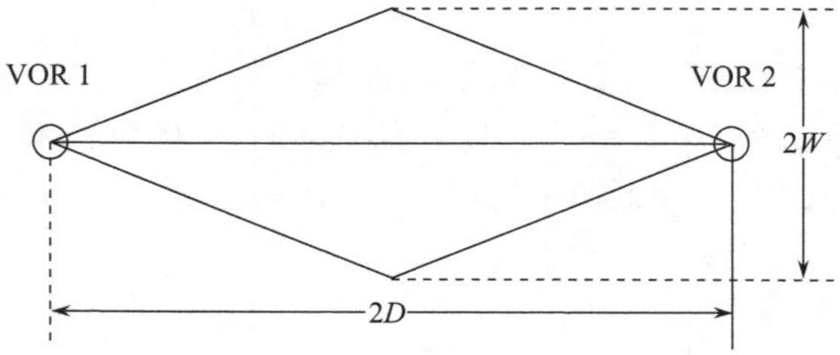

图 5-3 由 VOR 决定的航路宽度

5.1.5 地面台的配置

安装在机场的VOR台叫终端VOR台（TVOR），通常设置在跑道后方，采用跑道轴线的延长线作为方位基准来指示飞机相对跑道的方位。它常和DME或LOC装在一起，或者组成极坐标定位系统，或者利用和跑道中心延长线一致的TVOR台方位线，代替LOC对飞机进行着陆前的引导。TVOR使用108.00～111.95MHz的40个波道。发射功率约为50W，工作距离25n mile。TVOR台采用低功率发射，不干扰在相同频率上工作的其他VOR台；TVOR台位于建筑物密集的机场，多路径干扰严重影响VOR的精度，因此，只能用于短距离导航。

TVOR台通常和DME或LOC装在一起，VOR/DME台组成极坐标定位系统；VOR和LOC装在一起，利用和跑道中心延长线一致的TVOR台方位线，可以代替LOC对飞机进行着陆引导。安装在航路上的VOR台叫航路VOR，台址通常选在无障碍物的地点，如山的顶部。这样，因地形效应引起的台址误差和多路径干扰可以大大减小。

航路VOR使用112.00～117.95MHz的120个波道，发射功率为200W，工作距离200n mile。航路VOR台址通常选在附近区域无障碍物的航路点上（如山的顶部），以尽量减小因地形效应引起的台址误差和多路径干扰。在一条“空中航路”上，根据航路的长短、规定的航路宽度和伏尔系统的精度，可以设置多个CVOR台，飞机沿着预选航道可以飞向或飞离CVOR台，并指出飞机偏离航道的方向（左或右）和角度，实现飞机的归航与出航。CVOR台还可作为航路检查点，为空中交通管制服务。

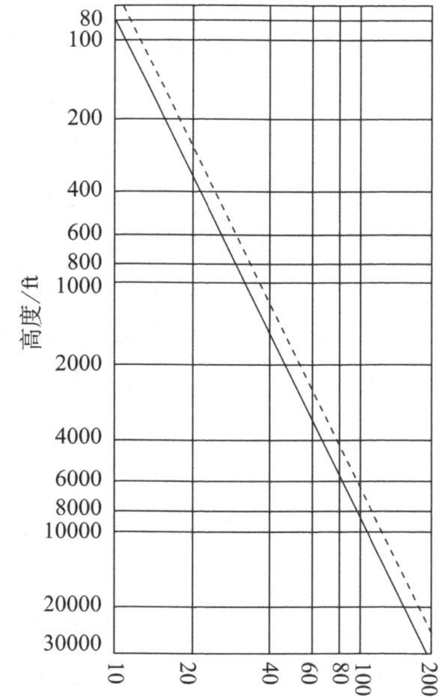

图5-4　高度与视距的关系

VOR系统的工作范围取决于接收机灵敏度、地面台的发射功率、飞机高度及VOR台周围的地形。工作范围主要受视距限制，而视距又受地球曲率的限制。在地球表面上，高度与视距的关系如图5-4所示。只有飞机高度达到30000ft时，VOR工作距离才能达到200n mile。

5.2 VOR 系统的基本原理

VOR 地面台可以被想像为这样的一个灯塔：它向四周发射全方位光线的同时，还发射一个自磁北方向开始顺时针旋转的光束，如图 5-5 所示。如果一个远距观察者记录了从开始看到全方位光线到看到旋转光束之间的时间间隔，并已知光束旋转速度，就可以计算出

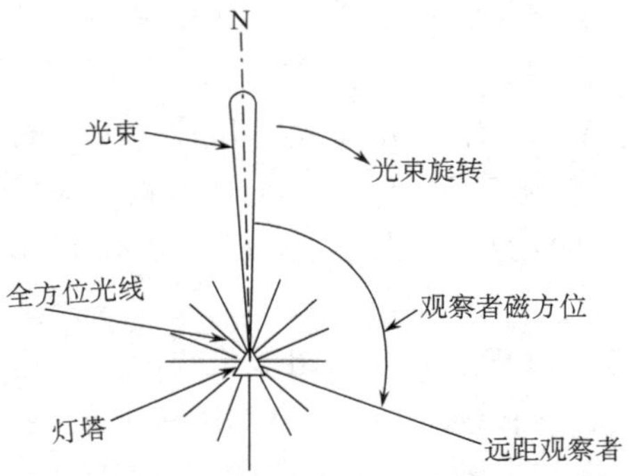

图 5-5　VOR 工作原理说明

$$观察者磁方位角=\frac{360^\circ\times 观察时间间隔}{光速旋转周期}$$

VOR 系统属于他备式导航，由地面发射台和机载设备组成。全向信标系统是一种区域导航设备，它由地面的电台向空中的飞机提供方位信息，以使航路上的飞机可以确定相对于地面电台的方位。地面设备通过天线发射从 VOR 台到飞机的磁方位信息，机载设备接收和处理地面台发射的方位信息，确定飞机的所在位置，或者在空中给飞机提供一条“空中走廊”，以引导飞机沿着预定的航道飞行，同时通过有关的指示器指示出从 VOR 台到飞机或从飞机到 VOR 台的磁方位角。

在现代飞机上，可以预先把沿航线的各个 VOR 台的地理位置（经纬度）、发射频率、应飞的航道等逐个输入飞行管理系统和自动飞行系统，在计算机的控制下，飞机就按输入的数据自动飞行，并最后到达目的地。

VOR 台发射被两个低频信号调制的射频信号，一个叫基准相位信号，另一个叫可变相位信号。基准相位信号相当于全方位光线，其相位在 VOR 台周围的各个方位上相同；可变相位信号相当于旋转光束，其相位随 VOR 台的径向方位而变。飞机磁方位（相当于观察者磁方位）取决于基准和可变相位信号之间的相位差（相当于看到全方位光线和光束之间的时间差）。

机载设备接收 VOR 台的发射信号，并测量出这两个信号的相位差，就可得到飞机磁方位角，再加 180°就是 VOR 方位。

VOR 机载设备接收和处理地面台发射的方位信息，并通过有关的仪表指示出来。驾驶员根据指示的方位信息来确定飞机的地理位置和沿选定的航路飞行。

5.2.1 VOR 地面台发射信号

1. 两种信号调制方式

VOR 机载设备的基本工作原理是测量地面台发射的基准相位 30Hz 和可变

相位 30Hz 的相位差，两个 30Hz 信号的相位差正比于 VOR 台的径向方位。为了在接收机中能够分开两个 30Hz 信号，VOR 台发射信号采用两种不同的调制方式。

- 可变相位信号：用 30Hz 对载波调幅，相位随 VOR 台的径向方位而变化。
- 基准相位信号：先用 30Hz 对 9960Hz 副载波调频，然后调频副载波再对载波调幅。

接收机能够用包络检波器检出调幅 30Hz（可变相位 30Hz）；用频率检波器检出调频 30Hz（基准相位 30Hz），之后进行相位比较，测出 VOR 方位。

VOR 系统还可以用于地-空通信，地面台提供话音发送。VOR 台还发射台识别码，保证对所选用的 VOR 台进行监视。

VOR 地面台的发射机有两种形式：CVOR 和 DVOR。两种形式的发射机所使用的机载设备是相同的，本节只讨论 CVOR 台的工作原理。图 5-6 所示为 CVOR 台发射机方框图。

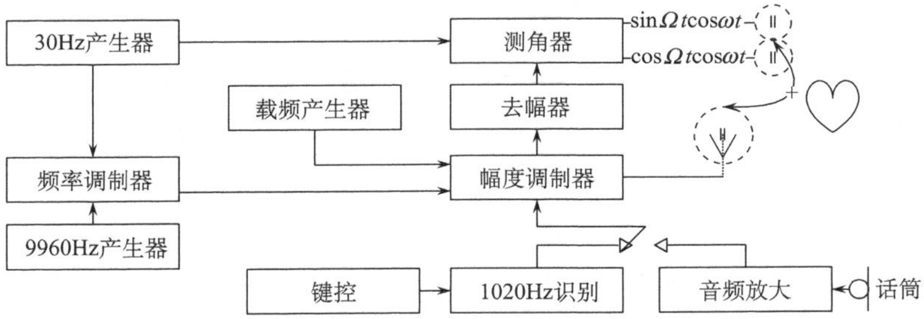

图 5-6 CVOR 台发射机方框图

2. 基准相位信号

30Hz 产生器产生基准 30Hz 信号（$\cos\Omega t$），对 9960Hz 副载波调频，频偏为 ±480Hz。调频副载波的表达式为

$$U(t) = U_m\cos\left(\Omega_s t + \frac{\Delta\Omega}{\Omega}\cos\Omega t\right)$$

$$= U_m\cos(\Omega_s t + m_f\cos\Omega t) \tag{5-1}$$

式中，Ω 为 30Hz 角频率；Ω_s 为 9960Hz 角频率；$\Delta\Omega$ 为频偏；m_f 为调频指数；U_m 为调频信号振幅。

调频副载波再对载波调幅，然后由全向天线发射，其辐射场为

$$U_R(t) = U_{Rm}[1 + m\cos(\Omega t)]\cos\omega t \tag{5-2}$$

式中，U_{Rm} 为基准相位信号振幅；$m = U_m/U_{Rm}$，为基准相位信号的调幅度；ω 为

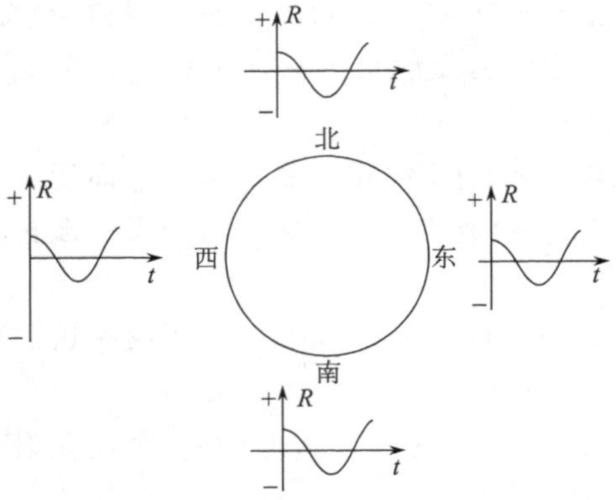

图 5-7　基准相位信号

载波信号角频率。

基准相位信号由 VOR 天线系统中的基准天线发射，在空间形成全向水平极化辐射场。由于调制过程是在发射机内完成的，所以在 VOR 台周围的 360°方位上，30Hz 调制信号的相位相同，如图 5-7 所示。

基准相位信号产生的过程如图 5-8 所示。

在进行地-空通信时，经音频放大器放大的话音，同副载波一起对载波调幅。人的话音频率主要集中在 300～3000Hz 范围内，它不会干扰基本的导航功能，在接收机电路中可通过带通滤波器分开。

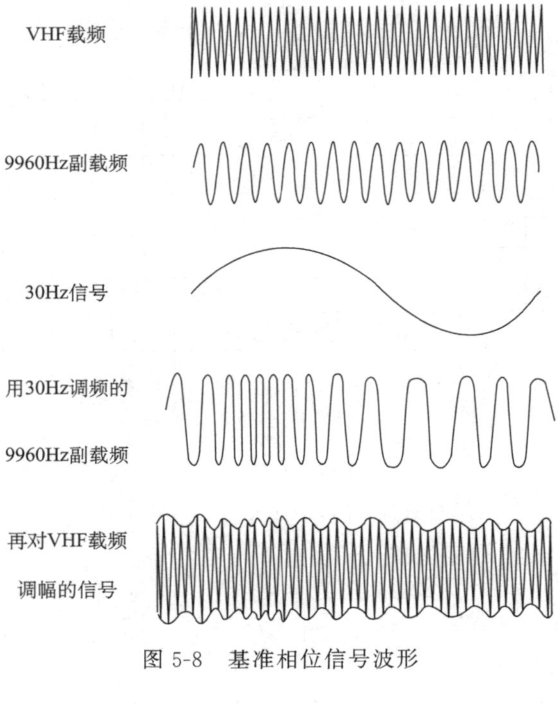

图 5-8　基准相位信号波形

在发射台识别码时，键控的 1020Hz 音频对载波调幅。识别码是由 2～3 个字母组成的莫尔斯电码，每 30s 重复一次。

3. 可变相位信号

可变相位信号在空间形成一个“8”字旋转辐射场。有两种方法可以产生旋转的“8”字方向图：①旋转具有“8”字方向图的天线（如半波振子、裂缝天线等）；②天线不动，用电气的方法使“8”字方向图旋转。由于旋转天线比较困难，大多采用后一种方法。下面说明用电气的方法产生“8”字形旋转方向的原理。

参见图 5-6，从高频发射机取出一部分功率（约 10%）加到调制抑制器（去幅器），去掉调幅部分并进行功率放大，输出没有调制的纯载波。它与基准相位信号的载波是同频率、同相位的，然后加到测角器。测角器把载波分解成 30Hz 正弦和余弦调制的调幅边带波，即

$\sin\Omega t\cos\omega t$——正弦调制的边带波；

$\cos\Omega t\cos\omega t$——余弦调制的边带波。

正弦和余弦调制的边带波分别由 VOR 天线阵中的可变相位天线发射。可变相位天线包括方向性因子，分别为 $\cos\theta$ 和 $\sin\theta$ 的两个分集天线，在水平面内形成两个正交的“8”字辐射场，其数学表达式为

$$
\begin{aligned}
U_{\text{正弦}} &= U_{\text{vm}}\sin\theta\sin\Omega t\cos\omega t \\
U_{\text{余弦}} &= U_{\text{vm}}\cos\theta\sin\Omega t\cos\omega t
\end{aligned}
\tag{5-3}
$$

式中，U_{vm} 为可变相位信号的幅度；θ 为方位角（磁北为 0）。

两个“8”字方向图的空间合成辐射场为

$$
\begin{aligned}
U_{\text{v}}(t) &= U_{\text{vm}}(\sin\theta\sin\Omega t + \cos\theta\cos\Omega t)\cos\omega t \\
&= U_{\text{vm}}\cos(\Omega t - \theta)\cos\omega t
\end{aligned}
\tag{5-4}
$$

可见，可变相位信号的合成辐射场也是一个“8”字形辐射场，两个波瓣的相位相反，并按 Ω 的角频率旋转（30r/s）。

可变相位信号如图 5-9 所示。天线辐射场在各个方位上的正向最大值出现的时刻不同，随方位角的变化而变化。在正北方向，可变相位信号的正向最大值与基准信号的正向最大值同时出现；在正东方向，可变相位信号的正向最大值出现的时刻比基准信号的正向最大值出现的时刻延迟 1/4 周期；其他方位以此类推。

由此可见，飞机在相对于电台的任何方位上，通过测量基准相位信号和可变相位信号之间的相位差，即可确定飞机所在的方位。

4. VOR 信号的产生

如前所述，9960Hz 副载波的 30Hz 频率调制是在发射机内完成的，并由全向天线发射。因此，30Hz 调频信号的相位与方位角 θ 无关，也就是说，在 VOR 台的 360°方位上相位相同。接收机首先通过幅度检波器检出 9960Hz 调频副载波的包络信号，并通过一个双向限幅器变成等幅调频信号，如图 5-10 所示。再由频率检波器检出 30Hz 调频信号，即为基准相位 30Hz。

可变相位 30Hz 是由于心形方向图旋转产生的。因此，心形图最大值在某一

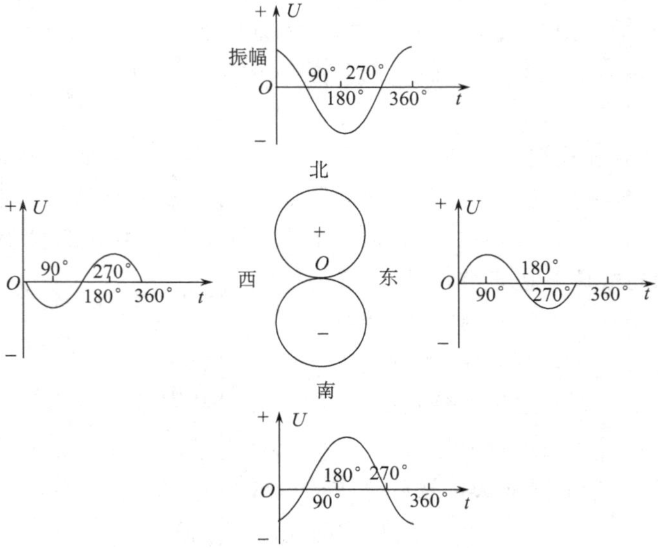

图 5-9 可变相位信号

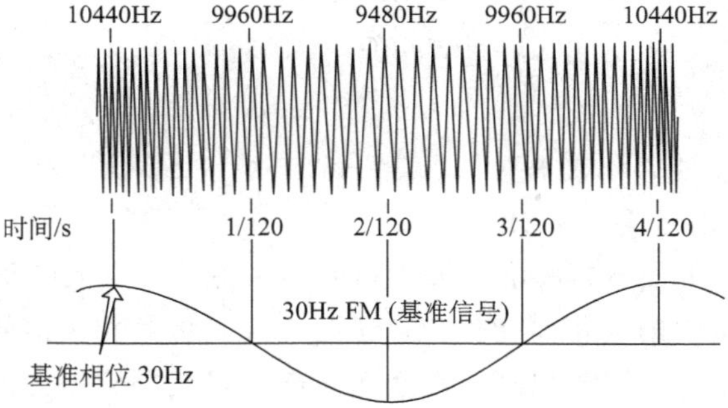

图 5-10 由双向限幅器变成的等幅调频信号

方位上出现的时刻随方位角 θ 而变。由于心形图以 30r/s 的速度旋转，接收机所接收的信号幅度也以 30Hz 的速率变化，相当于用 30Hz 信号对载波调幅。经接收机包络检波器检出 30Hz 调幅部分，叫可变相位 30Hz。

可变相位 30Hz 和基准相位 30Hz 的相位关系，可用图 5-11 加以说明。

在心形方向图最大值对准磁北方向时，使调频副载波的频率为最大值 10440Hz。以磁北方向作为相位测量的起始方位。若有四架飞机分别位于 VOR 台的北（磁北）、东、南、西四个方位上，同时接收 VOR 台的发射信号，四架飞机接收的基准相位 30Hz 和可变相位 30Hz 的相位关系如图 5-11 所示。

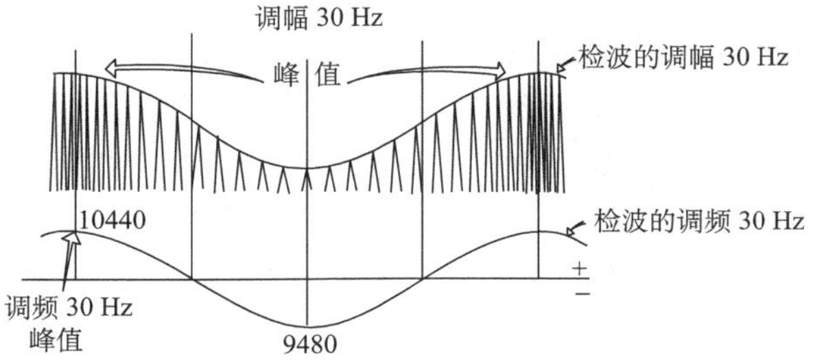

(a) 磁北方向

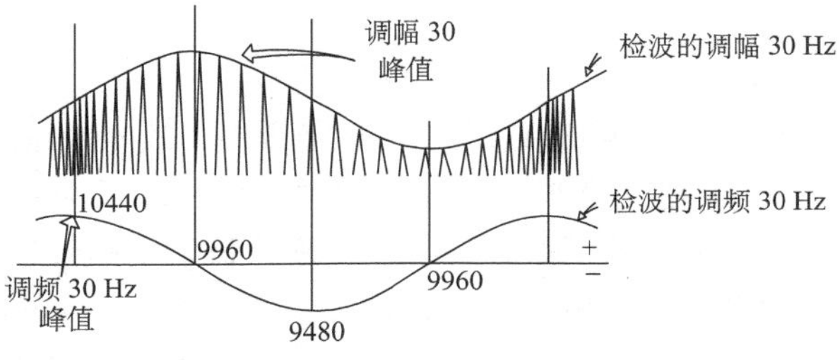

(b) 磁东方向

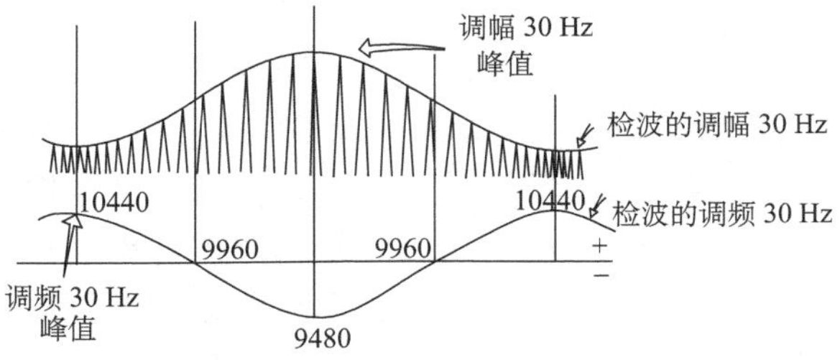

(c) 磁南方向

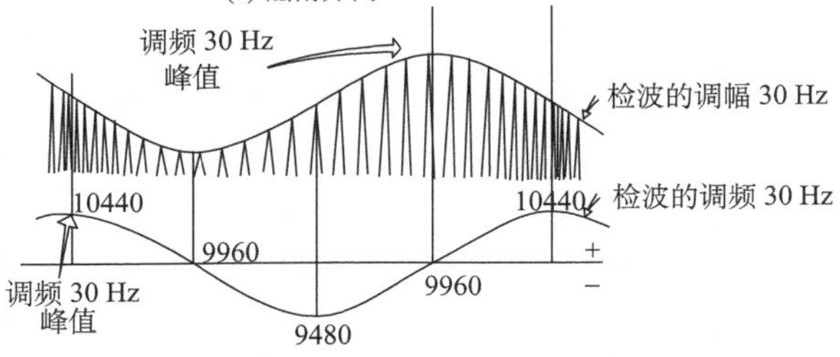

(d) 磁西方向

图 5-11 基准和可变 30Hz 的相位关系

在磁北方位上，两个 30Hz 信号幅度最大值同时出现（同相），如图 5-11（a）所示。在正东方位上的飞机，当心形方向图最大值旋转 90°指向正东时，30Hz 调幅信号的峰值最大，而调频副载波的频率变成 9960Hz，30Hz 调频信号的幅度变到“零点”。因此，在 VOR 台的 90°方位线上，接收的调幅 30Hz 滞后于调频

30Hz 的相角为 90°，如图 5-11（b）所示。在正南方位上的飞机，当调幅 30Hz 为最大值时，副载波频率变成 9480Hz，而基准 30Hz 变成负最大值，这时调幅 30Hz 滞后于调频 30Hz 180°，如图 5-11（c）所示。同样，在正西方位上的飞机接收的调幅 30Hz 滞后于调频 30Hz 信号的相角为 270°，如图 5-11（d）所示。

由于调频 30Hz 和调幅 30Hz 是同步变化的，也就是说，当心形方向图旋转一周时，9960Hz 副载波的频率变化一个周期。因此，在磁北方位上，调频 30Hz 和调幅 30Hz 总是同相的，在其他方位上，调幅 30Hz 滞后于调频 30Hz 的相角也总是等于飞机磁方位角（VOR 台径向方位）。

5.2.2 多普勒 VOR

无方向性天线本身无法建立与方位一一对应的关系，因此需要采取一定的措施。多普勒 VOR 采用沿一定圆周旋转无方向性天线的相位测角原理，由于旋转天线的多普勒效应，辐射（或接收）的信号频率将被天线的转速所调制，就相当于对信号进行了频率调制，并使信号的相位发生相应变化，产生包络线相位与方位有一定关系的调相辐射场，从中可以确定飞机的方位，因而称为多普勒 VOR（DVOR）。

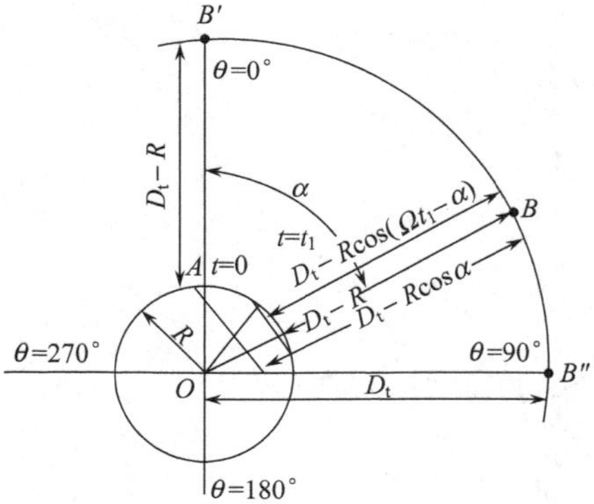

图 5-12 旋转无方向性天线的相位测角原理

图 5-12 绘出了这种 DVOR 的基本工作原理。图中，在圆周中心 O 点的等幅振荡发射机，将高频能量馈送给无方向性天线 A，该天线按角频率 Ω、半径 R 在水平面内进行圆周运动。在此过程中，馈送电流的相位未加任何调制，但由于天线的旋转辐射，在某一距离 B 点处，接收到的是按正弦规律调制的调相信号，其相位随接收点方位的变化而不同，两者是一一对应的连续函数关系 $f=f(\theta)$。

设发射机送给天线的电流按正弦规律变化，即

$$i=I_m\sin\omega t \tag{5-5}$$

并设初始时刻，天线处于方位角 $\theta=0°$的地方。在离开天线旋转中心 O 距离相同（同为 D_t）的各点上，信号相位是不相同的，与天线 A 到观测点 B 的距离或电波传播路程之差有关，是观测点方位 α 和时间 t 的函数，即 B 点接收到的信号为

$$e_B=E_m\sin\omega\left[t-\frac{D_t}{c}+\frac{R}{c}\cos(\Omega t-\alpha)\right] \tag{5-6}$$

因此旋转天线的辐射场是一个调相场，其调相系数为

$$\varphi_m = \frac{\omega R}{c} = \frac{2\pi R}{\lambda_0} \tag{5-7}$$

在 B 点接收到的信号的瞬时频率值，可由对相位的求导得出

$$\omega_B = \frac{d\varphi}{dt} = \omega\left[1 - \frac{\Omega R}{c}\sin(\Omega t - \alpha)\right] \tag{5-8}$$

式（5-8）表明，接收信号的频率是随天线旋转角频率 Ω 按正弦规律变化的，而信号的频偏取决于载频频率、发射天线的旋转角速度和旋转半径，即

$$\Delta\omega = \frac{\omega\Omega R}{c} = \frac{2\pi\Omega R}{\lambda_0} \tag{5-9}$$

接收到 DVOR 信标台的信号，测量出包络线的相位，就可确定飞机相对于信标台的方位。与 CVOR 同理，DVOR 的信标台也必须发射一个恒定的相位信号，作为相位的比较基准。基准相位信号采用调幅方式由载频通道发射出去，并且使基准电压相位和天线旋转相位协调一致。考虑了基准信号之后，在离开地面信标台距离为 x 的 $\theta=\theta_B$ 方位上，接收到的无线电信号为

$$e_B = E_m(1 + m\sin K\Omega t)\cdot\sin\left[\omega t - \frac{\omega D_t}{c} + \frac{\omega R}{c}\cos(\Omega t - \theta_B)\right] \tag{5-10}$$

式中，m 为调幅系数；K 为整数或分数。

飞机上接收指示设备收到上述信号，分离出基准相位信号和可变相位信号，比较它们的相位差，可单值地确定飞机相对于信标台的方位，其工作原理及机载设备都与 CVOR 相同。图 5-13 给出了在不同方位上收到的基准信号与方位信号相位变化的示意图。

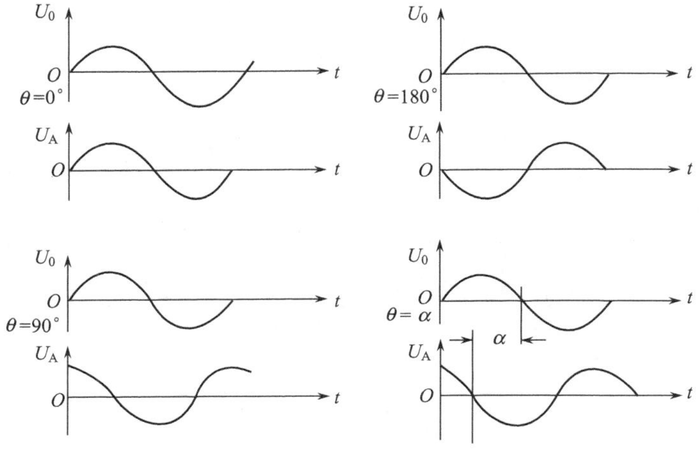

图 5-13 不同方位角上收到的基准信号与方位信号相位变化

5.3 VOR 机载设备

5.3.1 组成与功用

VOR 机载设备包括控制盒、天线、甚高频接收机和指示仪表。尽管有多种型号的机载设备，处理方位信息的方法也各不相同，但它们的基本功能是相似的。如图 5-14 所示为机载设备之间的主要信号连接。

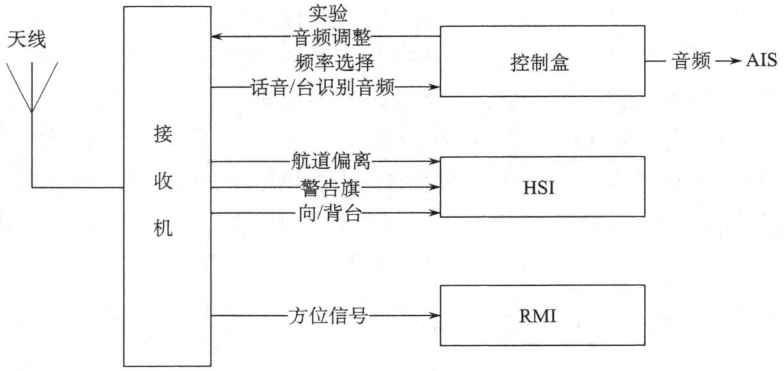

图 5-14　机载设备之间的主要信号连接

1. 控制盒

如图 5-15 所示，在现代飞机上，控制盒是 VOR、ILS、DME 共用的。主要功能如下。

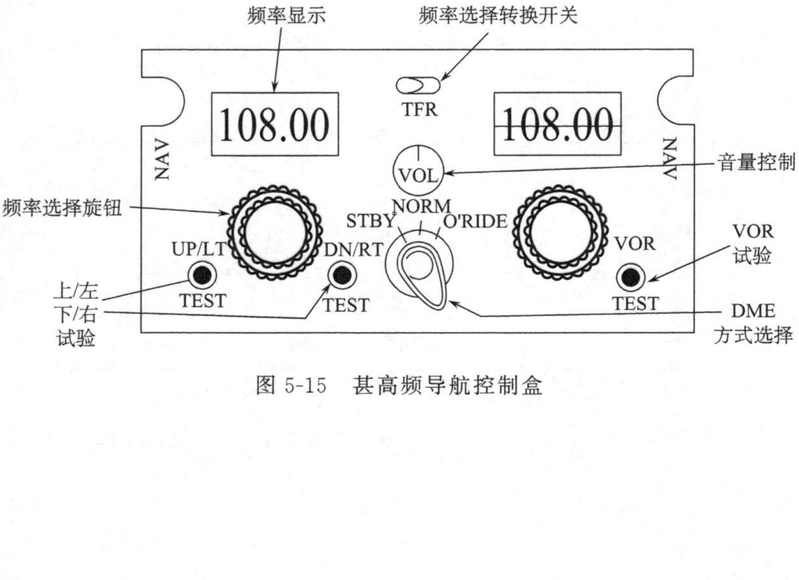

图 5-15　甚高频导航控制盒

（1）频率选择和显示。选择和显示接收信号频率。波道间隔为 50kHz，频率选择范围为 108.00～117.95MHz，共有 200 个波道。在 108.00～111.95MHz 中有 40 个波道用于选择 ILS/LOC 频率。显示窗口只显示选择的 LOC 频率，而与 LOC 配对的下滑信号频率是自动选配的。其配对关系见 14 章中的 LOC 和 GS 的频率配对表。

在选择 VOR、LOC 频率的同时，还自动地选择 DME 的配对频率。

控制盒上可以同时选择两个频率，而使用哪个频率则由频率转换开关控制。

（2）试验按钮。控制盒上有 VOR、ILS（上/左、下/右）和 DME 试验按钮，分别用来检查相应设备的工作性能。

（3）音量控制。音量调节电位计用来调节话音和识别码的音量。话音和识别码信号来自接收机，经音量调整电位计后，输出到音频集成系统。

2. 天线

在多数飞机上，VOR 天线和 LOC 天线是共用的，安装在垂直安定面上或机身的上部，避免机身对电波的阻挡，以提高接收信号的稳定性。VOR 天线的形式多种多样，如蝙蝠翼形天线、环形天线以及改进的“V”形偶极子天线等。不管使用哪种形式的天线，应具有全向水平极化的方向图，能够接收 108.00～117.95MHz 范围内的甚高频信号。

3. VOR 接收机

接收和处理 VOR 台发射的方位信息，包括常规外差式接收机、幅度检波器和相位比较器电路。接收机提供以下的输出信号（图 5-14）：

（1）话音和台识别信号，加到音频集成系统，供飞行员监听。

（2）方位信号，驱动无线电磁指示器 RMI 的指针。

（3）航道偏离信号，驱动水平姿态指示器 HSI 的航道偏离杆。

（4）向/背台信号，驱动 HSI 的向/背指示器。

（5）旗警告信号，驱动 HSI 上的警告旗。

有的 VOR 导航接收机和 ILS 接收机是组合在一起的，因此，接收机中还包括 LOC 横向引导和 GS 垂直引导信号处理电路。当然，在不同型号的设备中，VOR、指点信标、航向信标和下滑信标也可以分成几个单独的接收机或包括在一个接收机中。

4. 指示器

指示器是将接收机提供的导航信息显示给驾驶员，根据指示器提供的指示进行飞机的定位和导航。常用的指示器有两种：RMI 和 HSI。

1）RMI 指标器

RMI 指示器是将罗盘（磁航向）、VOR 方位和 ADF 方位组合在一起的指示器。

两个指针分别指示 VOR-1/ADF-1 和 VOR-2/ADF-2 接收机输出的方位信

息；两个 VOR/ADF 转换开关，分别用来转换输入指针的信号源。

RMI 能够指示四个角度：罗牌由磁航向信号驱动，固定标线（相当于机头方向）对应的罗牌刻度指示飞机的磁航向；指针由 VOR 方位和磁航向的差角信号驱动，固定标线和指针之间的顺时针夹角为相对方位角；指针对应罗牌上的刻度指示为 VOR 方位，它等于磁航向加上相对方位；而指针的尾部对应的罗牌刻度为飞机磁方位，它与 VOR 方位相差 180°。

为了进一步理解 RMI 的指示，在图 5-16 上画出多种飞机的姿态和相应的 RMI 指示。为了使驾驶员像在仪表板上看到的指示器那样，转动指示器使标线出现在上指示器的上部。

图 5-16　在 VOR 台周围 RMI 上的指示

例如，在 VOR 台东南方向的飞机，固定标线对应的罗牌刻度为磁航向 30°，固定标线和指针之间的顺时针夹角为相对方位角 270°，指针对应的罗牌刻度为 VOR 方位 300°，而指针尾部对应罗牌上的刻度为飞机磁方位 120°。

2）HSI 指示器

HSI 指示器是一个组合仪表，如图 5-17 所示。它指示飞机在水平面内的姿态。在 VOR 方式中，航道偏离杆由飞机相对于预选航道的偏离信号驱动，指示飞机偏离预选航道的角度，每点 5°，向/背台指示器由向/背台信号驱动，在向台区飞行时，三角形指向机头方向，在背台区飞行时，三角形指向机尾方向；预选航道指针随 OBS 全方位选择器旋钮转动，指示预选航道的角度。警告旗在输入信号无效时显示出来。

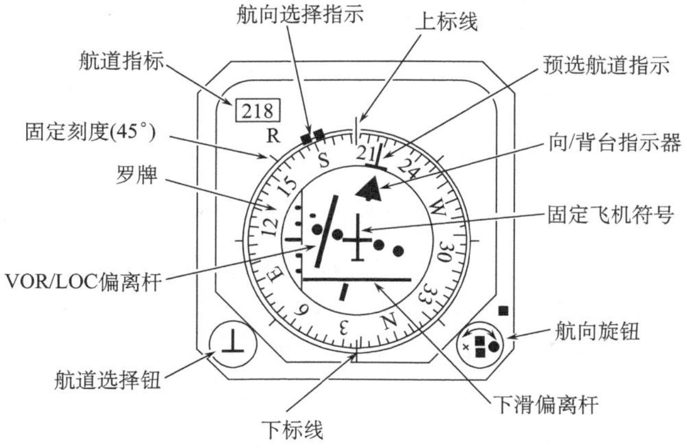

图 5-17 HSI 指示器

在仪表着陆方式，航道偏离杆由 LOC 偏离信号驱动，指示飞机偏离跑道中心线的角度，每点约 1°。而下滑指针指示飞机偏离下滑道的角度，每点约 0.35°。当下滑信号无效时，下滑旗显示出来（在图 5-17 上未画出警告旗）。

5.3.2 航道偏离指示与向/背台指示

1. 航道偏离指示

航道偏离工作方式，也叫人工 VOR。因为它要求驾驶员相对某一个 VOR 台来说选择一条要飞的航道，称为预选航道，预选航道包括两条方向相反的方位线（磁北为基准 0°）。在图 5-18 上示出预选航道为 45°。飞机可以沿着选择的方位线 45°飞离 VOR 台（From）或从所选择的方位线的相反方向 225°飞向 VOR 台（To）。

飞机飞行的方位和预选航道方位相比较，如果两者有区别，HSI 上的航道偏离杆就给驾驶员提供飞右（飞机 *A*）或飞左（飞机 *B*）的指示。实际上，由于两者是相位比较，不管飞机的航向如何，只要飞机在预选航道左边，就提供飞右指示；而在右边，提供飞左指示。

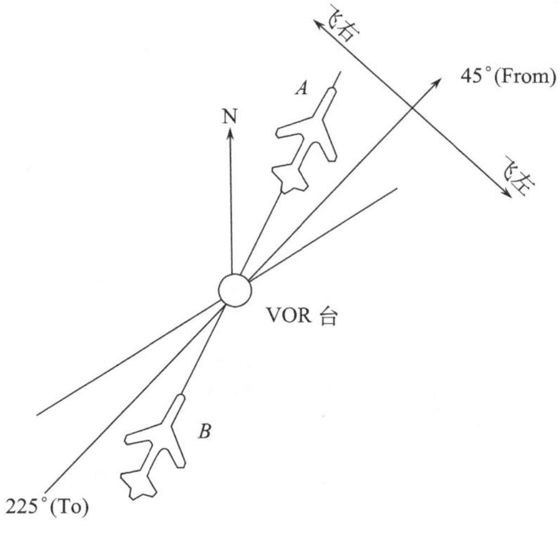

图 5-18 预选航道和偏离指示的关系

预选航道由全向方位选择器选

定，通过移相解算器将基准 30Hz 的相位向后移一个角度，这个角度等于预选航道方位。飞机实际飞行的方位就是可变 30Hz 滞后基准 30Hz 角度（相对磁北），因此，飞左或飞右的指示归结为测量移相后的基准 30Hz 信号和可变 30Hz 信号的相位差。

2. 向/背台指示

当预选航道选定后，飞机可以沿着选定的行道飞离（From）或飞向（To）VOR 台。在这两种情况下，偏离指示器经驾驶员提供的飞左或飞右指示是相同的，这就产生双值性，向/背台指示器的功能就是用来消除这种“模糊性”，指出飞机在预选航道的一边飞行或是在预选航道相反的一边飞行。

图 5-19 给出了一个向/背台指示的例子。过 VOR 台作一条预选航道(30°～210°）的正交线 *A-B*，*A-B* 线为向/背台指示的分界线。如果预选航道方位是 30°，则飞机在 *A-B* 线的右上方，不论飞机的航向如何，均指背台（From）；相反，飞机在 *A-B* 线的左下方，则指向台（To）。若预选航道为 210°，则在 *A-B* 线的右上方，指向台；而在 *A-B* 线的左下方，指背台。由此可见，向/背台指示与飞机的航向无关，只取决于预选航道方位和飞机所在径向方位的差角。

向/背台指示电路工作的基本原理仍然是测量基准 30Hz 和可变 30Hz 信号的相位差。经 OBS 移相后的基准 30Hz（相移角度等于预选航道方位）和可变相位

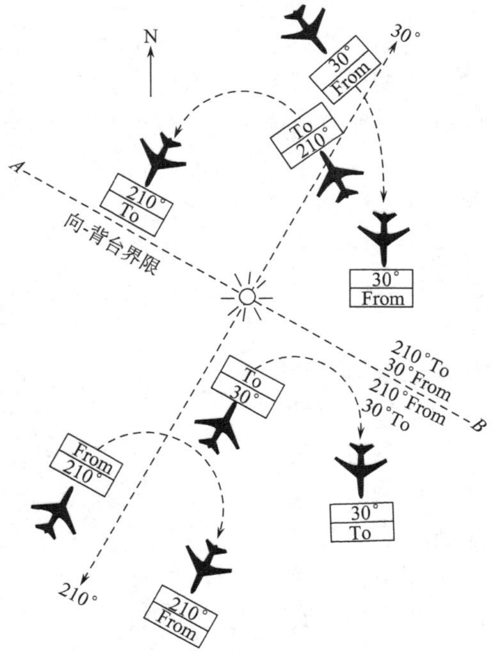

图 5-19 向/背台（To/From）指示

30Hz（飞机所在的方位）一起加到向/背台相位比较器，相位比较器输出直流电压加到向/背台指示器。当两个 30Hz 相位差小于±90°时，输出直流电压为负，指背台；大于±90°时，输出直流电压为正，指向台。

本章思考题

1. 甚高频导航系统的工作频率范围及其如何分配。
2. 试述传统导航方式利用 VOR 进行导航的过程。
3. VOR 系统的工作原理。
4. 航道偏离指示和向/背台指示的含义。

第6章 测 距 机

6.1 概 述

测距机DME是在第二次世界大战期间随着雷达的出现而发展起来的，借鉴了一次雷达测距的原理，采用二次雷达的工作方式，分为普通测距机DME和精密测距机PDME。两种系统在原理和组成上十分相似，但产生于不同的历史时期，有着不同的用途及信号覆盖范围。

美国于1955年开发了塔康（TACAN）系统，其与民用伏尔组合构成伏塔克系统。1956年伏塔克系统被ICAO所采纳，1959年确定了与TACAN兼容的普通测距机的国际标准。PDME是随着MLS而产生的。1978年4月ICAO选取时间基准波束扫描的微波着陆系统作为新一代国际标准着陆系统，1982年制定了双脉冲双模式精密测距器DPDM的技术方案及规范，并于1985年正式批准为国际标准。

DME主要用作航路和终端区的导航，可以与VOR联合组成VOR/DME近程导航系统，还可以协助ILS进行进场着陆的引导；PDME作为MLS的组成部分，进行飞机精密进场着陆的引导。一般情况下，航路用DME的覆盖范围不小于200 n mile，终端用DME的覆盖范围不小于60 n mile，而PDME的覆盖范围在22 n mile以上。

两种DME都采用脉冲调制方式测距，测距询问和测距应答信号都是载频调制的脉冲对信号，具有一定的时间间隔，以使系统工作不易受随机干扰信号的影响。PDME还进一步采用了双模式工作，即起始进近IA模式和最后进近FA模式，IA用于保证两种测距系统的兼容性，而FA提供精密测距器所需要的高精度。一般距地面台7n mile以内的范围属于FA工作的区域；当飞机距地面台8n mile时，开始从IA向FA过渡；在过渡区域（8～7n mile）两种模式的询问被交替发射，当FA达到足够的应答频率时，机上询问器的工作自动地从IA模式过渡到FA模式。

两种系统的主要差别在于测距精度，PDME比DME高得多。DME的系统误差一般不超过±370m（2σ）。PDME有两种精度标准，标准1适合常规起落飞机的引导要求，标准2适合对垂直起落和短距离起落飞机的引导，要求在MLS的基准数据点处，标准1、标准2应分别达到航道跟随误差不大于±30m（2σ）、±12m（2σ），控制运动噪声误差分别不大于±18m（2σ）、±12m（2σ）。

TACAN 是一种军用航空 ρ-θ 导航系统。由于 TACAN 与 DME 系统具有相同的测距功能，因此，TACAN 系统的机载设备与 DME 系统的地面设备，或者 DME 系统机载设备与 TACAN 系统的地面信标可以互相配合工作，两者完全相容。在这种情况下，民用飞机的 DME 询问器可从 TACAN 信标获得距离信息，机载 VOR 接收机从 VOR 地面台获得方位信息；而军用飞机从 TACAN 地面信标同时获得距离和方位信息。这样，军民两种飞机可获得各自所需要的导航信息，从 ATC 的角度看两种飞机可纳入统一的 ATC 网，从而有效地利用空域。

6.1.1 测距机的功用

如图 6-1 所示，测距机测量的是飞机到地面测距台的斜距 R。通常，大型飞机的飞行高度在 30000ft 左右，当飞机与测距台的距离在 35n mile 以上时，所测得的斜距与实际水平距离 R_0 的误差小于 1%；当飞机在着陆进近的过程中离测距台的距离小于 30n mile 时，其飞行高度通常也已降低（如距离为 6n mile 时高度为 5000ft），因而所测得的斜距与水平距离的误差仍然为 1%左右，所以在实用中把斜距称为距离是可以接受的。只有在飞机保持较高的高度平飞接近测距台的情况下，斜距与实际水平距离之间才会出现较明显的误差。

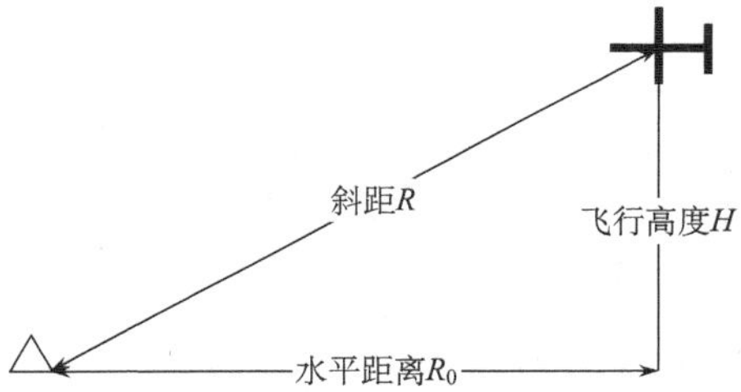

图 6-1 飞机到测距台的斜距

DME 提供的斜距信息在飞机导航中可以有多种用途。

在现代飞机无线电导航中，利用测距机所提供的距离信息，结合全向信标系统所提供的方位信息，即可按 ρ-θ 定位方法确定飞机的位置，因此，地面测距台往往是和 VOR 同台安装的。同样，利用所测得的飞机到两个或三个测距台的距离，也可按 ρ-ρ 或 ρ-ρ-ρ 定位方法进行定位。DME 作为自动飞行控制系统的传感器所提供的距离信息，送到飞行管理计算机系统用于飞机的精确定位。

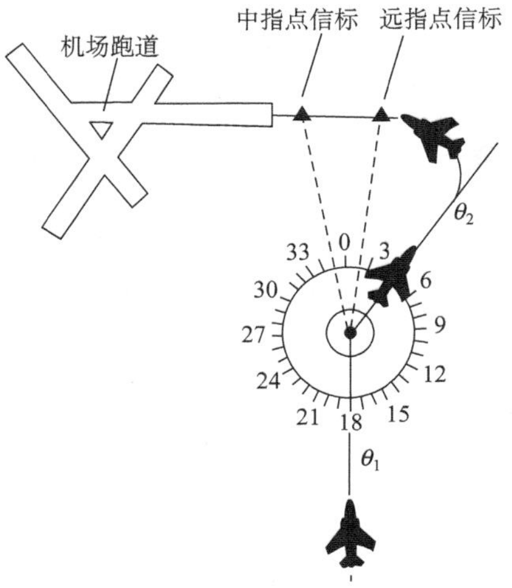

图 6-2 利用 DME 使飞机进近到机场

如果利用机场测距台和机场 VOR 台，则可以实现对飞机的进近到机场的引导。如图 6-2 所示，在某些情况下，驾驶员可利用 DME 提供的距离信息操纵飞机以某

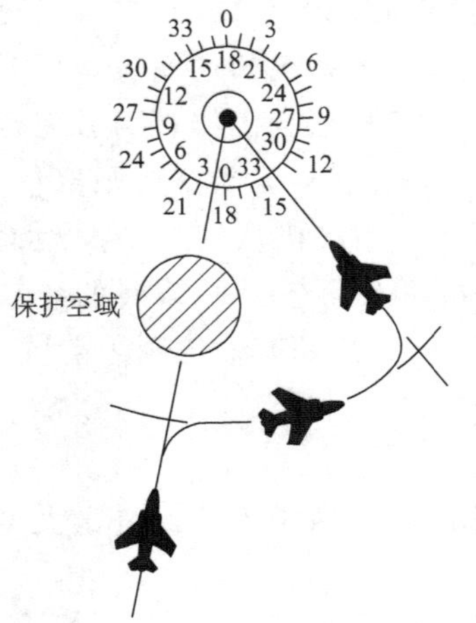

图 6-3 利用 DME 避开保护空域

个方位飞向 DME/VOR 信标台，然后转弯以便在新的方位上飞行到某个位置时再做圆周飞行，使飞机最后进入着陆航向。

有时驾驶员为了避开某个空中禁区，可以操纵飞机在距空中禁区某一距离上做圆周飞行，待飞到一个新的径线方位时，再朝向 DME/VOR 信标台飞行，如图 6-3 所示。

驾驶员可根据航站 DME 所提供的距离信息，保持 DME 距离指示器读数为常数，即做圆周飞行，以等待进场着陆。

飞机在飞行中，DME 询问器连续地测量到所选地面信标台的斜距。当然，这个斜距是随飞机接近或离开信标台而变化的。因此，测量斜距的变化率就可给出飞机接近或离开信标台的速度。由 DME 询问器所测得的这个速度叫做地速。显然，若飞机以信标台为圆心做圆周飞行时，DME 距离指示器上指示的地速为零。

6.1.2 测距机的频率及 X、Y 波道的划分

机载测距机的询问频率范围为 1025～1150MHz，地面测距台的应答频率范围为 962～1213MHz。地面信标台与机载询问机的波道间隔均为 1MHz，测距机的询问频率和测距信标台的应答频率相差 63MHz，即测距信标台的发射频率比询问频率高或低 63MHz。

1. XY 波道

在 252 个波道中，所采用的脉冲对的时间间隔有两种，分别称为 X 波道和 Y 波道，X 波道的询问脉冲对间隔为 12μs，应答脉冲对间隔与询问脉冲对间隔

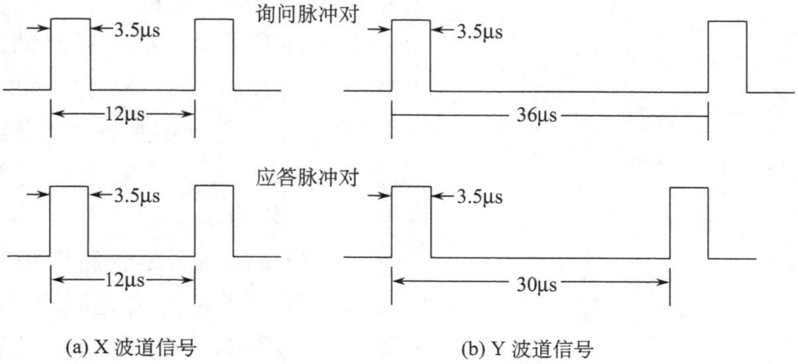

图 6-4 X、Y 波道的脉冲对信号

一致，也是 12μs，如图 6-4（a）所示；Y 波道的询问脉冲对间隔为 36μs，但应答脉冲对的间隔则为 30μs，与询问脉冲间隔是不同的，如图 6-4（b）所示。所有询问及应答脉冲的宽度均为 3.5μs。

2. 频率安排

X、Y 波道的询问频率与应答频率关系如图 6-5 所示。在 1025～1150MHz 范围中，波道间隔为 1MHz，共可安排 126 个询问频率。采用 X、Y 波道安排，则共有 252 个应答波道，分别称为 1X～126X 和 1Y～126Y 波道。

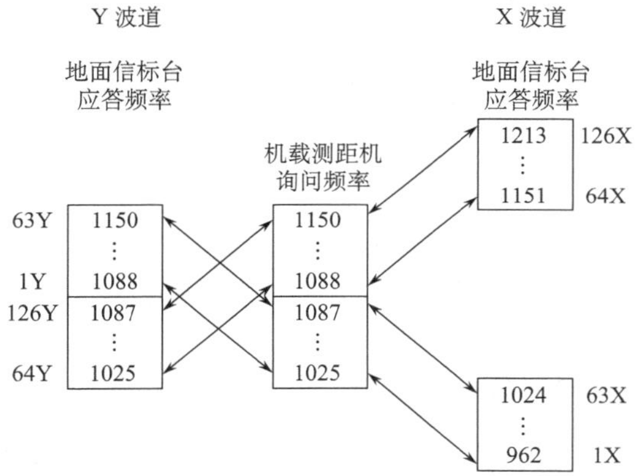

图 6-5　X、Y 波道安排

对民用测距台来说，这 252 个波道中的 52 个是不用的。所不采用的波道是 1～16X、Y 和 60～69X、Y。这是因为：①测距机通常是和 VOR 与 ILS 连用的，而 VOR 和 ILS 一共只有 200 个波道，所以测距机也只需要 200 个波道与之配对使用；②由于测距机和 ATC 应答机工作在同一频段，尽管两者采用了不同的脉冲编码，测距机还是应当避开 ATC 应答机所使用的 1030MHz 频率和 1090MHz 频率，以避免可能产生的相互干扰。

对于精密测距机，在 X、Y 编码的基础上又增加了 W、Z 两种编码方式，这样，PDME 有 X、Y、W 和 Z 共四种编码方式。

3. 测距机与甚高频导航系统的频率配对关系

测距机的 200 个波道与 VOR 和 ILS 的频率配对关系如表 6-1 所示。由表可知，当在甚高频控制盒上选择一个 VOR 频率或者 ILS 频率后，总是同时确定了与之配对使用的测距机的工作频率。如果选用的是 108.10～111.95MHz 的十分位小数是奇数的 ILS 频率，则在调定频率选择旋钮之后，航向接收机、测距机及下滑接收机三者的频率均被调谐到相应的波道上。

表 6-1 频率配对关系

甚高频导航频率/MHz	波道分配	TACAN 波道
108.00	VOR	17X
108.05	VOR	17Y
108.10	LOC	18X
108.15	LOC	18Y
108.20	VOR	19X
⋮	⋮	⋮
111.95	LOC	56Y
112.00	VOR	57X
112.05	VOR	57Y
112.10	VOR	58X
⋮	⋮	⋮
112.25	VOR	59Y
112.30	VOR	70X
⋮	⋮	⋮
117.95	VOR	126Y

6.1.3 测距范围和距离分辨力

1. 测距范围

脉冲测距系统的测距范围与该系统测距所使用的脉冲重复频率有关。脉冲重复频率 f_r 等于脉冲重复周期 T_r 的倒数，即

$$f_r=\frac{1}{T_r} \tag{6-1}$$

由式（6-1）可知，脉冲测距系统的最大单值测距范围是由脉冲重复周期 T_r 决定的。当测得的目标回波时延 t_R 等于脉冲重复周期 T_r 时，所对应测得的距离就是测距系统的测距范围，或叫做最大作用距离 R_{max}，即

$$R_{max}=\frac{c}{2}T_r=\frac{c}{2f_r} \tag{6-2}$$

可见，最大作用距离是与脉冲重复频率成反比的。为了保证测距的单值性，脉冲测距系统的脉冲重复周期所对应的距离大约是作用距离的 1.2 倍。脉冲重复频率在 50～5000Hz。

2. 距离分辨力

距离分辨力指测距系统对同一个方向上相邻两个目标可分辨的最小距离，通常用 ΔR_c 来表示。距离分辨力越高，ΔR_c 越小。如图 6-6 所示，在测距系统看去的直线上有两个目标，距离间隔为 R（m）。由于脉冲往返时间 1μs 相当于 150m 距离，若发射脉冲宽度为 τ（μs），则相当于往返 150τ（m）距离，如图 6-

6 (a) 所示。当目标 1 和目标 2 相距甚远时，由两个目标反射回来的回波是清晰可分的两个脉冲，其间隔距 $R \geqslant 150\tau$ (m)，如图 6-6 (b) 所示。当目标 1 和目标 2 逐渐接近，$R < 150\tau$ (m) 时，从第一个目标反射回来的回波尚未结束之前，从第二个目标反射回来的回波已来到，故两个回波将重叠起来，分不出是两个回波，如图 6-6 (c) 所示。这就是距离分辨力的概念。必须指出，距离分辨力与发射脉冲宽度、光点直径和测距方法有关。脉冲宽度越宽，光点直径越大，距离分辨力越差。

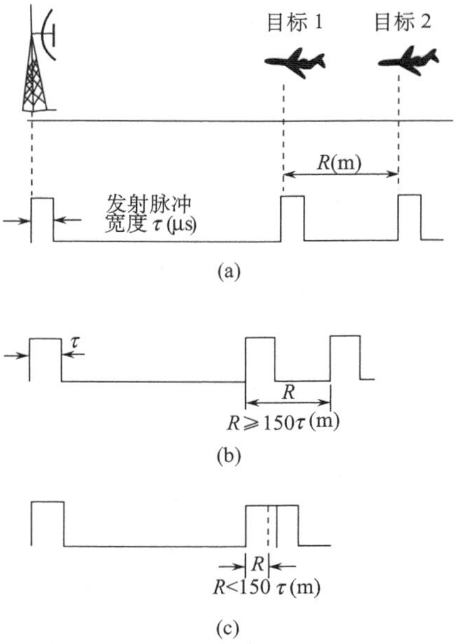

图 6-6 距离分辨力示意图

3. 最小可测距离

所谓最小可测距离是指测距机能测量的最近目标的距离。一般脉冲测距系统的地面设备发射与接收共用一个天线，因此在发射脉冲宽度 τ 时间内，接收机是关闭的，不能测距；另外，由于发射脉冲过后，天线收发开关恢复接收状态，也需要一段时间 t_0，在 t_0 时间内，测距机同样无法测距。因此，测距系统的最小可测距离 $R_{\min}$ 为

$$R_{\min} = \frac{1}{2}c(\tau + t_0) \tag{6-3}$$

式中，τ 为发射脉冲宽度；t_0 为天线收发开关恢复时间；$R_{\min}$ 为飞机到信标台的最小可测距离。

4. 基本技术参数

为了对测距机的性能有一个初步的数量概念，表 6-2 给出了测距机的几种主要参数的数量范围。各型测距机还会有一些特定的技术参数，参数的具体数值也会有所差异。

表 6-2 测距机主要参数

发射频率	1025～1150MHz
频率稳定度	$\pm 10^{-5}$ 以上
发射功率	700W（标称值）
询问率	搜索时 40～150 对/s 跟踪时 10～30 对/s
接收频率	962～1213MHz
灵敏度	−93～90dB/mW

续表

测距范围	正常时为0～200nm 超控可达300～390nm 还有些设备为－1～320nm
测距精度	0.075～0.3nm
动态范围	0～2000nm
记忆时间	4～12s
音频输出	12～75mW

6.2 工作原理

6.2.1 测距机系统的工作概况

飞机上通常装备两套相同的测距机，通过询问应答方式来测量距离。如图6-7所示，机载测距机内的发射电路产生射频询问脉冲对信号，通过无方向性天线辐射出去；测距信标台的接收机收到这一询问信号后，经过50μs的延迟，由其发射机产生相应的“应答”信号发射；机载测距机在接收到地面射频脉冲对应答信号后，即可由距离计算电路根据询问脉冲与应答脉冲之间的时间延迟t，计算出飞机到测距信标台之间的视线距离。因此，也可以把机载测距机称为询问器，而把地面测距信标台称为应答器，或简称为信标台；通常所说的测距机是指机载询问器。由上述可知，地面测距台和机载询问器都包含有发射电路和接收电路。

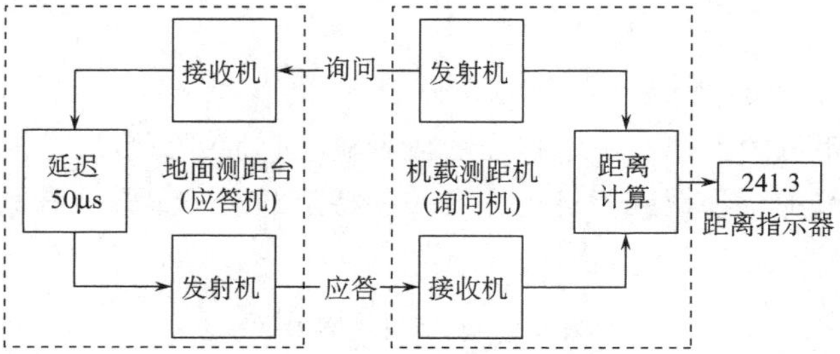

图6-7　测距系统

50μs延迟通常称为主延迟。其作用是：①使对询问的应答时间统一；②可读出距离指示器0n mile处（相应于地面信标台所在机场跑道的接地点处）。因此，50μs延迟也叫做零海里延迟。

测距电路从发出询问至接收到应答，测到的总时延为t_T，而信号在距离R

内的单程传播时间为 t_R，系统固定时延（从信标台接收到询问信号到发出应答信号）设为 t_0，则由 $R=ct_R$，所以

$$t_T = 2t_R + t_0 = \frac{2R}{c} + t_0$$

$$R = \frac{c}{2}(t_T - t_0) \tag{6-4}$$

由式（6-4）可知，当 t_0 为已知时，只要测得 t_T，便可计算出飞机到达地面信标台的距离 R。

1. 机载测距机的询问

接通测距机的电源，在频率控制盒上把频率调到所需的测距信标台的工作频道上，测距机即可正常工作。所选择的频率/信道可以是 252 个信道中的任何一个信道。但是，只有当飞机进入了系统的有效作用范围，在测距机接收到一定数量的测距信标台所发射的脉冲对信号的情况下，测距机才会产生脉冲对询问信号发射，以使测距信标台产生相应的应答信号。

测距机所产生的询问脉冲信号的重复频率是变化的。当测距机处于跟踪状态时，询问脉冲信号的平均重复频率较低，通常在 10～30 次/s；当测距机处于搜索状态时，询问重复频率较高，一般为 40～150 对/s。典型测距机在跟踪状态的平均询问率为 22.5 对/s，在搜索状态为 90 对/s。现代机载测距机的询问率较低，搜索时可以为 40 对/s，跟踪时则可以低至 10 对/s。

不论测距机是在搜索状态还是在跟踪状态，也不论是模拟式的测距机还是先进的数字式测距机，其询问重复频率都是围绕一个平均值随机抖动的。采用随机抖动重复频率询问的原理在后面说明。

由于飞机上的测距机和空中交通管制应答机都工作于 L 频段，所以不应同时发射信号，以免相互干扰。为此，当一台测距机发射时，该机所产生的约 30μs 宽的抑制波门立即通过互连的同轴电缆，加到两台 ATC 应答机和另一台测距机，以抑制其发射；反之亦然。

2. 测距信标台的应答

1）询问应答与断续发射

测距信标台在接收到询问信号后，经过 50μs 的延迟，便产生相应的应答信号发射，以供机载测距机计算距离，这就是询问应答信号。应答信号和询问信号一样，也是射频脉冲对信号。

地面测距台应能为进入有效作用范围的所有飞机的测距机提供询问应答信号。这样就产生了一个问题，即有时测距信标台会接收到许多架飞机测距机的询问信号，因而要产生很密集的应答脉冲对；有时又可能只有很少的飞机测距机询问，因而只需产生很少的应答脉冲对；甚至有时还会出现没有测距机询问的情

况。为了使测距信标台保持在它的最佳工作状态，且不致因应答重复频率太高而使发射机过载，应使应答重复频率基本保持不变。应答脉冲重复频率一般规定在1000～2700对/s的范围内。TACAN系统则必须维持为2700对/s。

2）应答抑制

所谓抑制，是指测距信标台在接收到一次询问脉冲对后，使信标接收机抑制一段时间，抑制的时间一般为60μs，特殊情况下可达150μs。在抑制的寂静期中，信标台不能接收询问脉冲。

3）测距信标台的识别信号

为了便于机组判别正在测距的信标台是否是所选定的信标台，信标台以莫尔斯电码发射三个字母的识别信号。识别信号由点、划组成，点持续0.1～0.125s，划持续0.3～0.375s。在点、划持续期内，信标发射机发射1350对/s的等间隔脉冲对，而不是随机脉冲对。在点、划之间的空隙内，仍发射随机间隔的脉冲对。

识别信号每隔30s发射一次，每次所占用的时间不超过4s。

识别信号使机载测距机产生相应的由点、划组成的1350Hz音频识别码输出。

3. 测距机的接收

机载测距机在每发射一对询问脉冲后即转入接收状态。所接收的信号中，既可能有测距信标台对自己询问的应答信号，也包括信标台对众多的其他飞机测距机的应答脉冲，此外还包括信标台的断续发射脉冲信号及识别信号。

6.2.2 机载设备工作概况

1. 信号产生与处理过程

测距机的电路可以分成发射电路、接收电路和距离计算电路三个基本组成部分，分别用以完成产生射频脉冲询问信号、接收处理应答信号和进行距离计算三项基本任务。图6-8是表示上述基本功能电路及其相互关系的原理方框图。

1）射频产生与频率调谐

测距机的射频信号由频率合成器产生，具有较高的频率稳定度和频率准确度。在控制盒上选定甚高频导航系统的频率后，频率选择信息在输往甚高频导航接收机的同时，加至测距机，以选择测距机的工作频率。在这一频率调谐信息的控制下，频率合成器产生所指定波道的稳定射频振荡，注入发射机。经过调制等处理后形成询问射频信号，再经环流器输往天线发射。询问信号的频率为1025～1150MHz波段中与所选择的甚高频导航波道所配对的测距频率。与此同时，频率合成器形成的这一射频信号也输往接收机，作为本机振荡信号。由于测距机的本振频率等于询问发射频率，所以当接收机收到地面测距台所发射的962～

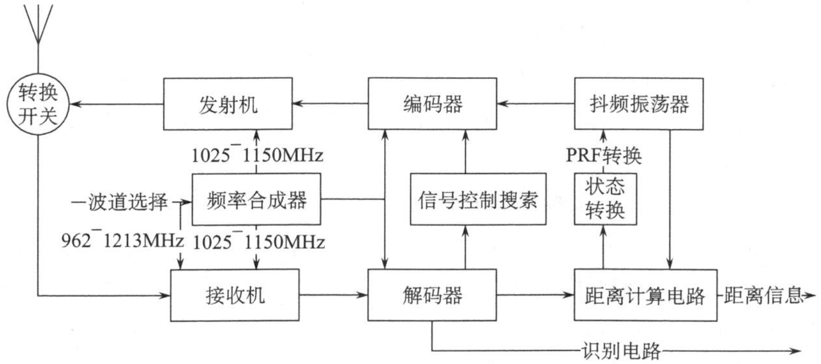

图 6-8 机载测距机系统方框图

1213MHz 的应答信号后，总可以在混频后得到准确的 63MHz 中频信号。

频率合成电路除产生上述稳定射频信号注入发射电路和接收电路外，还产生 X、Y 波道信息输往发射电路中的编码电路，以控制脉冲对的间隔，实现波道选择。同样，X、Y 波道信息也加到接收通道中的解码电路，以鉴别所接收的应答信号的脉冲间隔是否符合所选择波道的模式。

调谐信号的另一个作用是直接加至接收电路，以将相应的高频电路调谐到所选择的工作频率上。

2）发射信号及其重复频率控制

询问发射信号的射频频率由频率合成器决定，其信号波形和脉冲重复频率则由脉冲重复频率控制电路和编码调制电路控制。

编码电路和脉冲重复频率控制电路的主要功用是产生一定重复频率的脉冲对，以对发射信号进行调制。所产生的脉冲对的重复频率不是固定不变的，而是随机抖动的。重复频率的平均值由状态控制电路控制，在搜索状态时较高，在跟踪状态时较低。脉冲的间隔由编码电路控制，取决于波道调谐信号。所形成的一定间隔的、重复频率抖动的脉冲对信号输往发射电路中的调制器。

这部分电路的另一功用是决定询问器是否产生询问射频信号发射。前已说明，这是由询问器所接收到的地面信标台脉冲数决定的。当接收到的脉冲数超过 450 对/s（有的设备为 650 对/s）时，自动等待电路就使编码电路正常工作，产生一定重复频率的脉冲对信号，去触发发射电路产生询问射频脉冲信号发射。

在编码电路的控制下，发射调制电路形成射频脉冲对询问信号。信号的波形及功率符合系统的整体要求。发射电路中的功率放大器一般采用功率合成器的形式。

在询问发射期间，抑制电路产生内抑制信号抑制本询问器的接收电路，同时产生外抑制信号输往另一部测距机及空中交通管制应答机，以抑制其发射。

3）应答信号的接收与处理

测距机的接收电路用以对所接收到的应答信号进行接收处理。这部分电路大体上可以分成超外差式接收电路和解码电路两部分功能电路。解码电路也可以叫做视频处理电路。

在发射电路发射射频脉冲对询问信号后，接收电路即开始工作。天线所接收的应答信号经环流器后进入接收通道。在频率选择信号的控制下，接收通道中的预选回路调谐在所选择波道的相应接收频率——应答频率上，从而从纷杂的射频信号中选取出测距信标台射频应答信号，抑制其他射频干扰信号和杂波。所接收的射频应答信号与来自频率合成器的本机振荡信号相混频后，产生63MHz的中频信号，并在中频电路中得到进一步的放大，最后经检波得到视频脉冲对信号输往视频处理电路——解码电路。

解码电路的主要功用是对视频脉冲对信号的脉冲间隔及幅度进行检测，以判明所接收的信号是否有效，是否与本测距机的询问模式相符合，以便从众多的应答信号中选取出针对本测距机询问的应答脉冲。输出的应答脉冲输往距离计算电路，以进行距离计算。

视频信号中的测距信标台识别信号经视频处理电路后，经过1350Hz滤波处理，输往机上音频内话系统，以供机组识别地面测距台。

2. 距离测量与状态转换

测距机在进入正常的距离测量状态，跟踪飞机距离的变化提供距离读数之前，需经历自动等待、搜索、预跟踪等进程。在距离测量过程中，同样也会因信号状态的变化进入记忆或者回到搜索状态。所以，测距机的实际工作状态可能是上述自动等待、搜索、预跟踪、跟踪或者记忆状态中的一种。有的状态，如预跟踪，在有的设备中可能是不存在的；不同设备的状态转换准则参数也可能会有所差别，但各种工作状态及其转换准则是基本相同的。

1）自动等待

在空中接通测距机的电源、选定波道后，测距机即工作于自动等待状态。

在自动等待状态，测距机的接收电路正常工作，但发射部分是被抑制的。接收处理电路接收来自测距信标台的脉冲信号，并计算所接收到的脉冲对数。在飞机接近测距信标台的过程中，测距机所接收到的射频脉冲信号电平逐渐增高，所接收到的有效脉冲对数会随之增加。当所接收到的脉冲对数超过450对/s时，表明飞机已进入了有效测距范围，测距机中的自动等待控制电路就触发编码发射电路开始发射询问信号，使测距机由自动等待状态转为搜索状态。

2）搜索

所谓搜索，是指机载测距机在不断发射询问信号的过程中搜寻测距信标台对自己询问的应答信号，并初步确定这一应答信号相对于发射时刻 t_0 的间隔时间。

在搜索状态，测距机所产生的询问信号的平均重复频率较高，典型的测距机为 90 对/s、40 对/s 等。在这些询问脉冲对中，有的得到了应答，有的则得不到应答。在众多的机载询问器同时向同一个地面测距台询问的情况下，某一机载测距机所接收到的信号中除了有对自己询问的应答信号外，还包括测距台对其他飞机的应答信号。接收处理和距离计算电路对所接收的信号进行鉴别，以识别出测距台对自己询问的应答信号。这一识别过程，就是搜索。一旦识别出对自己的应答脉冲，距离计算电路便计算出它与发射脉冲间的时间间隔，并在第二次询问后在同一时间间隔处产生一个距离波门，以等待第二次应答脉冲的到来。如果第二次应答脉冲进入了该距离波门，则表明测距机在发射脉冲后的同一时刻处识别出对自己的应答脉冲。这样，由距离波门在时间轴上的位置即可初步确定飞机的距离。如果在连续的 15 次询问中识别出 7 次对自己的应答信号，测距机即可结束搜索，转入预跟踪状态。

3）预跟踪

进入预跟踪状态后，测距机继续进行上述询问-接收识别过程。其询问仍然维持较高的询问率 90 对/s。

距离计算电路所产生的距离波门与发射时刻 t_0 的时间间隔 T，对应于飞机距测距信标台的距离，因而所接收到的同步应答脉冲总是处在这一距离波门之中。在 4s 的预跟踪过程中，距离计算电路根据飞机的运动速度以及运动方向(是向台还是背台)，不断微调距离波门的位置，以使所接收到的后续应答信号处在距离波门的中心。根据距离波门与发射时刻 t_0 的时间差，测距机提供有效的距离信息。

4）跟踪

在经历 4s 的预跟踪状态后，测距机进入正常的跟踪状态。在跟踪状态，随着飞机与测距信标台距离的变化，应答脉冲与询问脉冲发射时刻 t_0 之间的时间间隔随之改变，此时距离计算电路所产生的距离波门精确地跟踪应答脉冲，所提供的距离信息输往显示器，显示出飞机的距离读数。距离读数跟踪飞机距离的变化，随之不断更新。

由于已经进入了正常的跟踪状态，所以询问率可以远较搜索状态低，通常是从搜索状态的 90 对/s 降为 22.5 对/s，或者从 40 对/s 降为 12 对/s。

5）记忆

若在跟踪状态由于某种原因而使上述“7/15”准则得不到满足，则测距机将转为记忆状态。

当测距机进入记忆状态后，距离计算电路按照进入记忆状态时的飞机速度和方向更新距离信息。此时距离显示器所显示的距离读数继续更新。一旦信号重新获得，测距机即由记忆状态返回跟踪状态，按照所获取的应答信号计算飞机的实际距离。如果记忆状态持续 4～12s（典型时间为 11.4s）仍不能重新获得有效的应答信号，则测距机将转为搜索状态，脉冲询问率又增加到 90 对/s。

上述状态转换准则“7/15”在不同的设备中不是固定不变的，可以根据设计要求取用其他数值，如“4/1 6”等。

图 6-9 表示了典型测距机的各种工作状态及其转换准则、关系。图中的 Rx 代表接收电路，Tx 代表发射电路，PRF 为平均询问重复频率，箭头表示工作状态的转换关系，箭头旁的说明为状态转换的条件或准则。

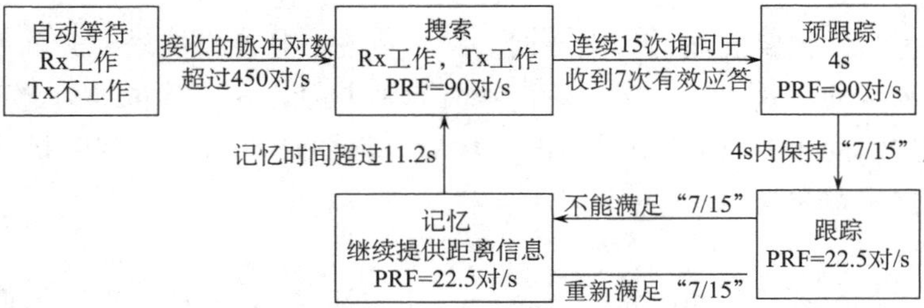

图 6-9 工作状态及其转换关系

6.3 DME 的主要技术

6.3.1 地面信标台过载与欠载问题

前已说明，机载测距机是在接收到一定数量的地面台所发射的脉冲信号后，才开始发射询问信号的。如果地面测距台只能在接收到询问信号后才发射应答信号，那么当只有一架飞机进入测距台作用范围时，就会出现测距台因为没有询问信号而不发射应答信号，而测距机又因接收不到一定数量的脉冲信号而不可能发射询问信号的情况。这就是地面信标台的过载与欠载问题。

前面阐述过，DME 系统的地面信标台通常设计为能同时为 100 架飞机提供服务，且一般假定这 100 架飞机有 95％处于跟踪状态，5％处于搜索状态。在现代 DME 系统中，询问器询问脉冲对的重复频率范围为

搜索时：$f_S=40\sim150$ 脉冲对/s（平均）

跟踪时：$f_T=10\sim30$ 脉冲对/s（平均）

故地面信标台应答脉冲对的重复频率范围为

$$(95\times10+5\times40)\sim(95\times30+5\times150)=1150\sim3600(\text{脉冲对}/\text{s})$$

一般可认为，地面信标台满载时平均脉冲重复频率在 1000～2700 脉冲对/s

范围之内。

DME 系统在运行过程中，往往会由于在信标台覆盖范围内飞机数量的多少，以及机载询问器和地面信标的不同工作状态而可能造成地面信标台的过载或欠载，使地面信标台不能处于最佳运用状态，进而影响 DME 系统的正常运行。因此，防止信标台的过载和欠载是 DME 系统测距中必须解决的一个特殊问题。

1. 过载问题

如果地面信标台周围有多于 100 架飞机询问，或者虽然只有 100 架飞机询问，但地面信标台暂时有故障，于是这 100 架飞机的询问器将都处于搜索状态。一旦地面信标台恢复正常工作时，它将接收到 100×(40～150)＝4000～15000（脉冲对/s）。可见，以上两种情况都将超过地面信标台的最大工作容量，造成信标台的过载。在 DME 系统中为了消除过载现象，通常采取以下两个措施。

(1) 在地面信标台接收机中设置 AGC 电路，其作用是在信标台过载时自动降低接收机的灵敏度，限制应答器的应答，保证信标发射机工作不超过最大可允许的范围。在询问飞机达到 100 架时，由询问触发的应答率已达到满负荷值 2700 对/s，此时信标台接收机的灵敏度降至最低，任何噪声均不再能超过门限而触发应答，此时发射机所产生的全部是询问应答脉冲对。如果发出询问的飞机太多，则信标台接收机的灵敏度还会有所下降，以维持应答率不超出规定值。此时，较远飞机的测距机所发出的询问信号较弱，就可能不够触发信标台产生应答信号，因而不能正常测距。

(2) 自动等待。所谓自动等待，就是只有 DME 系统的询问器接收到地面信标台发射的一定数量的填充脉冲时，它才开始搜索并发射询问信号。询问器何时开始并发射询问脉冲对，取决于接收的平均信号电平或所接收信号的脉冲重复频率是否超过某个预定值。若飞机处于询问器所调谐的地面信标台的服务范围之外，这时由于询问器接收不到信号而被自动等待电路封锁；直到它进入地面信标台的服务范围之内，且接收到的信号符合预定值时，才开始搜索和发送询问。这样可保证机载询问器和地面信标台都工作在有效状态，防止在信标台服务范围之外、但调谐到该信标台的飞机的询问，影响信标台对服务范围之内的飞机提供的有效服务，或可能由此而造成的信标过载。从这个意义上来说，就是从询问器的设计上来保证地面信标能以固定的发送脉冲重复频率工作。

2. 欠载问题

与过载情况相反，若信标台周围有少于 100 架飞机询问，或者虽然信标台周围有足够数量的飞机，但它们是在信标的作用范围之外，询问器均处于自动等待状态，这实际上相当于没有飞机询问，以上两种情况都会使信标台的工作容量不足而处于欠载状态。还有另外一种必须加以考虑的情况：就是当地面信标台刚投入使用，或者飞机在经过一段停飞时间后第一次飞行接近信标台时的情形。这时会出现所谓“先有鸡与先有蛋”的问题，也就是说，地面信标除非已接收到询问信号，否则不予应答；而机载询问器除非已收到信号，否则不做询问。在DME系统中，为了避免信标在欠载状态时工作，并打破和消除可能出现的“你等我问，我等你答”的僵局，通常将地面信标台设计为能在固定的脉冲重复频率状态工作。这就是不管信标将要为多少询问飞机提供服务，都连续地发送2700脉冲对/s。地面信标台采用了噪声“填充脉冲”技术，以使信标台发送脉冲重复频率总是为常数。信标台可利用其装置的自动增益控制电路（AGC）来获得这一特性。该电路能根据询问脉冲的数目，自动地控制“噪声产生器”的增益。例如，若无飞机询问，噪声产生器的增益最高，以使其产生2700对/s的填充脉冲，或叫做随机脉冲对；如果只有一架飞机，且询问器以27对/s的脉冲重复频率询问，这时噪声产生器产生的填充脉冲对数目为2700－27＝2673对/s，而应答脉冲对的数目为27对/s；当有两架飞机询问时，导致填充脉冲对数目为2700－27×2＝2646对/s，这时应答脉冲对数目为54对/s，……以此类推，直到达到最多为100架飞机询问的信标满载工作。由此可见，填充脉冲对的数目始终是与接收询问脉冲对的数目同步变化的，并满足以下关系：

$$2700 - N = M$$

式中，N为信标接收机所接收并经译码的每秒询问脉冲对数；M为噪声产生器产生的每秒填充脉冲对数。

必须指出，地面信标台除了发送应答信号和填充脉冲信号外，还必须发送速率为1350对/s的信标识别脉冲。三种信号按一定的优先级（如按识别、距离应答、填充脉冲的优先顺序）发送。

所以，信标27×2台所发射的射频脉冲信号可以分为三类：①由询问信号触发产生的应答脉冲对，这类应答脉冲对的数量取决于发出询问的机载测距机的多少；②由测距信标台接收机噪声所触发的断续发射脉冲对；③固定的识别信号脉冲对，第①、②类信号都是随机间隔的脉冲对；第③类识别信号则是等间隔的脉冲对。

6.3.2 回波及其抑制方法

DME系统机载询问器与地面信标台均采用无方向性天线。因此，往往容易产生由于反射而造成的多路径干扰。也就是说，机载测距机发射的询问信号，除了沿视线直接到达测距信标台外，还可能经地面上其他目标或飞机本身反射后沿折线到达测距信标台。使询问器和信标台接收的信号为直射信号和所有反射信号的合成信号，结果将造成系统的测距误差。如不加抑制，则这种多径反射信号也可能触发测距信标台产生应答脉冲信号，从而干扰系统的正常工作。图6-10是回波脉冲接收的情况。反射回波对DME系统的有害影响是，它不但会增加地面信标台的负载而减小其工作容量，而且将使机载询问器的测距产生误差，甚至发生困难。

在DME工程中，往往利用DME系统脉冲工作的特点即反射回波总是要比直达询问和应答信号在时间上滞后的特点来抑制其有害影响，并从询问-应答链路两端采取适当措施来抑制回波。主要方法如下：

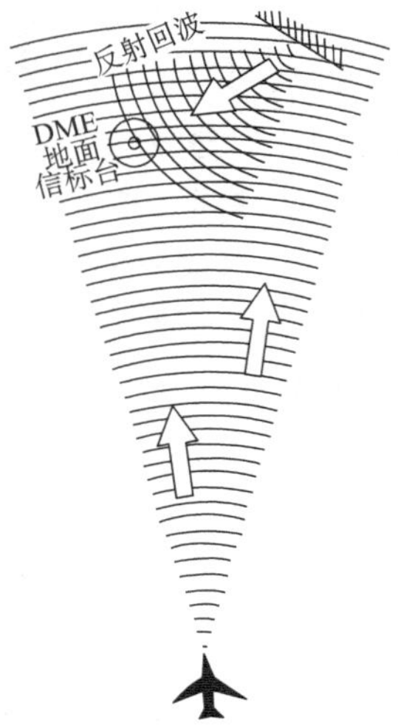

图6-10 反射回波的接收

(1) 信标接收机的寂静时间或封锁期。当DME地面信标台在接收直达或视线内的询问并发送应答信号后，将信标接收机封锁一个足够长的时间，这样就不会接收反射回波并触发应答。一般信标的寂静时间在60～350μs范围内可调。

(2) DME地面信标台中设置专门的近距和远距回波抑制电路，以抑制近距和远距回波。

(3) 在DME机载询问器中设置专门的回波监视电路，用以消除由于锁定在回波上而使应答效率降低的问题。

(4) 在DME机载询问器中利用直达应答比回波应答早到而先接收的特点抑制回波。因为虽然询问器接收机所接收的直达应答与回波应答的脉冲重复频率具有相同的“颤抖”形式，但回波应答总是滞后于直达应答，故只要在搜索之前，使测距电路的距离波门回到零海里处，由此向外搜索，于是首先捕获真正的直达应答信号而转入跟踪状态。

(5) 在700系列DME询问器中，采用先进的并行搜索法测距技术。利用微机通过软件来鉴别输入信号，确定其有效性和可信度，消除随机脉冲和回波干扰。

6.3.3 信标应答效率

DME系统地面信标的应答效率定义为：在规定询问负载条件下地面信标应答的百分数，也就是机载询问器实际得到的应答百分数。从以上对DME工程一般问题的讨论可知，在信标周围如果有100架飞机询问，每次询问不可能都能得到地面信标台的应答。地面信标台应答丢失的原因有多种，这是因为，在众多飞机询问的情况下，测距信标台每接收到一次询问信号，均会使接收机进入抑制期，从而使在后续期间内到达的询问信号得不到应答。除此之外，本架飞机上的ATC应答机在应答地面二次雷达询问的发射期间，以及在另一套测距机的询问期间均会对本套测距机抑制约30μs；测距信标台发射识别信号的点、划期间，也会使询问信号得不到应答。

上述由于各种原因所造成的应答信号丢失并不会影响 DME 系统的正常运行。下面从询问器和应答器两个方面具体分析 DME 信标应答效率降低的原因，并估算由此而造成效率降低的百分数，明确国际民航组织（ICAO）对 DME 系统技术规范要求信标应答效率为 70%的依据所在。

1. 信标寂静时间对应答效率的影响

例如，信标在满载工作时，发送脉冲重复频率为 2700 对/s，并将这时信标的应答效率定为 100%。由于地面信标在每次接收询问并转发应答后至少有 60μs 的寂静期，因此，每秒内总共的寂静期时间为

$$60\mu s \times 2700 = 0.162s$$

说明由于信标寂静时间占总时间的 16.2%，所造成应答信号的丢失使效率的降低 16.2%。

2. 其他询问 2s 抑制脉冲对应答效率的影响

为确保飞行安全和正常，现在民用飞机普遍采用冗余技术，往往在机上同时装备两套或多套相同的航空电子设备。但与此同时，也产生了各种航空电子设备之间的相互干扰和隔离问题。为了防止机载 L 波段设备之间可能的互相干扰，在其中某个设备发送时，总要产生一个抑制脉冲加到其他有关设备，以此封锁其他所有机上 L 波段设备。例如，当 LDME 询问器发送询问信号时，它所产生的抑制脉冲除加到自己的接收机外，还加到 RDME 询问器和 ATC 应答机。反之，当 RDME 询问器询问时，它所产生的抑制脉冲除加到其接收机外，还加到 LDME 询问器和 ATC 应答机。假设 RDME 询问器的最高平均脉冲重复频率为 30 对/s，抑制脉冲的宽度不大于 60μs。于是，LDME 询问器每秒内被抑制脉冲封锁的最长时间为

$$60\mu s \times 30 = 1800\mu s$$

这说明，抑制脉冲占总时间的 0.18%，所造成信标应答效率的降低为 0.18%。

3. 识别信号的发送对应答效率的影响

DME 系统地面信标台的识别信号是用莫尔斯电码键控信标台呼号，每 30s 发送一次。在发送识别信号的“点”和“划”期间，应答将丢失。只有在“点”与“划”之间的间隙时间内，可得到应答。“点”和“划”占用的时间分别为 0.1～0.125s 和 0.3～0.375s。因此，识别信号发送一次占用的总时间少于 4s。现假设询问器处于跟踪工作状态，其脉冲重复频率为 27 对/s。因此，信标发送识别信号的“点”和“划”所占用的总时间所对应的应答数分别为

$$27\text{对}/s \times 0.125s \approx 3(\text{对})$$

$$27\text{对}/s \times 0.375s \approx 10(\text{对})$$

这说明，信标发送识别信号的“点”和“划”时，所造成的应答丢失分别为3个和10个应答。对于工作于更低脉冲重复频率的现代DME询问器来说，应答信号的丢失更少。由此可见，因信标发送识别信号而造成应答效率的降低是不明显的。由于识别信号的影响，特别是在发送“划”时，可能使询问器从跟踪状态转入记忆状态。但由于记忆时间（一般为11s）总是远大于发送识别信号“点”和“划”的总时间（小于4s），故驾驶员对于询问器从跟踪到记忆，再从记忆返回到跟踪之间的瞬息转换是觉察不到的。

4. ATC应答机抑制脉冲对信标应答效率的影响

当ATC雷达信标系统ATCRBS的地面询问器——SSR询问时，机载ATC应答机就要应答，与此同时它也要产生抑制脉冲，加到DME询问器。于是DME询问器在被ATC应答机送来的抑制脉冲封锁期间，地面信标的应答丢失，从而造成应答效率降低。

如果只考虑ATC应答机在对地面二次雷达应答时，其输出的抑制脉冲对DME询问器的影响，并假定二次雷达的脉冲重复频率为450对/s，ATC应答机抑制脉冲宽度为30μs，则DME询问器被封锁时间的百分数为

$$450 \times 30 \times 10 - 6 \times 100\% = 1.35\%$$

因此，地面信标应答效率可达82.27%。

通常，ICAO对DME系统技术规范要求信标应答效率为70%。但DME器往往设计为能够在50%甚至更低的应答率的情况下正常工作，所以即使有一部分询问得不到应答，测距机也是完全能够正常工作的。

6.3.4 应答识别——闪频原理

为了获得距离信息，测距机首先必须解决的一个基本问题是如何从测距台的众多应答信号中识别出对自己询问的应答信号来。

应用闪频原理可以达到这一目的，所谓闪频，就是在测距机中设法使询问脉冲信号的重复频率围绕一个平均值随机颤抖而不是固定不变。这样，同时工作的多台测距机的询问脉冲重复频率就会各不相同，为对所接收的应答信号进行同步识别提供了基础。询问的重复频率是由重复频率控制电路控制的。图6-11所示为产生颤抖脉冲的电路方框图。

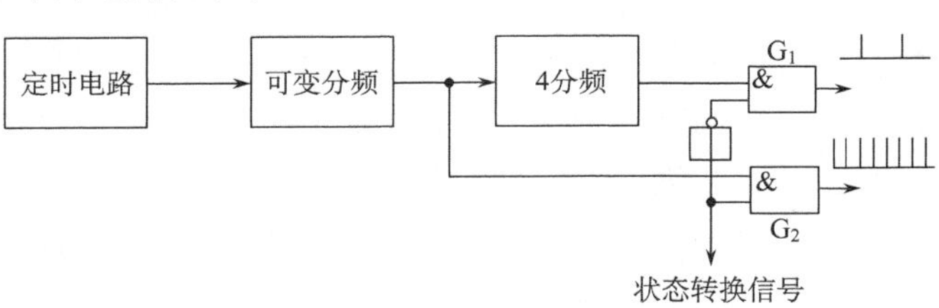

图6-11 产生颤抖脉冲电路方框图

定时电路产生稳定的定时脉冲信号，其脉冲重复频率是固定不变的，如图6-12（a）所示。定时脉冲加至一个可变分频器，该分频器的分频比是随机可变的，这就是颤抖脉冲发生器。由于其分频比随机抖动，它所输出的脉冲的重复频率是在一定范围内随机抖动的，即相邻的两个脉冲之间的时间间隔是不相等的，如图6-12（b）所示。用该颤抖脉冲去触发发射电路，则所产生的射频脉冲询问信号重复频率也是抖动的。图6-12中的固定分频器的分频比为4，输出信号的重复频率受状态控制电路控制。在搜索状态，状态转换信号为高电平，脉冲是经与门G_2输出的，脉冲平均重复频率较高（90Hz）；在跟踪状态，状态转换信号为低电平，所以上述电路使可变分频器的输出经4分频器后再经与门G_1输出，从而使平均重复频率降为22.5对/s。

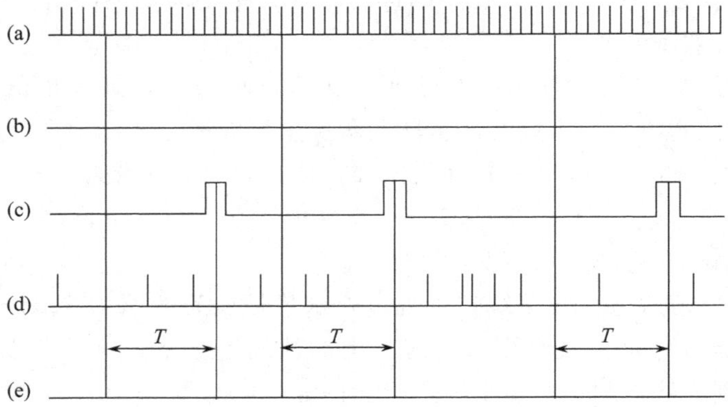

图6-12 闪频原理

在每次询问后，接收电路可以收到多对应答脉冲信号，但其中只可能有一对是对本测距机询问的应答脉冲，如图6-12（e）所示。为简明起见，图中以单个脉冲来代表所接收到的应答脉冲对。设第一个应答脉冲相对于发射脉冲［图6-12（b）］的延迟时间为T，则由于相邻几个询问周期中距离变化所引起的应答脉冲延迟时间的变化甚微，在这里可以简单认为在相邻几个周期中对本测距机的应答信号的延迟时间均为T。这样，对本测距机的这些应答脉冲均可落入中心位于T处的具有一定宽度的距离波门之内，从而得以输出。而与应答脉冲由解码电路一同输出的其他脉冲，则由于不可能与本测距机随机颤抖的发射脉冲保持稳定的时间同步关系，因而不能落入距离波门之内，见图6-12（c）、（d）。可见，应用上述闪频原理，使询问脉冲的重复周期随机抖动，即可从众多的应答脉冲中识别出对本询问信号的应答脉冲，从而进一步根据其延迟时间T计算距离。

本章思考题

1. DME 机载询问机、地面应答机与甚高频导航系统的频率配对使用情况。
2. DME 的功能及应用。
3. 机载询问机与地面信标台工作配合过程。
4. DME 机载设备的工作状态及转换条件。
5. 噪声随机脉冲产生的原因。
6. 闪频的原因及实现的过程。
7. 脉冲测距系统测距范围、距离分辨力及最小可测距离受限原因。

第7章　雷达的一般原理

雷达是英文词组"radio detection and ranging"的缩写"radar"的音译，意为"无线电测向和测距"，即利用无线电波发现目标并测定其位置。

无线电波测定目标的位置基于电波在传播中具有的以下三条规律：

（1）无线电波可以定向辐射和接收。

（2）无线电波遇到障碍物发生反射。

（3）无线电波以光速（3×10^8 m/s）在空间传播。

7.1　雷达的类型

7.1.1　按雷达接收回波方式分类

1. 一次雷达

由发射系统发射一束射频能量，然后再接收其中由目标反射回来的一小部分能量的雷达，称为一次雷达（PSR）。

2. 二次雷达

由雷达发射一组目标飞机应答机可以识别的特征脉冲，然后由目标飞机在约定的精确时间间隔内发射一串应答编码脉冲，靠发射这些应答脉冲来提供目标飞机信息的雷达，叫做二次雷达（SSR）。

7.1.2　按工作原理分类

1. 脉冲雷达

脉冲雷达是断续地发射射频脉冲，在不发射的间歇期间，接收回波信号，利用发射脉冲与回波信号之间的间隔时间，达到测定目标距离和方位的目的，如气象雷达。

2. 连续波雷达

连续波雷达是指调频雷达，它发射连续的无线电信号，工作频率按照某一规律周期性改变，在每一瞬间，调频雷达接收到的回波信号的频率，总是不同于当时发射信号的频率，目标距离近，发射信号和回波信号的频率差小；反之，频率差大。因此，只要将发射信号和回波信号进行比较，求出频率差，即可知道目标的距离，如无线电高度表。

7.2　雷达探测目标的原理

雷达根据接收到的目标回波来发现目标和测定目标位置。

目标的空间位置可以用多种坐标来表示。对于雷达，最为简便的是采用极坐标，如图 7-1 所示。以雷达所在地为坐标原点 O，则目标 A 的空间位置可表示为斜距 r、方位角 β 和仰角 ε 三个量，或表示为方位角 β、水平距离 D 和高度 H 三个量。显然，目标的高度 H 及水平距离 D 和斜距 r 及仰角 ε 之间的关系为

$$H = r\sin\varepsilon \tag{7-1}$$

$$D = r\cos\varepsilon \tag{7-2}$$

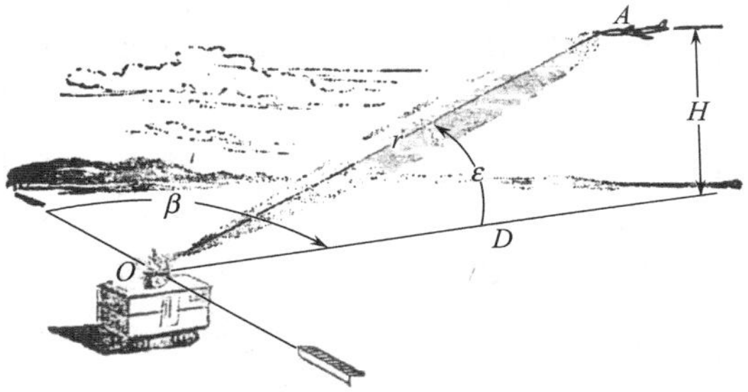

图 7-1　目标的坐标

所以测定目标位置，实际上就是测距和测角坐标，即测定目标的斜距和两个角度（ε 和 β）。

7.2.1　测距原理

雷达测距是基于无线电波在空间以等速直线传播这一物理现象，测出雷达从发射电波到接收到目标回波所需的时间间隔 $t=(t_1-t_0)$，便可确定目标到雷达的距离，如图 7-2 所示。为了精确测量距离，要求脉冲窄而陡峭。

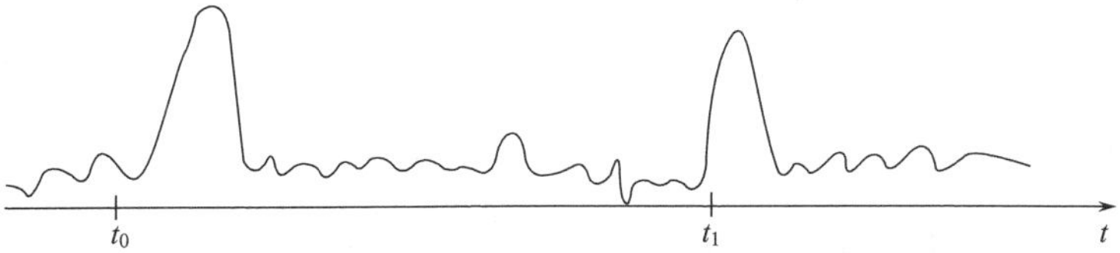

图 7-2　时间基准脉冲与回波基准脉冲的关系

设电波往返于雷达与目标之间，走过二倍斜距 r 的时间为 t，则根据

$$r = c \times t/2 \tag{7-3}$$

即可算出目标斜距 r。

由于光速很快，t 值一般很小，因此单位以 μs 计。若 r 以 m 计，时间以 μs 计，则

$$R(\text{m}) = 150t(\mu\text{s}) \tag{7-4}$$

如果目标距离雷达 150km，由式（7-4）可知，电波往返的时间 t 仅有 1000μs。可以看出，雷达测距过程极为短暂。

7.2.2 测向原理

雷达对目标角坐标的测量（即测向）基于电波的直线传播，通过天线的方向性发射和接收来实现。在雷达发现目标时，只要测出回波的方向，就可测出目标所在的方向。

为了测向，雷达通常采用方向性很强的天线将发射波束集中成很窄的波束。只有波束照射到目标时，雷达才能收到回波。当波束最大值对准目标，回波才最强，回波最强时天线的指向也就是目标的方向。

如图 7-3 所示，雷达天线在空中形成一个无线电波束，这一波束在空中自上而下扫过 A、B、C 三点，当天线波束最大值对准 A 点时，A 点受到最强的照射，那么由 A 点反射的回波也最强；B 点受到次强照射，回波次之；C 点照射最弱，所以回波最弱。用最大值代表方向，实现测角，称为最大值测向法。

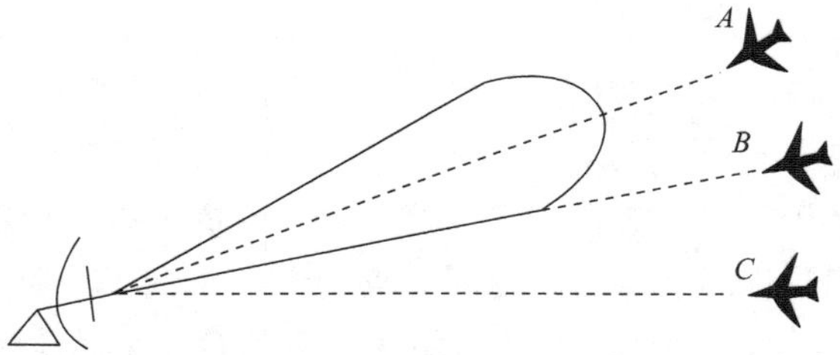

图 7-3 雷达天线波束扫描原理

7.2.3 测高原理

测定目标高度的原理是以测距和测仰角的原理为基础的。目标的高度 H、斜距 r 和仰角 ε 之间有式（7-1）关系。该式只适宜用来计算近距离目标的高度，当目标距离较远，地球表面弯曲的影响已不能忽略时，还必须加上高度修正量，如图 7-4 所示。在标准大气压条件下，高度修正量 H 修正的数值等于

$$H_{修正}=r^2/17000 \tag{7-5}$$

因此，在标准大气条件下目标高度的表达式为

$$H=r\sin\varepsilon+r^2/17000 \tag{7-6}$$

式（7-5）和式（7-6）中，r 和 H 都以 km 为单位。

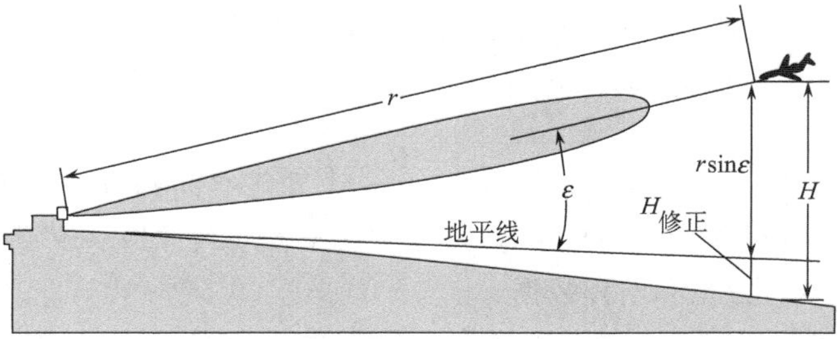

图 7-4 利用波束测定目标的仰角和高度

7.3 雷达基本组成

雷达为了实现对目标的探测任务，有许多体制。下面以脉冲雷达为例，介绍雷达的基本组成及各部件的功用和特点。

图 7-5 所示为脉冲雷达的简单组成方框图。其工作过程是，发射机在定时器的触发下，周期性地产生短促高频强力脉冲，通过天线形成很窄的无线电波束向空间辐射，天线由天线控制设备所操纵，使波束在空间进行扫描以探测目标；当天线波束照射到目标时，回波又被天线所接收，经过天线收发转换开关送到接收

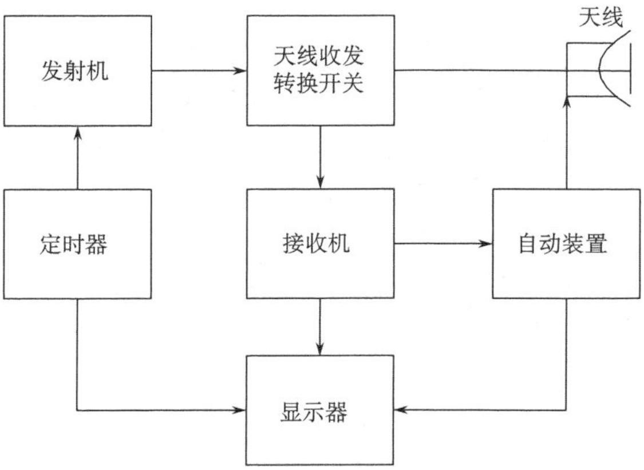

图 7-5 脉冲雷达方框图

机，接收机将接收到的信号进行放大、变频、检波后，以视频脉冲加至显示器，完成对目标的观测。

（1）定时器。定时器控制雷达各部分在时间上协调一致，同步工作。

（2）发射机。发射机产生强功率的高频脉冲，辐射功率越大，雷达的作用距离越远。

（3）天线。天线把发射波束集中成极窄的波束以探测目标。波束越窄，发射功率越集中，作用距离越远；同时波束越窄，测向精度就越高，方位分辨率也越高。

（4）自动装置。自动装置控制和驱动天线进行空间扫描，以搜索或跟踪目标；同时把天线所指的方位和俯仰数据送到显示器或其他指示装置，因而能随时读出目标的距离、方位和俯仰数据。

（5）高频传输系统。高频传输系统将发射信号送到天线，并将天线接收到的回波信号送往接收机，为了实现收发共用一个天线，这就需要一个天线收发开关。其作用是，当发射时，仅使发射机与天线接通，而将接收机的通路断开，以防止发射的强大功率进入接收机将接收机烧毁；而在发射脉冲过后，又使天线与接收机相通，断开去发射机的通路，使回波信号只能进入接收机，不致使极微弱的回波信号受发射支路的吸收而减弱。

（6）接收机。接收机把天线所接收到的微弱高频目标回波信号放大检波后送到显示器。接收机通常为超外差式。

（7）显示器。显示器是雷达的终端设备，用以显示雷达所检测到的目标信息。

7.4 雷达方程

雷达究竟能在多远距离上发现（检测到）目标，这要由雷达方程来回答。雷达方程将雷达作用距离和雷达发射、接收、天线及环境等因素联系起来。因此它不仅可以用来决定雷达检测某类目标的最大作用距离，也可以作为了解雷达的工作关系和设计雷达的一种工具。下面根据雷达的基本工作原理来推导自由空间的雷达方程。

设雷达发射机功率为 P_t，当用各向均匀辐射的天线发射时，距雷达 R 处任一点的功率密度 S_1' 等于功率被假想的球面积 $4\pi R^2$ 所除，即

$$S'_1 = \frac{P_t}{4\pi R^2} \tag{7-7}$$

实际雷达总是使用定向天线将发射机功率集中辐射于某些方向上。天线增益 G 用来表示相对于各向同性天线，实际天线在辐射方向上功率增加的倍数。因

此当发射天线增益为 G 时，距雷达 R 处目标所照射到的功率密度为

$$S_1=\frac{P_tG}{4\pi R^2} \tag{7-8}$$

目标截获了一部分照射功率并将它们重新辐射于不同的方向。用雷达截面积 σ 来表示被目标截获入射功率后再次辐射回雷达处功率的大小，或用

$$S_2=S_1\frac{\sigma}{4\pi R^2}=\frac{P_tG}{4\pi R^2}\frac{\sigma}{4\pi R^2} \tag{7-9}$$

表示在雷达处的回波信号功率密度。

截面积 σ 的大小随具体目标而异，它可以表示目标被雷达“看见”的尺寸。

雷达接收天线只收集了回波功率的一部分，设天线的有效接收面积为 A_e，则雷达收到的回波功率 P_r 为

$$P_r=A_eS_2=\frac{P_tGA_e\sigma}{(4\pi)^2R^4} \tag{7-10}$$

当接收到的回波功率 P_r 等于最小可检测信号 S_{min} 时，雷达达到其最大作用距离

$$R_{max}=\left[\frac{P_tGA_e\sigma}{(4\pi)^2S_{min}}\right]^{1/4} \tag{7-11}$$

超过这个距离后，就不能有效地检测到目标。

上述基本雷达方程可以正确地反映雷达各参数对其检测能力影响的程度，但并不能充分反映实际雷达的性能。因为许多影响作用距离的环境和实际因素在方程中没有包括。

7.5 航管雷达

7.5.1 一般概念

空中交通管理系统中配备有多种类型的航管雷达，用于监视航道、引导飞机起飞与着陆、监视机场地面情况、探测管制空域内气象条件等。从工作体制来划分，航管雷达分脉冲一次监视雷达和二次监视雷达。一次监视雷达用于监测无源反射目标，而二次雷达则对管制空域的有源辐射目标进行监测引导。

应用于航空的一次雷达可分为地面和机载两大类。地面雷达主要用于空中交通管制系统中，用于空中监测和指挥引导，如监视航道飞行或终端管制区飞行的一次监视雷达、引导飞机起飞与着陆的进场着陆雷达、监视机场地面的场面监视雷达、探测管制空域内气象条件的地面气象雷达等。机载雷达主要用于机上探

测、瞄准和导航，如机载气象雷达、攻击空中目标的火控雷达、攻击地面目标的轰炸雷达、引导飞机超低空飞行的地形回避雷达、指示飞机高度的测高雷达、用于导航的多普勒雷达等。

7.5.2 航路（道）监视雷达

航路监视雷达（ARSR）用于监视、管制航道上的飞行目标，包括 PSR 和 SSR，典型航路监视雷达如图 7-6 所示。航路监视雷达组成如图 7-7 所示，由雷达天线、发/收、录取、时序和遥控等单元组成雷达头部分，输出有关目标的点迹信号。雷达头中除天线以外的部分又称点迹录取器，对雷达在一次圆周扫描中所获取的雷达目标回波信号进行处理，并将信息在噪声和杂波背景中检测出来，称为雷达信号处理。

图 7-6　ASR-23SS/16 航路监视雷达

航路监视雷达一般采用一副雷达天线，而其他部分都采用两套双余度热备份设计，以提高系统的可靠性。

航路监视雷达系统设有专门的雷达数据处理模块，用于对在多次天线扫描中所获取的目标回波信息进行处理。例如，对多个点迹信号通过积累和相关检测，进一步验证点迹信号的可靠性，删除虚假目标，实现目标的跟踪任务等；还包括对雷达功能进行集中管理，如在线控制（自适应控制、目标测试控制、时序控制和远程控制等）、雷达自检、故障检测与排除（主要指双余度控制）、数据传输

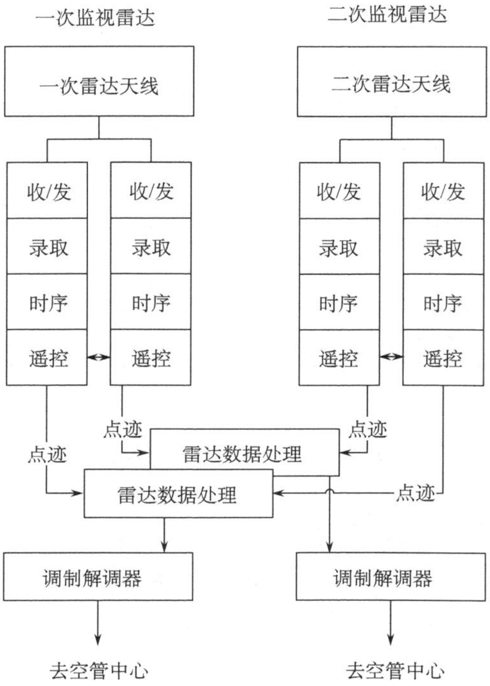

图 7-7　航路监视雷达组成框图

等。经过数据处理的雷达信息将以适当的数据格式输出，通过调制解调器与管制中心连接，管制中心以数据链形式实现对雷达的监控，并在综合显示器上显示有关的目标信息。

目前大多数监视雷达的探测距离为 185～370km，探空高度可达到所需管制高度（如 8000m 以上）。航路监视雷达一般工作在 L 波段的频率，为 1250～1350MHz 的范围，该频率的选择兼顾了监测的方位分辨率、天线尺寸、传输损耗、发射功率及经济指标等诸多因素。

雷达天线采用扁平波束，水平方向是约 1.2°的窄方向性图，以获得较好的水平方位分辨率。垂直方向采用如图 7-8 所示的平方余割方向性图，以较好地控制天线辐射功率的垂直分布，在雷达的有效作用距离内可保持大体相等的高度覆盖。天线的旋转速率为 4～7.5r/min，系统数据更新率为 8～15s。发射机采用大功率的相干速调管放大，峰值功率达 2MW。信号的脉冲重复频率为 300～800Hz，脉冲宽度为 3～5μs。

通常外部各种杂波干扰是影响雷达发现目标的重要因素。杂波种类很多，如大地反射的地杂波、海面反射的海杂波、雨点和云层等散射造成的气象杂波，甚

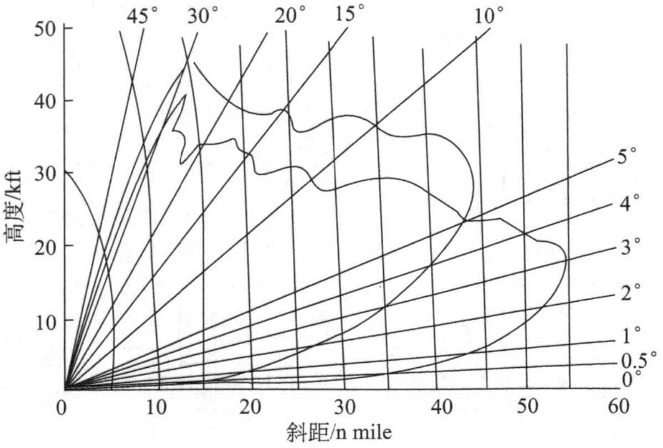

图 7-8 航路监视雷达天线的垂直方向性图

至鸟群产生的回波等。各种杂波的反射强度、分布范围和频谱特性等各有不同，通常地杂波、海面杂波、鸟群回波等分布于较近的距离，云、雨杂波等则可能覆盖全部的作用距离；地杂波和海杂波几乎不动或仅是缓慢运动，而其他杂波则有一定的运动速度。

为把运动的飞行目标在固定的地杂波背景中检测出来，早期的航路监视雷达基本都采用了动目标显示技术（MTI），它通过模拟或数字方式对回波信号延时相减而抵消固定的地杂波等。MTI 技术大大改善了在地杂波背景下探测目标的能力，但还不够理想，并且对于雨杂波、海杂波、鸟群回波等非固定杂波尚不能有效地与空中飞行目标加以区分。因此在新一代的航路监视雷达中，又采取了多项技术措施，如动目标检测技术（MTD）、灵敏度时间控制、杂波恒虚警门限控制等，以及各种的数字信号处理方法，使得在杂波背景下探测目标的能力有很大提高。

7.5.3 机场监视雷达

机场监视雷达（ASR）又称终端监视雷达，主要用于监视终端管制区域内的飞行目标，并在平面显示器上标出它们的距离和方位，典型机场监视雷达如图 7-9 所示。空管人员根据这些信息，通过数据传输或通信网络引导飞机以适当的距离与高度接近并进入机场的着陆跑道，随后飞机将在 ILS、MLS 或精密着陆雷达（PAR）等各种着陆系统的引导下安全着陆。

由于终端管制空域通常设在主要航空枢纽或机场较为密集的空中繁忙地带，其管制空域的范围有限，因此，ASR 作用距离一般在 108～144km，高度覆盖在 7500m 左右。

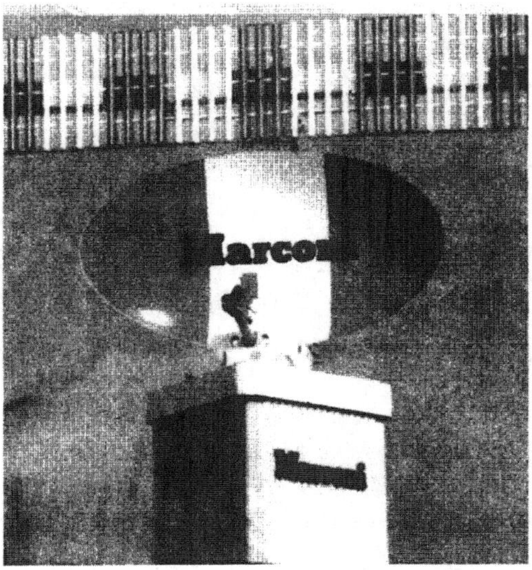

图 7-9 S500 系列机场监视雷达

机场监视雷达与航路监视雷达相比，虽然覆盖范围小，但性能要求更为苛刻，主要反映在以下几个方面。

1. 更高的分辨率与精度

在空中交通流量较大的终端管制空域内，必须提高监视雷达对方位与距离的测量精度和分辨率，才能减少雷达管制的安全间隔，在保证安全的前提下提高管制空域的交通流量。

2. 更高的数据更新率

现代飞机的速度越来越快，而在终端管制区内，通常目标的位置参数随时间的变化都较为剧烈。只有提高目标数据的更新率，才能更实时地反映空域内各目标的真实位置，从而保证繁忙空域内的飞行安全。

3. 更多的目标处理能力

繁忙的终端管制空域内，同时存在有更多的飞行目标。机场终端监视雷达必须同时完成对多个目标的识别、跟踪及有关数据的处理，工作量大大增加。

4. 更复杂的杂波环境下检测目标的能力

航道监视雷达有较多的选择余地来确定雷达的安装位置，使周围地杂波的影响尽可能少，并且使流量较大的航道尽可能避开杂波较强的区域。但机场监控雷达必须设置在机场附近，这里地面状况比较复杂，地杂波影响比较严重，飞机又不可避免地要在其上空飞行，故必须提高在较强的复杂地杂波条件下检测目标的能力。

考虑到以上因素，机场监视雷达的频率选用了L波段或S波段。当作用距离不太大时，一般选用S波段（2700～2900MHz），可在同样的天线开口尺寸时，获得更窄的水平波束。通常水平波束宽度约1.4°，垂直方向则采用平方余割方向性图。

为提高机场监视雷达的数据更新率，雷达天线的转速一般设置为10～15r/min，数据更新周期为4～6s。发射峰值功率在0.5～1MW。为提高距离测量精度和分辨率，测距脉冲宽度比航路监视雷达缩小，约为2μs，但脉冲重复频率却相应提高，以保证有足够次数的回波信号，实现足够的能量积累，提高对目标的探测概率。机场监控雷达同样采用了MTI和MTD技术，以达到在复杂杂波背景下可靠地检测目标的目的。

7.5.4 精密着陆雷达

飞机着陆方式除目视着陆（非精密进近着陆）、仪表着陆和微波着陆外，还有雷达引导着陆，后者主要靠精密着陆雷达来完成。

精密着陆雷达是一种三坐标雷达，同时提供着陆飞机的方位、仰角和距离。地面指挥人员据此判断出飞机与预定着陆线的偏离量，通过地空无线电通信链路向飞行员发出修正指令，使飞机按正确的着陆线进入跑道上空，最后在目视条件下安全着陆。

雷达着陆直观简单，适应性强，对场地要求较低，能在较恶劣的气象条件下引导飞机着陆，并且雷达可装在雷达车上，具有较好的机动性。系统缺点是飞行员处于被动引导状态，不利于改善飞行员的安全感；引导效率较低，只能逐架引导飞机着陆。因此主要用于交通流量小、机动性要求高和气象条件较恶劣的场合，如小型军用或民用机场，也可在一般机场作为备用设备使用。

精密着陆雷达采用脉冲调制测距原理，利用波束指向内的反射回波与发射基准之间的延时，确定目标的距离。采用航向和下滑两副天线分别探测目标的（水平）方位角和（垂直）俯仰角，两者通过天线转换开关分时工作。

在一般气象条件下，着陆雷达的探测距离大致为30～40km，而在恶劣气象条件下，应具有十几千米的有效探测距离。为此天线馈电采用了可变极化的方式，一般气象条件时，航向天线采用垂直极化波辐射，下滑天线采用水平极化波辐射，而在恶劣气象条件下采用圆极化工作方式，以抑制雨、雪等的回波干扰。

PAR采用了较窄的波束宽度。例如，俯仰角方向为2.5°，水平方位为0.8°，以提高雷达测角精度与分辨率，保证着陆安全。由于窄波束需增大天线的开口尺寸，故选用频率较高的χ波段，以同时兼顾天线尺寸和机动性两方面的要求。

通常航向天线和下滑天线同时工作，分别测量水平方位角（航向角）和垂直俯仰角（下滑角）。下滑天线在俯仰方向的波束宽 0.7°、在方位方向的波束宽 3°；航向天线在方位方向的波束宽 0.8°、在俯仰方向的波束宽 2.5°，它们在俯仰和方位上分别进行一维扫描，如图 7-10 所示，下滑天线扫描角为−1°～9°，航向天线扫描角为±10°。

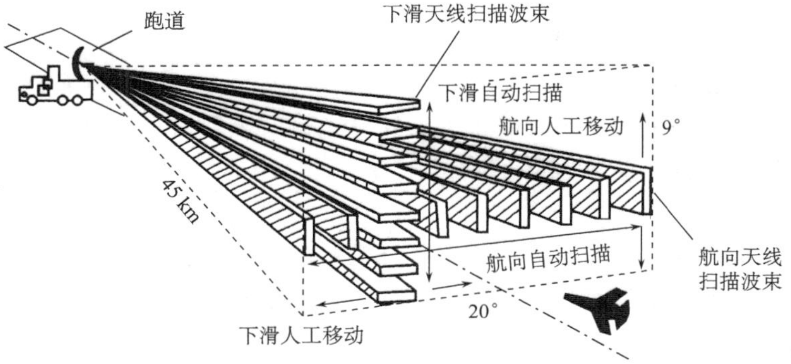

图 7-10　精密着陆雷达的波束扫描

一般精密着陆雷达的显示器可设置几条不同的理想着陆线，以适应不同类型飞机着陆的要求。有些雷达还采用了具有不同下滑角的分段理想下滑线，其适用面更广。

现代精密着陆雷达也都采用了动目标显示技术，更为先进的还采用了相控阵天线，可以扫描并同时跟踪几个目标，大大改善了引导着陆的效率和安全性。

着陆雷达是一种地面引导飞机着陆设备，能在云层高 30m、能见度 500m 的复杂气象条件下引导飞机安全着陆，它的主要技术性能如下。

(1) 作用距离：一般天气对小飞机而言可达 35km，中雨时经圆极化反干扰后不小于 15km。

(2) 角度覆盖范围方位为±10°，下滑为 1°～8°。这样的覆盖范围是利用人工手操纵扫描跟踪的情况下达到的。

(3) 测角精度：按 95%的概率计算，航向角精度不低于±0.5°；下滑角不低于±0.35°。

(4) 距离测量精度：按 95%的概率计算为±2%的距离（但不小于±60m）。

(5) 分辨力：距离分辨力在 10～12km 处为 200m，角度分辨力为 1.2°。

(6) 工作频率：9370MHz±30MHz。

(7) 发射脉冲宽度：0.5μs±10%μs。

(8) 发射脉冲重复频率：2000Hz±5%Hz。

(9) 发射脉冲功率：45kW。

(10) 天线性能：增益大于39dB。主波束宽度对于航向天线，水平为0.8°±0.05°，垂直为2.5°±0.2°；对于下滑天线，水平为3°±0.2°，垂直为0.7°±0.05°。副瓣电平低于−20dB。

(11) 接收机灵敏度：不低于98dB/mW。

(12) 天线扫描速率：30次/min。

(13) 电源功耗：2.5kW/s。

(14) 总质量：5t (1t=1000kg)。

着陆雷达主要用于复杂气象条件下保障飞机安全着陆，在通常情况下，它与机场其他着陆设备以及近程导航设备配合工作，共同完成保障飞机安全着陆的任务。

当着陆雷达配有机场监视雷达时，飞机进场着陆的引导过程是：根据场面监视雷达指示，识别进场着陆的飞机，引导飞机直接进入着陆航线或着陆雷达作用区。飞机进入着陆雷达作用区后，将在它的显示器上出现目标回波，根据下滑、航向画面上的飞机回波，将飞机引导到规定高度或看到跑道，然后转入目视着陆。

当机场配备有米波仪表着陆设备时，飞行员以机上仪表指示为主，用米波仪表着陆设备引导飞机进场着陆。这时，着陆雷达作为监视设备，监视飞机按仪表进入下滑着陆。当米波仪表着陆设备发生故障和误差很大不能保证工作时，着陆雷达应立即接替引导任务。通常，重型轰炸机机场和保证专机飞行的运输机机场，都应有雷达引导和仪表着陆的双重着陆设备保证，以确保飞机着陆安全。

当机场配有双信标导航台着陆设备时，着陆雷达既要起监视飞机按双信标导航台进入仪表着陆的作用，又要起直接引导飞机着陆的作用。由于双信标导航台着陆设备引导精度低，仪表指示不稳定，保障的气象标准较高，因此低气象条件飞行时，在飞机穿云下降进入远距信标导航台这一段，飞行员可以以机上仪表指示为主，参考着陆雷达的引导。此时，着陆雷达主要起监视作用，只有当飞机偏离下滑道较大时才进行引导，或者定时向飞机通报距离、航向和高度数据，供飞行员检查仪表，作飞行参考。当飞机通过远距导航台、近距导航台飞行时，由于罗盘指示不稳或偏差较大，特别是不易保障下滑率，因此，这一段应以着陆雷达引导为主，仪表指示为辅，一直将飞机引导到飞行员看到跑道为止，然后转入目视着陆。

目前，配有着陆雷达的机场，大多数是采用着陆雷达和双信标导航台配合工作，以仪表飞行为主，雷达引导为辅的方法。采用这种方法，可以弥补双信标导航台仪表指示准确度低和着陆雷达被动引导的缺点，发挥双信标导航台着陆设备机上指示和着陆雷达引导精度高的优点。这样相互结合使用，取长补短，既可以大大降低复杂气象飞行的气象标准，又可以起到双重保障的作用。

如果机场只配有近程导航设备（如中波导航台和近程测向、测距导航台）时，着陆雷达将独立地保障飞机着陆。这时飞行员利用机场近程导航设备引导飞机进场，通过导航台后进入着陆航线，飞入着陆雷达有效作用区，然后用着陆雷达引导飞机下滑，直到看到跑道后转入目视着陆。

着陆雷达的优点是明显的，主要有以下几点：

(1) 着陆雷达比双信标着陆系统引导精度高，能连续地测定飞机的距离，保障飞机在低气象条件下安全着陆。目前已保证到云底高 100m、水平能见度 1km 的气象条件，按其本身的设计能力应能保障到云底高 50m、水平能见度 500m 的复杂气象条件。

(2) 飞机上只要装有无线电通信电台即可，不需要附加另外的电子设备。因此，可用于引导各种飞机。

(3) 飞行员只要严格按照着陆雷达引导领航员的修正口令正确地操纵飞机，即可安全着陆，不需要进行复杂的训练。

(4) 阵地条件要求不高，受周围地形、地物影响较小，机动性较好，适用于战备要求和野战机场使用。

(5) 当配有机场监视雷达后，可以较好地解决飞机着陆与机场区域航行管制相结合的问题。

但着陆雷达也有其缺点，主要有以下几点：

(1) 机上不能显示飞机的空间位置，在着陆过程中，飞行员必须自始至终依赖地面引导，完全处于被动状态，无法发挥机上主动性，频繁的地空通话会分散飞行员精力，引起疲劳，加上目前罗盘指示误差较大，飞行员难以把握是否达到了地面要求的修正量。

(2) 引导效率比较低。一次只能引导一架飞机着陆，连续引导时平均 2～3min 引导一架；由地面发现飞机飞行偏差，到发出指示，再至飞行员执行需要一段时间，在此时间内飞机已经移动了一个位置，因此引导及时性差，或者说修正偏差有时间延迟，这对高速飞机是不利的。

(3) 探测距离受气象条件影响较大，在大雨、大雪的情况下探测距离大大缩小。

(4) 在地形复杂和净空条件不好的机场，受地形、地物固定的回波干扰较大，近距离引导有一定困难。

7.5.5 机场场面监视雷达

机场场面监视雷达用于提供机场上地面目标（如飞机、牵引车、加油车、载客车等）的平面位置图，对着陆飞机的飞行员或牵引司机进行指示和帮助，使飞机滑行或被牵引到目的位置，特别是在有雨、雪、雾等恶劣气候条件下。机场地面探测装置（ASDE）是机场场面监视雷达比较常见的一种。

随着航空流量的急剧增长，机场地面监视和调度任务尤显重要，即使在晴好天气下，要通过监控员以人工方式进行调度也很困难，在夜间或恶劣气象条件下的调度更为不易，因此对 ASDE 的作用和性能要求不断提高，下面列出了对 ASDE 的基本性能要求。

作用范围：距离为 150～4500m，高度为地面至 30m 或 60m。

目标尺寸：从小型车辆直至大型飞机。

目标速度：静止目标直至飞机起飞/降落速度。

点目标显示：具有 12m 的距离分辨率。

定位误差：小于 6m，可清楚地确定跑道上的飞机。

提供机场地图：其与真实跑道及滑行道的边缘显示误差小于 3.7m。

数据更新时间：1s。

气象条件：全天候，至少在降雨量小于 16mm/h 的条件下正常工作。

探测能力：发现概率不小于 90%；虚警概率小于 10^{-6}。

塔高：15～90m。

下面针对以上的对 ASDE 的基本性能要求，介绍机场场面监视雷达的工作参数及其关键技术。

1. 工作频率、重复频率和脉冲宽度

ASDE 的工作频率选用 K 波段（15.7～16.2GHz），可在满足系统分辨率的前提下尽量减小天线尺寸，并减少雨、雾等的后向散射和衰减，以及降低系统的传输损耗。这时若用 5m 孔径的天线，能得到 0.25°的波束宽度，可满足方位分辨率的要求。

场面监视雷达采用 20kHz 的脉冲重复频率。对于天线 60r/min 的转速和方位波束宽度 0.25°的情况，天线一次扫描可对目标产生 13 个照射脉冲。若取相邻 6 个脉冲进行积累处理，可提高检测概率，又不至过分影响方位的分辨率。

采用 36ns 的脉冲宽度，对应于 5.9m 的距离分辨率。接收机采用 38MHz 的中频带宽，以改善回波脉冲的前沿，保证更好的距离精度与分辨率。

2. 天线

天线一般安装在高塔上。增加塔高有利于高度覆盖，但为保证最小作用距离的要求，波束的下视角要相应加大，即要增大天线在俯仰方向的波束宽度。为满足数据更新率的要求，天线按 60r/min 进行高速旋转。

要求天线在方位上具有窄波束和高增益，以及很低的旁瓣以抑制地杂波的干扰。由于雷达采用了频率捷变技术，即发射脉冲的载波频率是不同的，故要求天线是宽频带的，天线指向角不因频率变化而变化。实际的天线是放在一个半球锥形的天线罩内，并使天线罩跟随天线同步旋转，以减少裸露天线的风阻力及由此造成的天线颤抖，保证方位的测量精度，并减少雨水附着对波束的影响。

3. 频率捷变

因为噪声在相邻重复周期之间是不相关的，而目标回波则是相关的，因此雷达通过6个回波脉冲的积累处理，可以提高信噪比。但是这种积累的方法不能改善雨杂波的影响（雨杂波是相关的），因此采用了频率捷变技术，使13个脉冲的载波频率不同，载频之间具有30MHz的间隔。

由于雨点对不同频率呈现不同的散射特性，可以认为这13个回波信号的雨杂波是相互独立的。这样采用6个脉冲的积累处理后，可有效抑制雨杂波而获得6dB的处理增益，保证雷达能在全天候下运行。

7.5.6 气象雷达

商用飞机在航线飞行阶段风险较小，主要危险是无意中闯入风暴中心的附近。机载气象雷达专门设计用于探测这些恶劣气象区域，并显示出其范围，使飞行员可以选择一条安全的路径避绕这些区域。

7.5.7 无线电高度表

无线电高度表（又称雷达高度表）是现代飞机多种电子设备中的一种，是进近和着陆过程中保证飞行安全的重要设备。

机载无线电高度表大部分采用调频等幅式来测量飞机离地面的实际高度，其测量范围为0～2500ft，在起飞和最后进近时使用它，所以也称为低高度无线电高度表LRRA。

利用无线电高度表可以在复杂气象条件下飞行，穿云下降，以及在能见度很低的情况下着陆等；与其他导航设备，如ILS配合，可以完成仪表着陆任务；与ALS配合工作，可以完成$Ⅲ_B$和$Ⅲ_C$类着陆条件下的全自动着陆。

7.5.8 多普勒雷达

多普勒雷达是利用电波的多普勒效应实现无线电导航的一种自备式导航设备。应用该雷达发射的电波在波源与观测者之间存在相对运动时频率发生变化的原理，可以自动测量飞机的偏流和地速，将偏流和地速信号输至自动解算装置，与输入的航向、真空速信号作连续运算，即可通过仪表连续地指示出飞机相对地面的位置。

气象雷达、无线电高度表及多普勒雷达内容参见后面章节。

本章思考题

1. PSR 的主要功能参数和相应测量原理。
2. PSR 的基本组成及工作原理。
3. 从雷达方程角度理解雷达作用距离。
4. 航空管理一次雷达的种类及其各自功能和特点。

第 8 章　无线电高度表

无线电高度表是现代飞机多种电子设备中的一种，用来测量飞机离开地面的实际高度，提供预定高度或决断高度的声音和灯光信号。它是在进近和着陆过程中保证飞行安全的重要设备。

利用无线电高度表可以在复杂的气象条件下飞行，穿云下降，以及在能见度很低的情况下着陆等。还可以与其他导航设备如仪表着陆系统配合，完成仪表着陆任务；或与自动着陆系统配合工作，完成$Ⅲ_B$或$Ⅲ_C$类条件下的全自动着陆。

无线电高度表也用于直升机和其他飞行器。

无线电高度表的指示随地形而改变，与地面的覆盖层和大气条件（气压、温度、湿度等）无关。单独巨大的建筑物、高山、河谷、湖泊也可以在指示器中反映出来。

8.1　概　　述

无线电高度表也叫无线电测高机，是一个向地面发射无线电波的装置，在工作中不需地面设备，是一种自主式导航设备，利用它可以测量航空器距离地面的真实高度。

无线电高度表用来测量飞机距离当地地表面的垂直距离，也就是飞机的真实高度，又分为频率式高度表和脉冲式高度表。一般无线电高度表的发射信号位于400～5000MHz频率上，采用频率调制（低高度表）或脉冲调制（高高度表）两种不同的工作体制。通常脉冲调制高度表的最小可测高度由脉冲宽度来确定，因此多用于大高度的测量。而采用频率调制的低高度表，最小测量高度可达0.5m，多用于飞机靠近地面的低空飞行引导，特别是进场着陆阶段。

8.2　基本组成

现代飞机典型无线电高度表系统的组成如图8-1所示。各部分的功能如下。

1. 收发机

收发机的高频部分用以产生高频振荡信号以及处理由地面返回的信号以产生

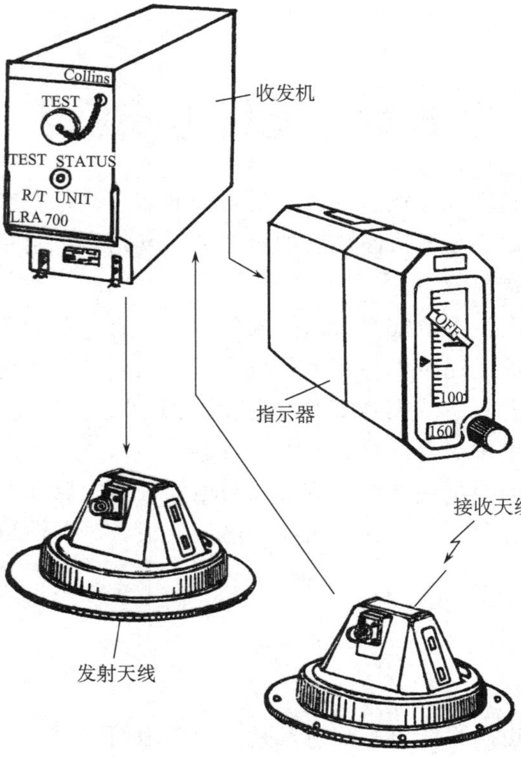

图 8-1 典型无线电高度表的组成

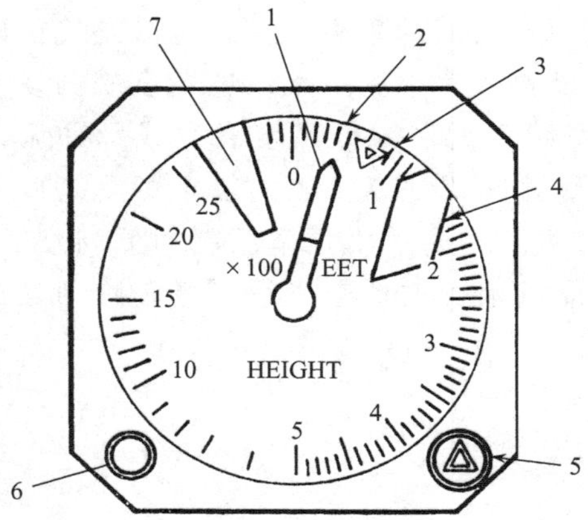

图 8-2 低高度无线电高度表指示器

1. 高度表指针；2. 指针指 40±5；3. 游标指示于 60；4. 警告旗；5. 决断高度游标调整钮；6. 测试电门；7. 指针隐蔽罩

高度信息。发射部分包括超高频振荡器、调制器和发射调频等幅信号的发射机；接收部分包括接收返回信号的接收电路、滤波放大电路和确定返回信号频率的计算电路。高频部分也包括监控部分，以便监视送到指示电路去的高度信息的有效性和准确性。

2. 低高度无线电高度表指示器

高度指示器指示飞机离地面的高度，为驾驶员在进近着陆过程中提供高度信息，图 8-1 所示的指示器为移动垂直刻度；图 8-2 所示为圆形指针式高度指示器。另外，高度也可由测距机显示器或如图 8-3 所示姿态指引仪

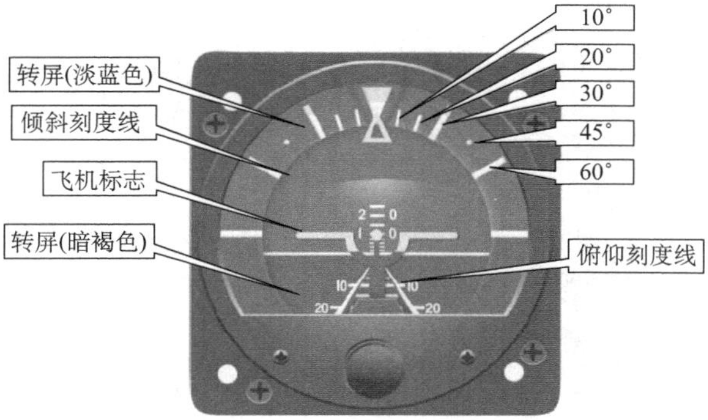

图 8-3 姿态方向指示器（ADI）

指示。

指示器可以是一个模拟式仪表，也可以是一个数字式仪表。指示器中有把模拟信号或数字信号变为供驾驶员目视显示的线路，也包括显示决断高度和失效警告旗线路，指示中出现警告旗，就表示系统工作不正常。

飞机使用电子飞行仪表系统时，无线电高度将作为另一指示器的一部分，如在仪表着陆系统中姿态指引仪中的跑道标记，就是无线电高度显示的，在这些系统中，无线电高度信息作为辅助仪表出现。

3. 接收天线和发射天线

无线电高度表系统工作时需要两部天线，一部用于发射，另一部用于接收。工作于 4300MHz 时采用喇叭天线，工作于 444MHz 时采用半波偶极子天线。

发射天线和接收天线在电气性能和结构上完全相同，可以互换使用。它们一般固定于机身腹部或水平安定面下部。

8.3 工作原理

无线电高度表的测高原理分为调频式和脉冲式两种，其中调频式又分为直接调频式和跟踪调频式两种。

8.3.1 调频式无线电高度表

调频式无线电高度表的系统原理框图如图 8-4 所示。

机载发射机为一调频式发射机，发射中心频率为 f_0、受重复周期为 T_r 的锯齿波调制的调频信号。设相应于锯齿波电压最低值及最高值时的载频频率分别为 f_{01}、f_{02}，随调制电压的变化，载频频率呈线性变化，则发射机载频频率随时间

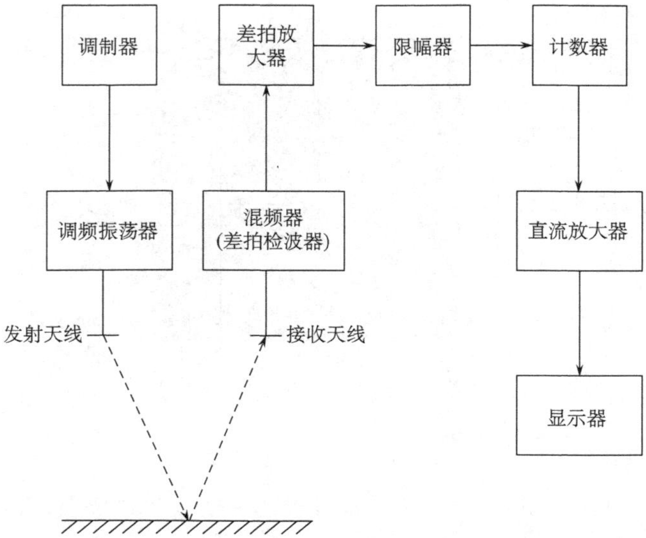

图 8-4 调频式测距系统原理框图

变化规律如图 8-5 中实线所示。

设发射机在 t_1 时间向地面发射的信号频率为 f_1，经时间 τ_a 后，从地面反射回来的反射信号在 t_2 瞬间被无线电高度表的接收机所接收，显然，接收到的反射信号的频率也是 f_1。与此同时，也把发射机的发射信号送入接收机，但相应于 t_2 瞬间发射的信号频率应为 f_2，这样，在 t_2 瞬间反射信号频率 f_1 与发射直达信号频率 f_2 在接收机检波器中出现差拍频率 f_b，$f_b=f_2-f_1$。显然，差拍频率 f_b 与 τ_a 有关，而 τ_a 为电磁波往返于运载体与地面之间所需的传播时间，它取决于运载体距离地面的真实高度 h，即 $\tau_a=2h/c$（式中 c 为电磁波传播速度 3×10^8 m/s）。据此，就可建立起频率 f_b 与飞行高度 h 之间的关系式。

由图 8-5 可以看出，根据△ABC 与△abc 相似三角形之间的关系，可以得到

$$\frac{f_{02}-f_{01}}{T_0}=\frac{\Delta f_m}{T_0}=\frac{f_b}{\tau_a}$$

$$f_b=\Delta f_m\frac{\tau_a}{T_0} \tag{8-1}$$

$$\tau_a=\frac{2h}{c}$$

所以

$$f_b=\frac{2\Delta f_m h}{cT_0}$$

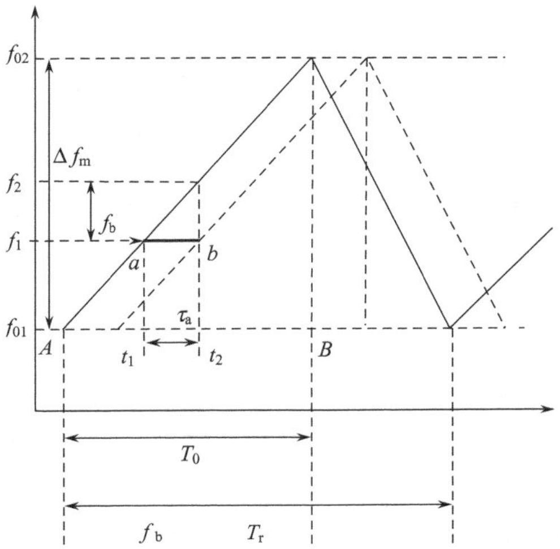

图 8-5 调频式测距系统原理示意图

$$h=\frac{cT_0}{2\Delta f_m}f_b \tag{8-2}$$

式中，Δf_m 为锯齿波波峰之间对应的频率差值 $f_{02}-f_{01}$；T_0 为锯齿波的正程上升时间；c 为电磁波传播速度。

此三者均为已知数，所以在测量出反射信号频率 f_1 与直达信号频率 f_2 的差值 f_b 之后，便可计算出运载体距离地面的高度 h。

8.3.2 跟踪式无线电高度表

直接调频式无线电高度表测高原理简单而具有代表性。但其测量方法引入的阶梯误差很难降低到令人满意的程度，极大限制了它的应用。

因此在直接调频方案的基础上，提出了不少改进措施，产生了各种类型的调频式无线电高度表，如具有旋转移相器的调频式高度表、双调频式高度表、调频深度渐增式高度表等。上述改进有其明显的共同点：首先是从差拍频率的变化中提取高度信息；其次是以补充“中心频率”、增大相对频率偏移作为降低阶梯误差的主要手段，并且提高了高度表的工作频率，由原来的 400MHz 左右提高到 4000MHz 左右，因此可在不同程度上降低阶梯误差，提高测量精度。

跟踪式高度表也称固定差拍频率式高度表，其工作原理如图 8-6 所示。发送系统中 UHF 振荡源是一压控振荡器，当它受到锯齿形电压的激励后便输出被调频的射频信号，并通过天线发射出去。在经过时间 τ_a 后，此调制信号由地面反射回来，被接收天线所接收。由于信号是调频的，所以发送信号的瞬间频率与接

收的瞬间频率是不同的，两信号瞬间频率的差值即为差拍频率，即

$$f_b(t)=f(t)-f(t-\tau_a)=\tau_a\frac{df}{dt} \tag{8-3}$$

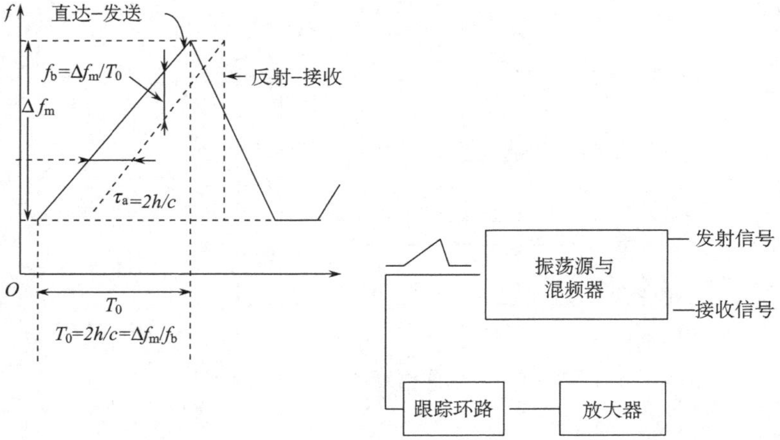

图 8-6 跟踪调频式高度表原理示意图

在跟踪调频式高度表中，不管高度如何变化，使 f_b 和 Δf_m 一直保持不变，唯一与高度呈比例变化的参量是发送信号频率的调制速率，亦即调制信号的周期 T_m，有

$$T_m=\tau_a\frac{\Delta f_m}{f_b} \tag{8-4}$$

如果认为调频信号的频率变化规律是线性的，延迟时间 τ_a 取决于航行体的高度和馈线等引入的延迟 τ_i，则有

$$\tau_a=\tau_i+\frac{2h}{c} \tag{8-5}$$

$$T_m=\frac{2h}{c}\frac{\Delta f_m}{f_b}+T_i \tag{8-6}$$

式中，$T_i=\tau_i\frac{\Delta f_m}{f_b}$。可以看出，在 f_b 和 Δf_m 不变的情况下，调制信号的周期 T_m 直接影响高度的变化。

8.3.3 脉冲式无线电高度表

与调频式无线电高度表一样，脉冲式无线电高度表也用于测量飞机距地面的垂直距离；但它是通过测量脉冲信号由飞机到地面，再由地面反射到飞机的

传播时间来测定高度，其测高原理与普通的测距雷达基本相同，因此脉冲式无线电高度表也称为雷达高度表，只是此时的反射体变成了地面而不再是空中的目标。

一般情况下，高度测量的范围取决于发射脉冲的重复周期，最小可测高度取决于脉冲宽度，而测高精度由对脉冲前沿的测量精度及其设备噪声决定。

在发展前期，脉冲宽度只能做到 μs 量级，如脉宽 $\tau_k=0.5\mu s$ 时，其最小起测高度为 75m；75m 以下高度无法测知，称为盲区。随着电子技术的发展，脉冲宽度已经可以达到 ns 量级，降低了起测高度，缩小了盲区，因而这种高度表也称为毫微秒脉冲高度表，它的测量精度等性能已经接近于调频式高度表，也有比较广泛的应用。

脉冲式高度表与调频式高度表相比，其工作原理较为简单。同时随着毫微秒脉冲高度表在脉冲宽度、脉冲前沿跟踪、距离灵敏度控制方面采取了措施，使得脉冲式高度表具有了良好的性能和广泛的应用。其主要的特点及功能如下：

(1) 采用极窄的毫微秒脉冲体制，减小了脉冲测距的盲区。

(2) 由于脉冲极窄，上升前沿很陡，所以测高精度比较高，不存在普通调频体制高度表所固有的阶梯误差。

(3) 采用脉冲前沿跟踪技术，能够跟踪最近回波的前沿，因而飞机在复杂地面上空飞行时，所测高度为最近点目标的距离，能够更好地保证飞行的安全，克服了调频高度表由于采用天线照射面积上的平均高度所造成的测量偏差。

(4) 由于是脉冲体制，测距范围大，而且增加测高量程也容易实现。

(5) 具有噪声自动增益控制、脉冲自动增益控制和距离灵敏度控制电路，能有效地抗云雨干扰，并能防止天线泄露信号及飞机外挂物的反射信号的影响。

(6) 所设置的锁定 AGC 电路，使系统只有连续接收到 10 个左右的回波脉冲时，才进入跟踪，从而防止了瞬间的大幅度干扰。

(7) 预警装置可在整个测高范围内，预先选定任一限定的高度告警，当飞机低于该高度飞行时，指示器上的告警红灯发亮，同时还可输出一开关信号，以供驾驶仪自动拉起，避免危险的发生。

本章思考题

1. 无线电高度表的组成及功用。
2. 调频式无线电高度表的工作原理。
3. 脉冲式无线电高度表的工作原理。

第9章 气象雷达

气象雷达用于在飞行中实时探测前方航路上瞬息万变的气象状况，是保证飞行安全的重要机载电子设备之一。

20世纪70年代以来，气象雷达在电路结构和器件工艺方面都获得了明显的改进和发展，提高了设备的性能和可靠性。目前，民航干线飞机大都已装备彩色气象雷达，但也有一些机型所装备的气象雷达仍使用黑白显示器。彩色气象雷达应用大规模集成器件和微机技术，利用彩色显像管提供空中气象目标或地面目标的彩色地形图显示画面，使用十分方便。

民航所应用的气象雷达有地面气象雷达和机载气象雷达两种。地面气象雷达用于探测有关空域的气象状态，获取气象信息资料，以进行气象预报。民航系统设置的地面气象雷达，主要用于对机场、管制空域和主要航路的气象预报和实时监视。机载气象雷达的基本功用是在飞行中连续地向飞行员提供飞机前方航路上及其两侧的气象状况及其他障碍物的平面显示图像。飞行员根据所显示的图像，即可选择安全的航线避绕危险的气象区域或其他障碍物。气象雷达也可以提供关于飞机前方地表特征的地图显示，以帮助飞行员识别地标，判断飞机的位置。机载气象雷达是一种自主式的机载电子设备，它通过气象目标或其他目标对雷达所辐射信号的反射来探测目标，其工作无须任何地面设备的配合。

机载气象雷达的工作频率很高，采用显示器作设备终端，其工作原理和电路器件与其他无线电导航设备有较大的差别。本章着重说明机载气象雷达探测目标、显示目标图像和确定目标位置的基本原理，说明机载气象雷达主要功能电路的结构和基本工作原理。

9.1 概　　述

9.1.1 机载气象雷达的基本功能

气象雷达主要用于探测空中的气象状况及其变化趋势。目前，现代机载气象雷达有以下几个方面的功能：

（1）探测航路前方扇形区域的降雨区、冰雹区等气象区域。

（2）探测夹带雨粒的湍流区域。

（3）实现前视风切变检测。

（4）观察飞机前下方的地形特征。

(5) 发现航路上的突立山峰等障碍物。

(6) 显示由其他系统输入的文字或图形信息。

(7) 用作雷达导航信标。

1. 雷达对气象目标的探测

1) 雨区探测

众所周知，在雷雨区的中心及其周围区域，不仅风雨交加，电闪雷鸣，而且气流的变化十分剧烈。特别是在降雨量突变的区域，情况往往更为严重。机载气象雷达的基本功用，就是检测飞机前方航路上的雷雨区等危险气象区域，确定其强度、距离及方位，以使飞行员能够在飞机进入这些危险区域之前，及早操纵飞机避开这些危险区域，保障飞行的安全。

要想依靠地面的气象预报来准确掌握万里航路上的气象动态是十分困难的。然而，气象雷达则能实时地将飞机前方数百千米范围内的气象状况用清晰、鲜明的彩色图像呈现在飞行员的眼前，使飞行员对前方扇形区域中的气象状况一目了然。

在飞行中，机载气象雷达通过不断扫掠的天线向飞机前方及其两侧扇区辐射功率强大的雷达脉冲信号，同时接收由降雨区等含水气象目标所产生的雷达回波。回波信号在雷达接收机和显示器中经过复杂的处理，最终以光信号——明亮的目标图像形式，在显示器上显现出来。气象雷达所提供的目标显示图形如图 9-1 所示。

图 9-1　雷达所提供的显示图像

图 9-1 所示的气象目标分布图形，是目标在飞机前方飞行高度平面内的平面位置分布图形。显示画面底部中央代表飞机的位置。从飞机 O 点出发的画面正中央的射线 OA（实际显示画面上不一定显示出来）代表飞机纵轴线的延长线。图中以 O 点为圆心的弧形亮线代表不同距离的距离标志圈，利用距离标志圈可以很方便地判读目标与飞机的相对距离——通常在每圈距离标志圈的一端显示该圈所代表的距离（n mile）数。显示器上还可以显示出从 O 点出发的明亮射线来，这就是方位线。方位线是等间隔的，利用方位线可以判读目标相对于飞机纵轴的方位。

在彩色电视机中，图像的颜色是反映物体原来颜色的。彩色气象雷达则与此不同，它用象征性的颜色来表示降雨率不同的区域。大雨区域（降雨率超过 12mm/h）的图像为红色，以表示该区域具有较大的危险性；中雨区（降雨率在 4～12mm/h）的图像为黄色，这是人们通常用来提醒注意的颜色，表示该区域具有一定的危险性；小雨区（降雨率在 4mm/h 以下）用绿色图像来表示，其意为安全；微雨（降雨率小于 1mm/h）或无雨区在荧光屏上则显示微黑色——荧光屏上的对应区域不产生辉亮图像。一般肉眼可见的云区是不产生雷达图像的，即机载气象雷达不能检测不降雨的云区。如图 9-2 所示为某一时刻气象雷达显示的气象信息。

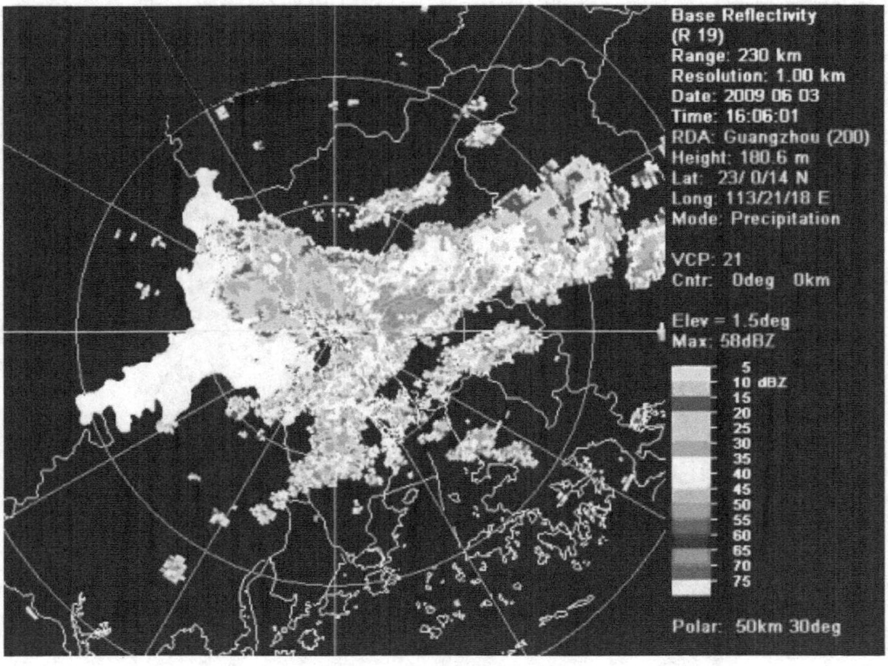

图 9-2　气象雷达显示图

2）湍流检测

先进的现代彩色气象雷达不仅能把飞行员的视线延伸到几百千米的远方，探测出视觉可见的降雨区域，而且还能探测出与降雨区相伴随的、肉眼所不可见的湍流区域。湍流区域中的气流运动急速多变，方向变化不定。飞机一旦进入这种湍流区域，不但会产生激烈的颠簸，使机翼、尾翼等部分承受巨大的载荷，而且会造成飞机的操纵困难，危及飞行安全，因此，飞行中总是十分小心地避开湍流区域。20 世纪 80 年代之前，在装备 P-90、RDR-1F 等常规雷达的飞机上，飞行员只能通过观察雨区的图像，通过图像的特征凭经验来判断是否存在湍流，大致推测湍流区域的位置，但很难做出准确、及时的判断。而自从湍流检测雷达问世之后，利用这类现代气象雷达则能可靠、有效地探测出危险的湍流区域，并用醒目的品红色（或浅紫色）图像直接标示出危险的湍流区域的位置，以提醒飞行员注意避绕，因而对提高飞行的安全性具有十分明显的作用。如图 9-3 所示是气象雷达在某一时刻显示的湍流信息。

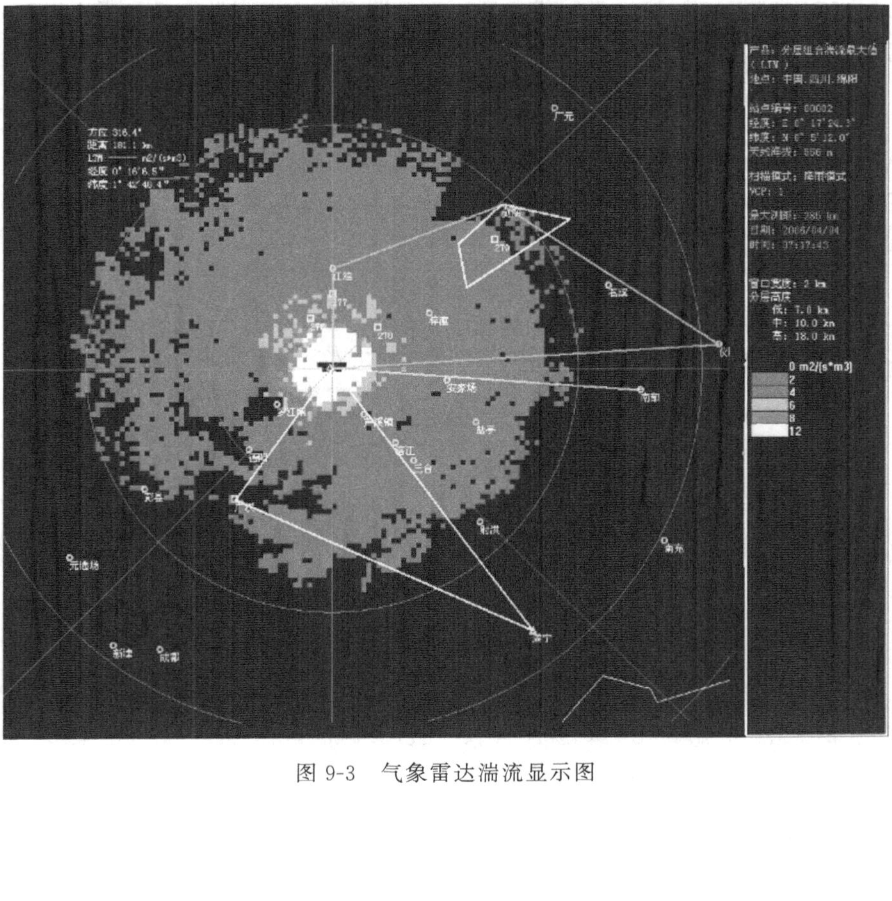

图 9-3　气象雷达湍流显示图

由此可知，彩色气象雷达所提供的显示图像，不仅能直观地把飞行员目力所不能见的前方航路及其左右扇形区域中的降雨区的强度及危险的湍流区呈现在飞行员的眼前，而且还可形象地表示出这些降雨区及湍流区相对于飞机的距离与方位以及纵深分布情况，使飞行员能一目了然地掌握前方航路上的气象状况。气象雷达所能探测的范围通常可达 320n mile（592km）。观察这一气象目标的平面分布图像，飞行员就可以选择最恰当的航路，以安全避绕危险气象区域，并使飞行平稳舒适。

需要说明的是，机载气象雷达所能有效检测的仅仅是那些含有大大小小水滴的“湿性”气象目标，如各种程度的降雨区，夹杂雨粒的湍流区，表面覆盖有薄薄水膜的冰雹、潮湿的雪花等；而对那些“干的”冰雹、“干性”降雪、不伴随降雨的湍流及一般的云雾，由于其所产生的雷达回波通常十分微弱，所以机载气象雷达是不能有效探测的。

在通常情况下，不论飞机是平飞还是有一定的俯仰角或倾斜角，气象雷达显示器所提供的总是飞行高度上与水平面相平行的平面中的目标位置分布图形。只有当雷达工作于“稳定解除”状态时，雷达才提供飞机俯仰平面内的目标分布图形。

2. 发现航路上的山峰等空中障碍物

飞机在离地高度较低时，或者飞机在下滑过程中，飞机前方的突立山峰也会被雷达波束照射到，如图 9-4 所示。被雷达波束照射到的山峰可在荧光屏上形成明显的图像，以使飞行员及时觉察到。此外，在相邻高度层上飞行的近距离大型飞机，一般也能形成目标回波。

图 9-4　雷达波束照射到突立的山峰

气象雷达的这一特性，对在黑夜、浓雾、低云层等能见度很差情况下飞行的飞机，以及在地形复杂的山区飞行和起降的飞机来说，具有重要的意义。但是必须强调指出，气象雷达的基本功能是检测大面积的气象降雨区，它对山峰、相遇飞机的探测能力和所显示的相应图像及位置的准确程度，是不能满足地形回避和防撞要求的。因此，绝不可把气象雷达所显示的图像作为地形回避和空中防撞的依据。

3. 气象雷达地形观察功能

当把雷达波束指向地面时，利用地表不同地物对雷达电波反射特性的差异，可以在雷达显示器上显示出飞机前下方扇区内的地表特征的图像，这就是气象雷达工作于“地图”方式时的地形观察功能。

含有大量钢铁或其他金属结构的工业城市，具有比周围大地更强的反射特性；河流、湖泊、海洋对电波的反射能力则明显不同于其周围或相邻的大地表面。当雷达电波投射到大地表面时，不同地表特征便形成了强弱差别明显的雷达回波。根据雷达回波的这一特性，气象雷达便可在显示器上显示出地表特征的平面位置分布图形来，图 9-5 是雷达工作于地图方式时的显示画面，画面清晰地显示出海岸线、湖泊及较宽的河流的轮廓线。飞行员利用所熟悉的这种地貌特征的平面位置图形，可以方便地判断出飞机的位置。为清晰起见，图中没有画出距离标志圈。

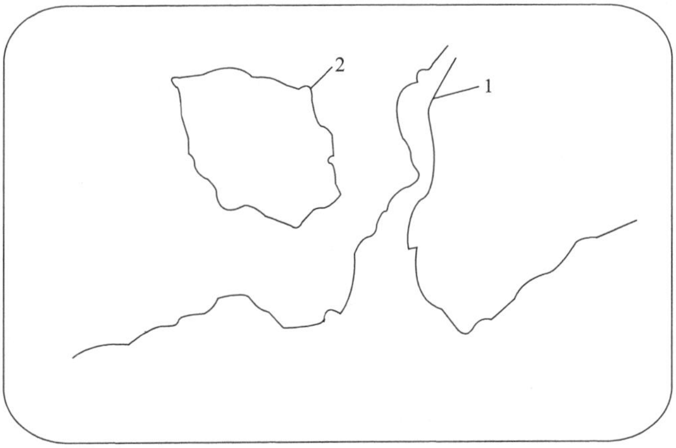

图 9-5 雷达工作于地图方式时的显示画面

1. 较宽的河流；2. 湖泊

同样，地貌图像的颜色也是象征性的：江、河、湖、海对雷达电波的反射能力较弱（1 级电平），其图像用代表水面的绿色或青色（蓝绿色）表示；一般陆地的反射能力稍强（2 级电平），以黄色模仿大地的颜色；大型城市中的工矿企业及大型桥梁含有大量的金属结构，其反射能力较强（3 级电平），用红色或紫色图像来表示，以易于识别。而丘陵、山地对电波的反射程度明显高于周围的平原；江、河、湖、海对电波的反射状况与陆地不同，因而可以显示出清晰的轮廓图形，如海岸线、河流、岛屿等。观察荧光屏上的这些地貌特征图形，即可十分方便地判明飞机当前所处的地理位置。

4. 气象雷达显示器的辅助信息显示

除了提供气象雷达本身所检测到的空中气象目标或显示飞机前下方的地貌特征图像外，气象雷达显示器还可以像一般的显示终端一样，显示由其他机载系统所提供的文字或图像信息，如由避撞系统输入的图像与文字信息、快速检查单、导航数据资料等。

5. 气象雷达导航信标

PRIMUS-500（Sperry 公司）、RDR-1400（Bendix 公司）等气象雷达除了具备气象检测和观察地形功能外，还具有雷达导航信标功能。这些雷达装备在小型飞机或直升机上，与地面或海上油井平台上的雷达信标台相配合，可以提供简易的导航定位功能。

气象雷达导航信标功能可通过功能选择开关来选择。当将三位功能选择开关置于“气象”位置时，雷达只具有常规的气象探测功能；当将开关置于“信标”或“气象和信标”位时，即可在地面雷达应答信标台应答时显示出地面台的位置。飞行员根据显示器上所显示的地面信标台图像（一个白色的小方块）的位置，即可操纵飞机飞往装备该雷达应答信标台的机场或海上平台。

9.1.2 气象雷达的工作方式

不同型号的机载气象雷达，有着名目众多的工作方式，但其共同的基本工作方式为气象（WX）和地图（MAP）两种。新型雷达一般都设有一种测试（TEST）方式，有的还具备湍流（TURB）、地面杂波抑制（G/C）、循环（CYC）等特种功能工作方式。旧型雷达在接通电源进入正常的工作方式之前，还必须工作于准备（STBY）方式一定的时间，下面简单介绍在气象、地图、测试、准备等方式时气象雷达系统的整机工作情况。

1. 气象方式

气象方式是机载气象雷达最基本的工作方式。气象方式在苏式雷达中称为“障碍物”方式。

雷达工作于气象方式时，显示器上所呈现的是空中气象目标及其他目标的平面位置分布图形。此时，天线波束在飞机前方及左右两侧的扇形区域内往复扫掠，以探测飞机航路前方扇形平面中的气象目标，通常是飞机所处的飞行高度层中的目标。天线所辐射的是很窄的锥形波束，俗称“铅笔波束”。

雷达发射机产生周期性射频脉冲信号，经由波导系统输往天线辐射。天线接收的空中气象目标及其他目标（如突立的山峰或大型飞机）的回波，经由波导系统输入到接收机进行放大及其他处理。接收机的增益在气象方式时可以是自动控制的，也可以进行人工调节。

2. 地图工作方式

地图方式是各型机载气象雷达所共有的一个基本工作方式，在苏式雷达中称为“观察”方式。

地图方式时，呈现在荧光屏上的是飞机前下方地面的地表特征，诸如山峰、河流、湖泊、海岸线、大城市等的地形轮廓图像。为此，应使雷达天线波束照射飞机前下方广大地区。在新型雷达中，这是通过将天线下俯一定角度来实现的。此时天线所形成的波束仍为锥形窄波束，与雷达工作在气象方式时的波束形状相同。在一些旧式气象雷达中，地图方式时的天线波束形状是不同于气象方式的余割平方波束，俗称为“宽波束”。这种波束在水平面内仍然是很窄的，其水平波束宽度与探测空中目标时的窄波束相同；所不同的是宽波束的能量在垂直平面内分布范围较宽，是向天线电轴前下方约 30°俯角的范围内辐射的。利用这种余割平方波束，就可以照射飞机前下方较宽范围内的地面区域，达到视察地形的目的。

3. 测试方式

大多数新型机载气象雷达都设置有功能完善的机内测试电路，以对雷达进行快速的性能检查。

当选择测试方式时，显示器上即显现如图 9-6 所示的彩色测试带及其他自检信息。维护和使用人员通过观察所呈现的彩色测试带与噪声带的状况及显示在屏面上的其他信息，即可方便迅速地了解雷达的性能状况。需要说明的是，不同型号雷达有各自规定的标准自检图形，以及所应显现的自检信息，检查雷达时，应与维护手册所规定的图形相对照，以做出正确的判断。

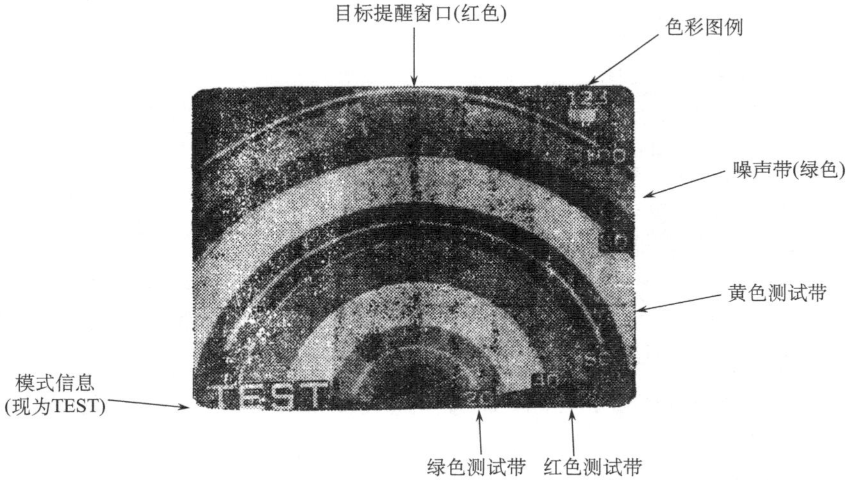

图 9-6　典型的雷达自检图形

自检期间，在显示器上还显现规定距离的距标圈及其读数、天线姿态信息、增益读数、故障信息（如果存在的话）及其他信息。

4. *准备方式*

有的气象雷达设置有准备方式，以使发射机中的高频功率振荡器及显示器有一定的加温准备时间。准备时间约70s，有的则长达3～4min。应用全固态器件的雷达通常不需要设置准备方式。在准备方式，发射机是不产生射频振荡的，因此天线不会辐射电磁能量。

9.2 基本组成

机载气象雷达的基本组件为雷达收发组、雷达天线、显示器、控制盒和波导系统。有的机载气象雷达系统具有和显示器分离的控制盒；有的则包括两套收发组，还可能包括单独的定时（同步）组件。此外，机载气象雷达还需由垂直陀螺提供倾斜和俯仰稳定信号，倾斜和俯仰信号可以由单独的垂直陀螺组件提供，也可由惯性基准系统提供。如图9-7所示是由一部雷达收发组、一部显示-控制器、天线及波导组成的气象雷达框图。

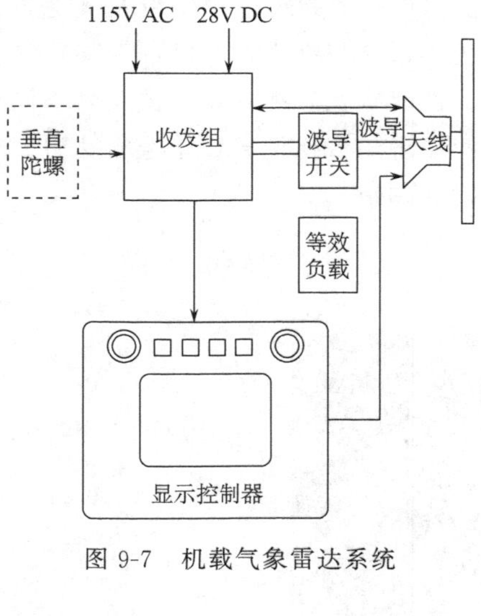

图9-7 机载气象雷达系统

在装备电子飞行仪表系统（EFIS）的飞机上，雷达图像是和其他导航信息一起显示在电子式水平状态显示器（EHSI）上的，在有的飞机上，则通过导航显示器（ND）来显示雷达图像。因此这些飞机上的气象雷达系统一般不再包含显示组件，而只由雷达收发组、天线、控制盒等组成。不过在有的装备电子飞行仪表系统的飞机上，仍装有专用的雷达显示器，以供备用。

9.2.1 雷达收发组

雷达收发组由雷达发射机和雷达接收机两部分基本电路组成。此外，在雷达收发组中还通常包含一些其他功能电路。

雷达发射机用以产生强力的、周期性的微波脉冲信号。所产生的周期性脉冲信号经收发开关后，经由波导系统馈送至雷达天线辐射。

雷达接收机用以接收和处理由天线接收的雷达回波信号。接收电路将所得到的回波视频脉冲信号（或视频回波信息）输往显示器。

机载气象雷达的工作频率为9333MHz、9345MHz或9375MHz。这一波段属于X波段。由于雷达的工作波长仅为3.2cm，所以雷达发射电路及接收电路中的高频部分是由各种微波器件组成的，其结构和工作原理与工作于甚高频或高频的无线电设备有较大的差别。

雷达收发组总是安装在尽量靠近天线的位置，如前设备舱或机鼻罩内，以尽可能缩短连接波导的长度。由于发射机耗散的功率较大，收发组通常装有散热通风的专用风扇。

9.2.2 雷达天线组

雷达天线组安装在飞机雷达罩（机鼻罩）内的密封舱前隔板上，由发射机产生的功率强大的周期性脉冲信号，经由波导系统输至天线高频部分。雷达天线具有很强的方向性，它把信号能量集中在天线轴线方向的很窄的范围内，形成圆锥形的波束辐射出去。在发射脉冲之间的间隔内，天线接收由各种目标反射回来的回波信号。雷达罩用以保护雷达天线，保持飞机的流线型外形。雷达罩是用非金属材料制成的，应能保证电磁波的顺利穿透。

雷达天线是一种工作频率高，方向性很强的X波段微波天线。天线的功用是把发射机所产生的强力脉冲信号形成很窄的雷达波束辐射到空中，并接收由雷达目标反射回来的回波信号。气象雷达所使用的天线有平板型天线和抛物面天线两类。

雷达天线的一个显著特点是需要进行复杂的运动：方位扫掠与倾斜、俯仰修正。方位扫掠是自动的、周期性的，天线扫掠的范围一般为±80°或±90°，扫掠速率一般为14～18次/min。为了维护方便起见，天线组件上装有方位扫掠控制开关。将开关扳至断开位，即可停止天线的方位扫掠。倾斜、俯仰修正运动也是自动进行的，它使天线波束轴扫掠平面稳定在与水平面相平行的平面内。当飞机水平飞行时，天线辐射器的波束轴扫掠平面是与水平面平行的。当飞机倾斜时，如果不采取修正措施，天线波束轴扫掠平面也将是倾斜的；同样，在飞机俯仰时，天线波束轴也将会在俯仰平面内扫掠，如图9-8所示。可见，当飞机俯仰或倾斜时，如不采取稳定修正措施，则天线波束所照射的不是飞机前方水平面内的气象目标；此时显示器上所显示的也不是目标在飞行高度平面中的平面分布图形。为了得到正确的目标平面分布图形，雷达天线进行完善的倾斜、俯仰修正稳定运动。当飞机的俯仰或倾斜角度不超过一定极限时（如±40°），稳定机构都能使天线波束轴扫掠平面与水平面相平行。

图中虚线表示天线稳定时的扫掠平面，实线表示天线未稳定时的扫掠平面。上述稳定修正运动是自动进行的。气象雷达设有“稳定解除”控制元件，当选择稳定解除工作状态时，天线扫掠平面是随飞机姿态的变化而变化的，不再保持在

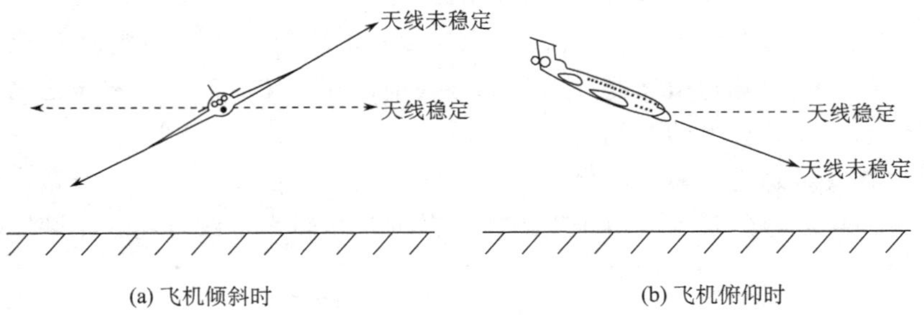

图 9-8 天线的稳定状态与扫掠平面

与水平面相平行的平面内。

天线除了能自动地进行方位扫掠和稳定修正运动外，还可以进行人工俯仰。转动控制盒（或显示器）上的人工俯仰旋钮，即可按需要人工俯仰天线。人工俯仰的范围为±15°。

9.2.3 显示器与控制盒

显示器是雷达的终端设备。雷达接收机输出的视频回波信号（信息）在显示器中经过一系列的处理后，在显像管的荧光屏上显现为相应的雷达目标图像。彩色气象雷达显示器应用高性能的彩色显像管和复杂的信号处理、存储电路，以不同的色彩表现降水强度不同的气象目标或反射特性不同的地面目标，色彩鲜明，图像清晰明亮。彩色显示器在显示气象目标时通常用绿、黄、红及紫红色来表示强度逐渐增大的降水区。在显示地面目标时，通常用蓝绿色、黄色、紫红色来代表反射强度不同的地面目标。黑白雷达显示器则用明亮程度的不同来反映目标反射特性的强弱。

整个雷达系统的控制调节元件通常和对显示器本身的控制元件一起，装在显示器的面板上，以使设备紧凑。但在有的雷达系统中，设有单独的雷达控制盒。显示器安装在驾驶舱中的仪表板上或中央操纵台前端的电子设备板上。

9.2.4 波导系统

波导系统用以实现雷达收发组和天线之间的射频能量传输。由于雷达信号是频率极高的微波信号，所以不能用一般无线电设备所用的同轴电缆来传输，只能用封闭的波导系统传送。发射机产生的功率强大的雷达发射信号，通过波导系统传送给天线，辐射到空中去；同一部雷达天线所接收的雷达回波信号，也是经过同一波导系统传送给雷达收发组中的接收机。

波导系统由刚性波导和软波导组成。在有的气象雷达波导系统中，还装设有一个波导开关和等效负载。

9.3 工作原理

机载气象雷达能够将飞机前方航路上的气象目标或其他目标的存在及分布状况呈现在显示器上。雷达的这一基本工作过程，可以看成是对目标的探测过程和确定目标的距离与方位的过程。以下分别说明气象雷达探测目标的物理基础及其基本的工作原理。

9.3.1 气象雷达对目标探测的物理基础

1. 气象目标的回波特性

水是一种导体，具有较好的导电性，能够对机载气象雷达天线所辐射的X波段的电磁波产生一定程度的反射，形成雷达回波。只要水粒具有一定的直径和密度，则在雷达探测范围内的具有一定空域体积的气象区域均能产生有效的气象回波，而能被机载气象雷达检测出来。不仅如此，雷达波在穿透整个气象而射向位于该区后面的其他气象目标时，也同样可使这些较远的气象目标产生各自的雷达回波。它使气象雷达能够透过近距离目标的遮挡，而发现较远的气象目标——也许是对飞行安全更具有威胁性的恶劣气象区域，从而较为全面地把探测范围内不同距离处的气象目标分布情况以平面位置显示图形的形式提供给飞行员。由于水可以以雨滴、冰雹、雪花等不同的状态存在，且不同的状态对应不同的雷达波反射能力，由此在显示器上显示出不同的气象目标图像。降雨区、冰雹等气象目标所产生的雷达回波的强弱情况如图 9-9 所示。

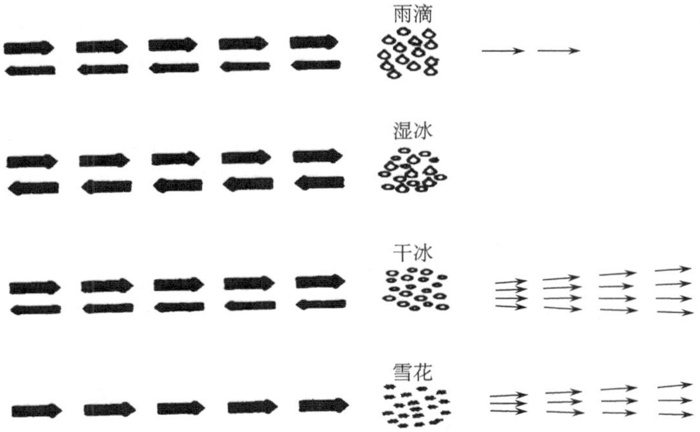

图 9-9 气象目标的反射特性

2. 地面目标的回波特性

机载气象雷达工作于地图（MAP）方式时，显示器上显示飞机前下方扇形区域中的地形。观察城市、山峰、河湖、海岸线等地形轮廓的彩色地图，可以帮助飞行员在目力无法观察的情况下判明飞机当前的地理位置及飞机的实际航向。在缺少地面导航设备的荒凉地区，也可以利用气象雷达所提供的地图来进行导航。

1）气象雷达识别地形的基本原理

机载气象雷达通过地面目标对雷达信号反射特性的差别来显示地形轮廓。

田野和山地的表面、江河湖海的水面、城市的建筑物都对雷达信号具有不同程度的反射能力，可以产生一定强度的回波信号。然而，由于不同地物本身的性质、形状等方面的差异，它们所产生的回波信号的强度存在着一定程度的差别，这就是机载气象雷达区别不同地形的基础。

当机载气象雷达工作于地图方式时，为了获得飞机前下方的地物反射回波，需将天线下俯一定的角度，以使天线所发射的雷达波束投射到大地表面，如图9-10所示。

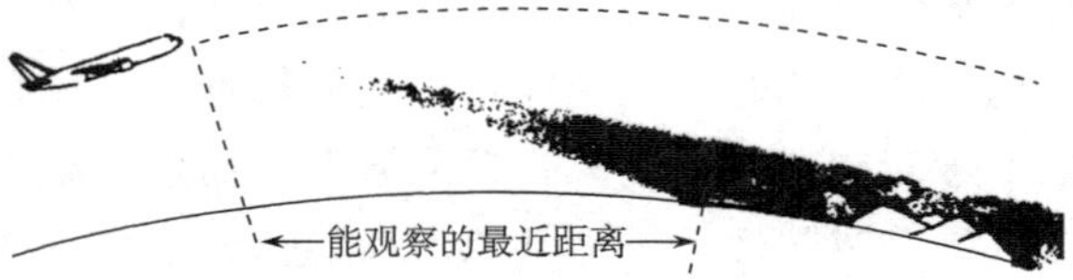

图9-10　下俯天线以获得地物回波

选择不同的显示距离时，应适当调节天线下俯角，才能正常观察地形。显而易见，显示距离越小，所应选用的天线下俯角越大。飞行高度不同时，为观察地形所应选用的天线下俯角也不同。飞行高度增大时，天线下俯角也相应增大。

天线波束所扫掠地带的距离和宽度，取决于天线的俯角、波束宽度、飞行高度和飞机的俯仰姿态。气象雷达所观察的带状地域范围，受天线俯仰极限与地球曲率的限制。在飞行高度一定时，天线下俯角越大，所能观察的地域越近。但是，即使将天线俯仰旋钮调置最大下俯角（$-15°$），雷达也只能观察一定距离以内的地域，如图9-11所示；反之，减小天线的下俯角，可以增大雷达所能观察地域的距离，但当进一步减小天线俯角时，由于地球曲率的影响，天线波束就不再能照射到地面，这就限制了雷达所观察地域的最大距离。

显然，气象雷达所能观察的最远距离，与飞机的飞行高度有关。飞机高度越高，所能观察的地域越远。气象雷达所能观察的地面的最大距离（最大视线距离）与飞行高度的关系如图9-12所示。图中的纵坐标为飞行高度层，其单位为kft；横坐标表示最大视线距离，其单位为10n mile。

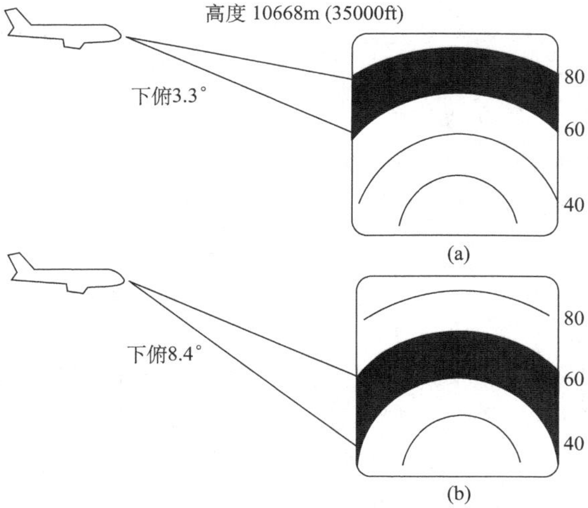

图 9-11 不同俯角时可观察的地域范围

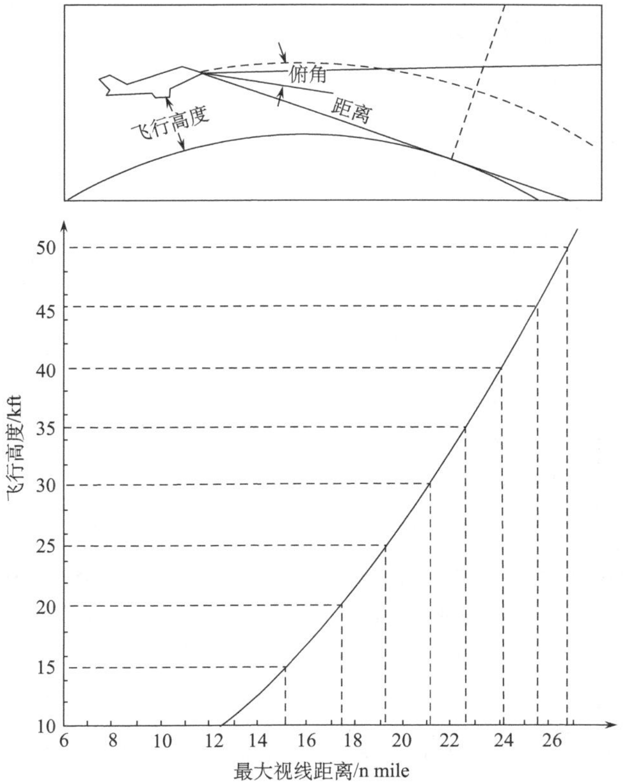

图 9-12 飞行高度与最大视线距离

需要说明的是，图 9-11 和图 9-12 所列举的距离与俯角数值只是近似值，它们之间的关系与天线波束宽度、飞机姿态、雷达天线的俯仰稳定精度等因素有关。

2）影响地物回波强度的因素

机载气象雷达是利用不同地物所产生的回波强度的差别而形成彩色地形图的。影响地物回波强度的因素很多。在雷达的发射功率、信号波长、天线特性及飞机姿态等因素确定时，回波强度主要取决于电波的入射角、地物本身的性质、与飞机之间的距离（斜距）等因素，此外，也与电波传播路径上的损耗——当时的大气状况有关。

（1）入射角对回波强度的影响。由于地面起伏情况不同、地表物体的形状不同以及反射面与飞机的距离不同等原因，会使天线波束照射反射面的入射角各不相同。在其他条件相同时，入射角较小，回波能量较强；入射角较大，回波能量减弱。回波能量与入射角的关系可用反射方向图来表示，反射方向图大体上像一个长轴垂直于反射面的椭圆，如图 9-13（a）所示。鉴于机载气象雷达天线的下俯角被限定在 15°之内，实际飞行中，天线波束对平整大地表面的入射角通常在 75°～85°范围内，因而回波较弱。

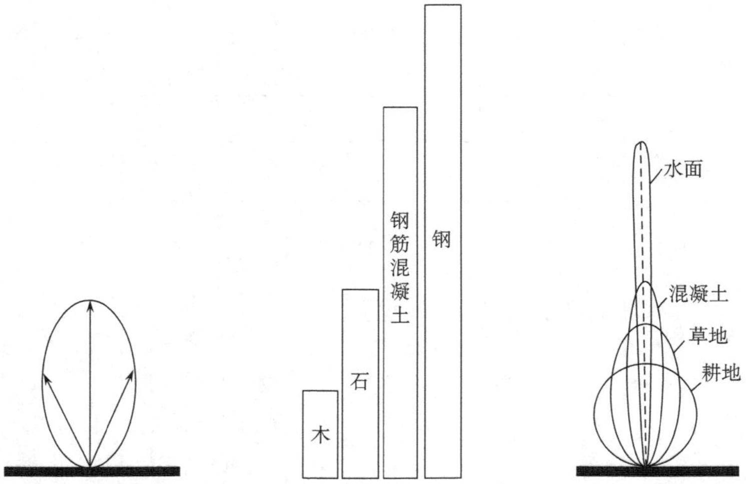

(a)回波强度与入射角的关系 (b)不同建筑材料回波强度的比较 (c)不同反射物的回波方向图

图 9-13 地物反射回波方向图

（2）地物的性质与回波强度。地物的性质主要指地表反射物本身的材料及其表面粗糙程度。构成反射物的材料不同，其导电性能不同，因而对雷达电波的反射能力也不同。在其他条件都相同的情况下，几种不同建筑材料反射回波强度的比较，如图 9-13（b）所示。在地物材料相同时，反射面的粗糙程度是决定回波强度的一个重要因素，不同粗糙程度反射回波强度如图 9-13（c）所示。

9.3.2 气象雷达对目标探测的基本工作原理

气象雷达之所以能发现目力所不能及的黑暗及云雾中的气象目标或其他目标，把人的视力延伸到几百海里远的地方，从根本上讲是基于目标对雷达信号的反射特性。

1. 目标对雷达信号的反射

机载气象雷达之所以选择频率为 9300～9400MHz 范围内的 X 波段的信号，其基本原因之一就是雨区及其他空中降水气象目标能够对这一波段的信号产生有效的反射。

我们知道，导体能够有效地反射电磁波。水是一种导体，所以也能够反射电磁波。空中的降雨区域、降水云区及其他降水气象目标，同样也能够对照射它们的雷达信号产生一定程度的反射。当然，气象目标对雷达信号的反射程度是与信号的波长密切相关的。除此之外，不同气象目标对雷达信号的反射程度，还与它们本身的含水密度及状态等有关。

气象雷达所辐射的是能量集中在极短时间内的射频脉冲信号。采用脉冲发射信号，可以有效地探测和区分空中的气象目标。

2. 回波信号的接收

雷达的接收机和发射机是共用一部雷达天线工作的。信号的发射与回波信号的接收过程是交替进行的。雷达发射机在极短时间内所产生的功率强大的脉冲信号，通过天线辐射出去。在这短短的几微秒内，雷达接收机的输入端是关闭的，不与天线连通。雷达发射过程结束后，雷达即工作于接收状态，此时天线与接收机输入端相连接，不同距离处目标所产生的回波信号即由天线接收而加至接收机进行复杂的处理。雷达工作在接收状态的时间远远大于它的发射时间，几乎等于脉冲的周期，一般为 2000～8000μs。在这段接收时间内，距离飞机约 400n mile 范围内的明显气象目标所产生的回波信号，都能被雷达所接收。

3. 天线波束及其扫掠

雷达发射机所产生的脉冲射频信号，是由雷达天线汇聚成束后向空中某一方向辐射出去的。这种情况和探照灯会聚光线的情形十分相似。

在某一瞬间，雷达天线指向空间某一方向，此时可以简单认为只有在这一方向的目标才会被雷达波束照射到，从而产生相应的回波信号而被雷达所探测；其他方位的目标，由于不可能被雷达信号照射到，所以在这一瞬间是不会产生回波而被雷达所探测的。当然，雷达天线所形成的波束实际上总是具有一定宽度的，所以当雷达天线指向某一方位时，被波束所照射到的是以这一方位为中心的一个很窄的圆锥范围内的所有目标。

为了探测飞机航路前方及其左右两侧的气象情况，气象雷达天线是在一定范围内进行往复方位扫掠的。通过天线的周期性方位扫掠，雷达就可以探测这一方位范围内被波束所依次照射到的目标，从而向飞行员提供飞机前方扇形区域内目标的平面位置分布图像。

气象雷达对目标的上述探测过程如图 9-14 所示。

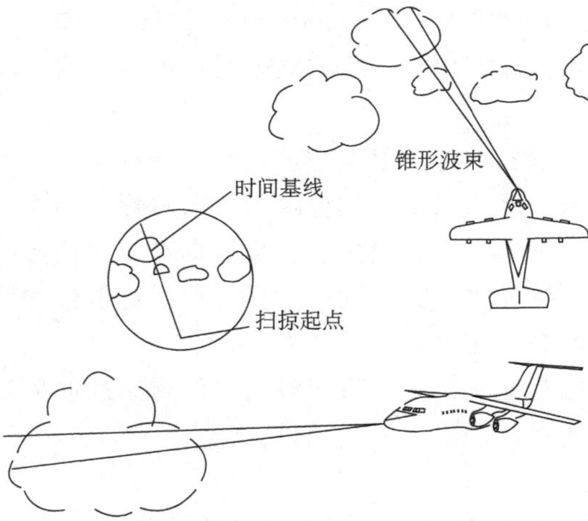

图 9-14 气象雷达对目标的探测过程

4. 气象雷达对目标距离和方位的测定

气象雷达属于一次雷达，其探测目标距离和方位的原理同一次雷达。

9.4 雷达性能参数

9.4.1 雷达信号与性能参数

气象雷达发射机所产生的雷达发射信号，是一种工作频率在 9300～9400MHz 的周期性脉冲射频信号，如图 9-15 所示。

在雷达短暂的发射期内，雷达发射机产生功率很大的等幅正弦振荡，形成包络形状为矩形的周期性脉冲发射信号；在两次发射脉冲的间隔期内，接收机接收来自由不同距离的目标所反射回来的回波信号。回波信号的幅度远远小于发射信号，在时间上延迟于发单脉冲一定的时间，但其频率仍可认为是与发射信号相同的。

在雷达系统中，通常用工作频率、脉冲重复周期或脉冲重复频率、脉冲宽度和脉冲功率等参数来表征雷达信号的特性，说明雷达的性能。

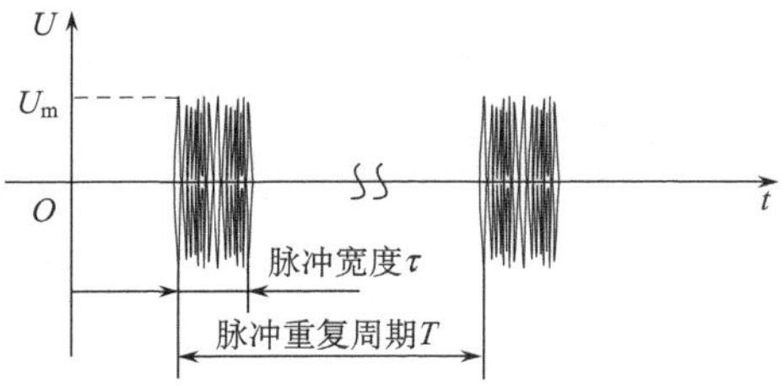

图 9-15　气象雷达信号

9.4.2　工作频率

雷达的工作频率，即雷达发射信号的频率。工作频率也可称为射频频率，通常用 f_0 来表示。

气象雷达的工作频率是固定的，通常在 9300～9400MHz 范围内选择，如 9333MHz、9345MHz、9375MHz。只有少数气象雷达的工作频率为 C 波段的 5440MHz。

9.4.3　脉冲重复周期或脉冲重复频率

雷达发射机所产生的周期性脉冲射频信号的重复频率称为雷达的脉冲重复频率，常记为 PRF。有时，也习惯用脉冲重复周期 PRT 来表示雷达脉冲信号的发射间隔时间。脉冲重复周期是周期性脉冲信号相邻两个脉冲之间的间隔时间，应从脉冲的前沿测量到下一个脉冲的前沿时刻，如图 9-16 所示。

机载气象雷达的脉冲重复频率一般在 120～500Hz，有的现代气象雷达也可使其脉冲重复频率高达 1446Hz。常用的 PRF 值为 120Hz、181Hz、400Hz 和 500Hz。

脉冲重复周期等于脉冲重复频率的倒数。对应于上述常用 PRF 值的脉冲重复周期分别为 8333μs、5525μs、2500μs 和 690μs。

脉冲重复频率的选择必须与雷达的最大探测范围相适应。也就是说，要保证探测范围内最远目标的回波信号，能在下一个发射脉冲信号产生之前被雷达所接收。因此，作用距离较远的雷达，其脉冲重复周期必须较长，或者说脉冲重复频率必须较低。

9.4.4　脉冲宽度

脉冲宽度指射频脉冲信号的持续时间 τ，如图 9-16 所示。实际的脉冲往往是具有一定的上升沿、下降沿、波顶下降甚至尾部振荡的，不是理想的矩形脉冲，如图 9-18 所示。通常所定义的脉冲宽度 τ，指高频脉冲包络半功率点（0.707 电压点）之间或前后沿 $0.5U_m$ 点之间的时间间隔。在需要进一步说明脉冲波形的特性时，则以脉冲最大值的10%处的时间间隔为脉冲底部宽度；脉冲最大值的90%处的间隔为脉冲顶部宽度。

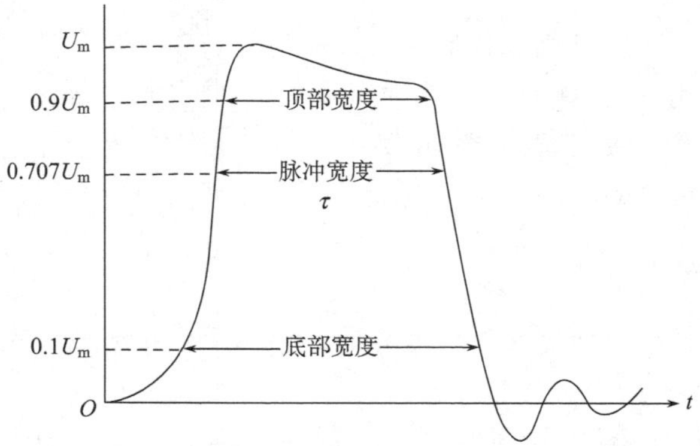

图 9-16 发射脉冲的包络波形

发射信号的脉冲宽度，会影响雷达分辨距离相近目标的能力。脉冲宽度大时，同一方位上相距很近的两个目标的回波就会重叠在一起而无法分辨。

机载气象雷达的脉冲宽度一般为1～5μs，常用的脉冲宽度为2μs、3.5μs、4.2μs等。有的新型雷达的发射脉冲宽度，可以随所选择的探测距离或工作方式变化。

9.4.5 脉冲功率与平均功率

雷达发射机在脉冲期间所输出的信号功率称为脉冲功率，常用符号 P_t 来表示。脉冲功率是决定雷达探测范围的主要因素之一。提高脉冲功率，所发射的信号能量增大，远距离目标所产生的回波信号能量也相应增大，因而能够增大雷达的探测范围。

机载气象雷达的脉冲功率为100W至几十千瓦。旧式雷达的功率较大，通常为几十千瓦。新式雷达在探测范围相同的情况下，发射功率远低于旧式雷达。

平均功率指在整个发射周期中雷达发射信号的功率，常用 P_0 表示。气象雷达的平均功率从1W到几十瓦不等。

9.4.6 占空比

脉冲占空比也叫脉冲占空系数或脉冲工作比，占空比等于脉冲宽度与脉冲重复周期的比值，即脉冲宽度与脉冲重复频率的乘积。

9.5 湍流与风切变检测雷达

湍流与风切变可以说是对飞行安全威胁最大的气象状态。在很多情况下，湍流与风切变区域又难以用肉眼和其他仪器所直接观察或检测，加之其急速多变的特性，因而就更增大了对飞行安全的威胁程度。对各种飞行事故的严格分析证明，世界民航史上已经发生过数起被确认是由于遭遇湍流或风切变而导致的灾难性飞行事故。20 世纪 80 年代湍流检测的成功实现，是当代气象雷达发展史上具有重大意义的划时代的进展之一。此后，又经过 10 余年的继续探索，在 1995 年前后成功地利用机载气象雷达实现了对风切变的前视检测，把气象雷达的性能推向了一个新的高峰。

9.5.1 湍流及其检测原理

1. 湍流

气象学的研究和观测以及飞行员的经验表明，暴雨区域往往伴随着湍流的产生。最强烈的湍流通常存在于雷暴区的中等高度（20000～30000ft）范围内，但在雷暴雨区的上风方向和下风方向以及雷暴云的顶部及其下方，均可能存在湍流。图 9-17 所示为典型的雷暴云、降雨区和湍流区域示意图。

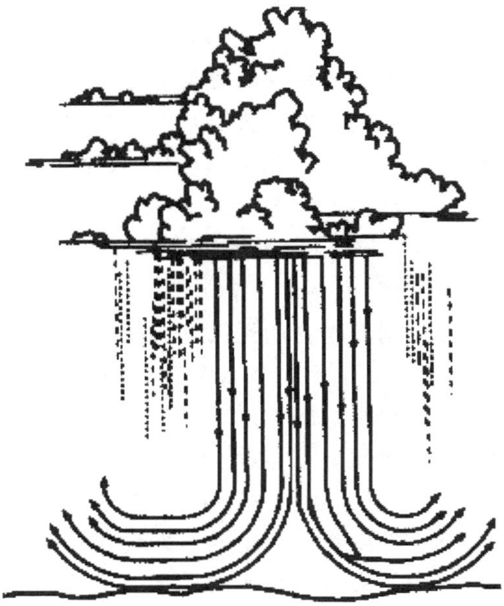

图 9-17 雷暴云、降雨区及湍流区

尽管湍流往往是伴随着暴雨区域而存在的，但是在某些区域，有时也可能会形成不夹带雨滴的湍流。根据湍流区域中是否含有降雨雨滴，可以把湍流分为湿性湍流和晴空湍流两类。一般来讲，湍流往往是与降雨相伴随的。航空气象学的统计表明，含有雨滴的湿性湍流约占湍流的 85%。

目前，机载气象雷达所能有效探测的是夹杂一定数量雨滴的湿性湍流。

湍流是根据湍流区域中微粒的速度偏差来定义的，它与微粒的绝对速度无关。设有如图 9-18 所示的两个气象区域 A 和 B，它们所包含的雨粒采样的绝对速度用数字表示在图中对应的各处。对气象区域 A 而言，12 处雨粒采样的平均速度（绝对速度）为 15m/s；最大速度雨粒采样与最小速度雨粒采样的差值——标准偏差为 8m/s。对区域 B 而言，12 处雨粒采样的平均速度也是 15m/s，与区域 A 相同，但标准偏差却等于 14m/s。两个区域的平均速度采样虽然大体相等（均为 15m/s 左右），但区域 B 的速度偏差却比 A 大得多。按照所规定的门限，定义区域 B 为湍流目标，区域 A 为非湍流目标。

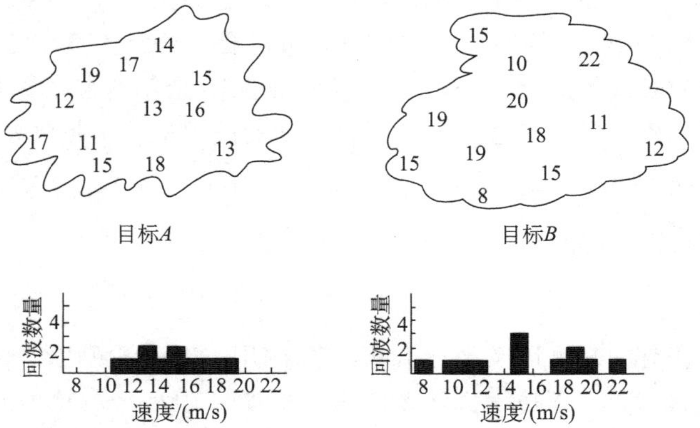

图 9-18 湍流目标与非湍流目标

湍流的速度偏差越大，湍流越强。根据速度偏差的大小，可把湍流分为轻度湍流、中度湍流和严重湍流。

美国国家气象局的分类标准是将速度偏差在 6～12m/s 的湍流定义为中度湍流。通过航空运营的实践，目前国际民航界把湍流的报警门限定为速度偏差 5～6m/s（即 18～21.6km/h），这大体上相当于中度湍流与轻度湍流的分界线。机载气象雷达能探测中度以上的湍流，其检测门限为 5m/s。

2. *湍流的多普勒检测原理*

1）湍流回波的多普勒频谱

由于雨粒本身的运动和飞机与该目标之间的相对运动，当天线波束照射如图 9-18 所示的目标 A 和目标 B 中各处的雨粒时，这些雨粒所产生的反射回波的频率就会偏离雷达的发射频率。飞机与雨粒的相对运动是相向的，所以，回波的频率高于发射频率。显然，由于目标 A 和目标 B 中各处雨粒的速度不同，它们所产生的多普勒频移量就不同：相对速度大的雨粒所产生的多普勒频移量较大，相对速度小的雨粒所产生的多普勒频移量较小。这样，目标 A 和目标 B 中不同雨粒所产生的多普勒频率就构成了各自的多普勒频谱，如图 9-18 所示。图中的横向表示不同速度雨粒所产生的多普勒频移，纵向为相同频率即相同速度的回波数。

实际上，湍流区域中雨粒的速度是杂乱的，因而在接收机中所得到的湍流目标的多普勒频谱是连续的，如图 9-19 所示。图中，f_0 为雷达发射信号频率，Δf_0 为由飞机与湍流区域的相对速度所导致的多普勒频移分量，f_{dm} 为对应于整个湍流区域平均速度的平均多普勒频率。湍流的多普勒频谱曲线大体上对称于其中心（平均）频率，这是由于整个湍流区中既有高于平均速度的雨粒，也有低于平均速度的雨粒。

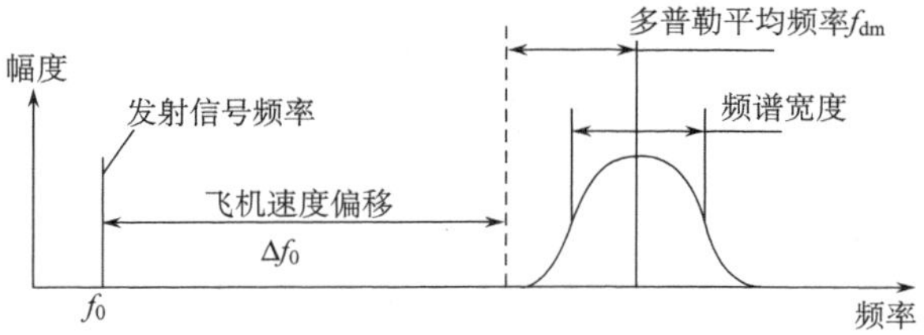

图 9-19 湍流的多普勒频谱

2）湍流的多普勒检测

由上述可知，雨粒的相对速度偏差越大，信号的多普勒频谱宽度就越宽。因而，根据湍流的定义，气象雷达可以通过比较所接收到的信号多普勒频谱的宽度来检测湍流。

分析表明，多普勒频移与相对速度的偏差成正比，其关系为

$$f_d = 2v/\lambda$$

式中，f_d 为多普勒频移，Hz；v 为相对速度，m/s；λ 为信号波长，m。

需要说明的是，这里 v 是与天线波束轴相平行方向的速度。

由此可知，目前机载气象雷达所定义的湍流门限 5m/s 所对应的多普勒频移为 $2\times5/0.032=312.5$(Hz)。

在雷达接收机中，将所接收的信号多普勒频谱宽度与规定的门限相比较，如果信号的多普勒频谱宽度大于所规定的门限值，即可判断目标是湍流，从而给出湍流告警信息。

3）湍流检测时的发射脉冲编码

由于湍流本身的急速多变，为了保证测量的精度，应尽可能提高采样的频率。为此，在 WXR-700X 雷达中，当选用湍流工作时，将发射脉冲重复频率提高到 1446Hz，为气象工作方式脉冲重复频率 181Hz（或 362Hz）的 8 倍（或 4 倍），如图 9-20 所示。

提高湍流检测方式时发射脉冲的重复频率，达到了提高多普勒频谱测量精度

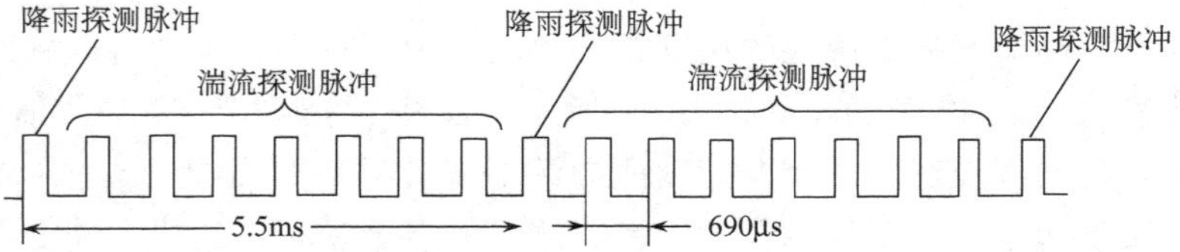

图 9-20　发射脉冲编码

的目的，但却限制了湍流检测的有效距离。如图 9-20 所示，当脉冲重复频率提高到 1446Hz 时，两个发射脉冲之间的间隔只有 690μs。这样，为了避免产生二次回波，就必须把湍流检测的有效距离限制在 56n mile 以内（实际选用 50n mile）。

在雷达工作于湍流与降雨方式时，为了解决湍流检测与降雨检测的矛盾，雷达所发射的是 8 个脉冲为一组的复合脉冲。利用每组中的一个来检测普通的降雨回波，另外 7 个则用于湍流检测，如图 9-20 所示。这样，对降雨回波而言，其脉冲间隔仍为 5.5ms，可以保证足够的有效检测范围。为了区分降雨回波和湍流回波，雷达采用了频率参差方案：用于检测降雨回波的射频脉冲频率为 9334.8MHz，而另外 7 个湍流检测脉冲则使用较低的 9333.3MHz。

在 RDR-4A 雷达中，选用的湍流检测脉冲重复频率为 1600Hz，其脉冲间隔为 625μs，因而湍流的有效检测范围限定为 40n mile。

9.5.2　风切变及其检测原理

1. 风切变

风切变通常与高空急流、地形波、锋面、雷暴和对流云、下击暴流等天气情况有关。与晴空湍流、地形波和锋面相关的风切变经常发生在高空，而下击暴流则由于发生在近地面附近，因此会对飞行安全产生较大的危害。下击暴流引起的风切变由两大部分组成：下冲气流部分和外冲气流部分。下冲气流部分可以导致强烈的下降气流（垂直速度达到 6000ft/min）；外冲气流部分可以导致剧烈的水平风切变，并使风分量从顶风切变成顺风（水平风速变化可能高达 45 节），如图 9-21 所示。

风切变对飞行的影响包括：

（1）逆风会突然加大飞机空速，提高升力，从而使飞机的运行路线提升并且加速。

（2）沉气流会增加飞机迎角，并使飞机下沉，改变飞行路线。

（3）顺风气流降低飞机空速，减小升力，从而使飞机的运行路线偏低并且减速。

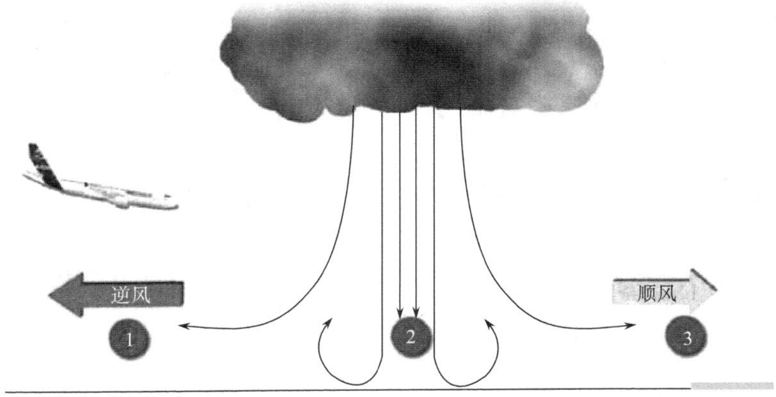

图 9-21 积雨云引发下击暴流示意图

2. 风切变检测原理

目前，前视风切变检测雷达检测风切变的原理与雷达检测湍流目标的原理基本相似。雷达依据风切变区域所产生雷达回波的多普勒频率偏移的频谱特征实现前视风切变检测。

图 9-22 用以说明风切变目标的多普勒频率偏移特性。当雷达信号照射到风切变区域时，首先所照射到的是顶风一侧。此顶风区域相对于飞机的速

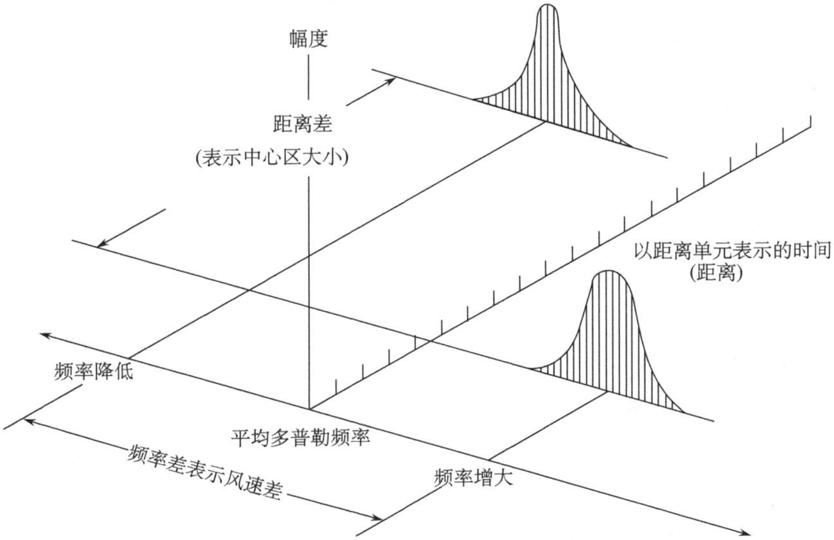

图 9-22 微下冲气流的多普勒频谱特征

度较高，所以其产生的反射回波的多普勒频率偏移就明显高于平均多普勒频率。反之，当雷达信号稍后照射到风切变区域的顺风一侧时，因其相对速度较低，所产生的反射回波的多普勒频率偏移就低于平均多普勒频率。显然，该风切变区域的水平速度分量越大，两侧所产生的多普勒频谱的中心频率之差就越大。

显而易见，顶风一侧与顺风一侧所产生的多普勒频谱沿时间轴（即距离轴）的差值，就是风切变区域直径的度量。

根据风切变区域回波信号的上述频谱特征，雷达即可实现对风切变区域的检测。

3. 典型风切变检测雷达性能特点

Collins公司研制的WXR-700（FLW）是一种性能优良的风切变检测雷达。该雷达的前视风切变检测告警范围为5n mile。在风切变检测方式，雷达的天线扫掠范围自动地转变为60°，即雷达此时所检测的是飞机纵轴正前方±30°范围内的风切变目标。这一范围内的下冲气流所处对着陆或起飞过程中的飞机具有极大的威胁。该雷达的风切变告警信息可根据其距离分为三级。

第一级（level 1）为咨询，是在目标距离为5n mile时发出的。此时，雷达或EFIS显示器上显示品红色的风切变区域图像。

第二级（level 2）为注意，是在目标距离为3～1.5n mile时发出的。此时，系统产生的信息包括：

（1）显示器上显示品红色的风切变区域图像。

（2）接通驾驶舱仪表板上的黄色“WINDSHEAR”（风切变）告示器，或在EFIS显示器上显示黄色的“WINDSHEAR”字符。

（3）音频告警信息——合成语音“MORNITOR RADAR DISPLAY”（监视雷达显示器）或谐音。

第三级（level 3）为警告，是在目标距离小于1.5n mile时发出的（滑跑阶段为3n mile）。此时，系统产生的信息包括：

（1）显示器上显示品红色的风切变区域图像。

（2）接通驾驶舱仪表板上的红色“WS WARNING”（“风切变告警”）告示器，或在EFIS显示器上显示红色的“WINDSHEAR”字符。

（3）合成语音告警信息——起飞时为“WINDSHEAR AHEAD，WINDSHEAR AHEAD”（“前方风切变，前方风切变”），进近时为“GO AROUND，WINDSHEAR AHEAD”（“复飞，前方风切变”）。

本章思考题

1. 气象雷达的基本功能。
2. 彩色气象雷达的颜色含义。
3. 一般气象雷达探测不到的气象目标是什么?
4. 气象雷达探测湍流的原理。
5. 气象雷达探测风切变的原理。

第 10 章　多普勒雷达

10.1　概　　述

多普勒雷达是利用多普勒效应实现无线电导航的一种自备式导航设备。应用该雷达发射的电波在波源与观测者之间存在相对运动时频率发生变化的原理，可以自动测量飞机的偏流和地速，并将偏流和地速信号输至自动解算装置，与输入的航向、真空速信号作连续运算，通过仪表连续地指示出飞机相对地面的位置。

多普勒雷达有很多优点，它能直接测量相对于地球表面的速度，与大气数据系统（得出的是相对于大气的速度）和惯性系统（位于抽象的惯性参考系中）不同。多普勒设备相对便宜且准确，不需要地面站，整个系统的工作受外界条件限制很少；它还不用像惯性系统那样进行校准，能连续测量飞机的偏流和地速并能自动运算，故使用简单，能直接反映风的变化，求出的飞机位置准确性较高，并能够在低速状态下提供精确的数据，这对直升机来说非常有用。鉴于以上的优点，多普勒雷达在 20 世纪 60 年代以后得到了广泛的应用。

同时多普勒雷达也有其自身的缺点。首先，在特定的环境里，地形对雷达发射的电磁波的反射能量不足，因而不能计算出飞机的速度。当飞机飞越大片水域，而水面又非常平坦时就会出现这种情况，产生“水池”效应。同样，飞越雪地和冰面也可以造成多普勒雷达“失锁”，其读数会不可靠。其次当飞行姿态（俯仰、倾斜）超过限度，就会丢失信号而影响系统的正常工作，故多普勒雷达不适用于机动性较大的飞机。对于自主式航位推算导航来说，需要有一个外部姿态参考源，如 MHRS 或惯性系统。随着导航技术的发展，多普勒导航正在向组合导航发展，典型的有多普勒-惯性导航，多普勒-惯性-无线电导航。

10.2　工 作 原 理

10.2.1　多普勒效应

在日常生活中，人们都有这样的体验：如果站在公路与铁路的交叉道口等待通过，则当一列火车鸣着汽笛从面前疾驰而过时，就会发现，当火车向着你开来的时候，汽笛声随着火车的驶近而逐渐增高；当火车驶过而向远方飞速驶去的时候，所听到的汽笛的音调则逐渐降低。火车的速度越快则音调变化也越明显。

从物理学中知道，音调的变化，实质上是声波频率的变化。因此，这种现象说明，当波源与观测者之间有相对运动时，观测者所接收到波的频率与波源发出的频率不一致。它们之间的变化规律是由奥地利物理学家多普勒于 1842 年首先在声波领域内发现的，因此，这种现象称之为多普勒效应。

由物理学可知，波源振动的频率是每秒所振动的次数，表示为

$$f=\frac{c}{\lambda} \tag{10-1}$$

式中，f 为声音频率，Hz；c 为声音传播速度，m/s；λ 为声波的波长，m。

那么，声波传播一个波长所需的时间为

$$t=\frac{\lambda}{c}=\frac{1}{f} \tag{10-2}$$

如果波源与观测者对于传播振动的介质是静止的，则波源发出的频率与观测者所接收到的频率完全相同。

如果波源与观测者对于传播振动的介质存在着相对运动时，观测者所接收到的频率不仅取决于发射频率，而且还取决于波源或观测者运动速度的大小和方向。

如果观测者不动，波源以速度 v 向观测者运动：当火车以 $v=18\text{m/s}$ 的速度向着观测者运动，汽笛发出的第一个波传播到 D 点时再发出第二个波，这时火车已前进了一段距离。设汽笛声波频率为 300Hz，音速为 330m/s，则有

$$s=vt=18\times 1/300=0.06(\text{m})$$

结果使第二个波的发出点 B 比第一个波的发出点 A 缩短了 0.06m，所以观测者实际接收到的第二个波的波长为

$$\lambda=ct=330\times 1/300=1.1(\text{m})$$

$$\lambda'=\lambda-vt=1.1-0.06=1.04(\text{m})$$

式中，λ 为第一个波的波长；λ'为第二个波的波长。

显然，观测者在单位时间内接收到波的振动次数（f），将由于波长的缩短而增高，如图 10-1 所示。

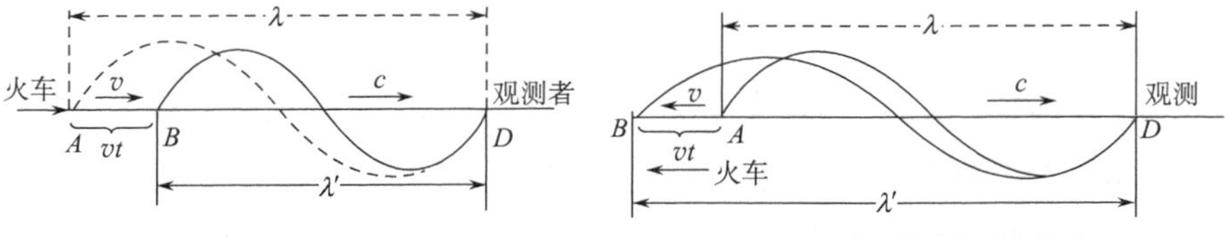

(a) 波源向着观测者运动

(b) 波源背着观测者运动

图 10-1 波源运动时波长变化示意图

如果观测者仍然不动，而波源是以速度 v 背离观测者运动，根据以上推理可得出

$$\lambda' = 1.1 + 0.06 = 1.16(\text{m})$$

由图 10-1 不难看出，观测者所听到波的频率由于波长的加长而使频率降低。

若将上述计算写成一般公式，则观测者所接收到的波长为

$$\lambda' = \lambda - vt = ct - vt = (c - v)t \tag{10-3}$$

按照频率、波速、波长的关系，可得出所接收的频率 f' 为

$$f' = \frac{c}{\lambda'} = \frac{c}{(c - v)t} \tag{10-4}$$

以 $t = 1/f$ 代入式（10-4），即可得出所接收频率与发射频率的关系为

$$f' = \frac{c}{(c - v)} f \tag{10-5}$$

式（10-5）为波源向着观测者运动时的情况，如果波源背离观测者运动，观测者所接收的频率为

$$f' = \frac{c}{(c + v)} f \tag{10-6}$$

根据以上分析可知，当波源向着观测者运动时，接收到的频率较发射频率高；当波源背离观测者运动时，接收到的频率较发射频率低。这就是火车鸣笛的声调在火车向着你开来时笛声越来越高，而火车驶过后听到的笛声越来越低的原因。

上述分析是一种情况，还有第二种情况：如果波源不动，观测者以速度 v 向波源运动。在这种情况下，单位时间内观测者所接收到的频率比波源频率要高，因为观测者的运动是迎着波的传播方向，这时观测者在单位时间内接收到的频率为

$$f' = \frac{c + v}{\lambda} = \frac{c + v}{c/f} = \frac{c + v}{c} f \tag{10-7}$$

如果观测者背离波源运动，观测者在单位时间内接收到的频率为

$$f' = \frac{c - v}{c} f \tag{10-8}$$

可见，当观测者向着波源运动时，所接收到的频率较发射频率高；当观测者背离波源运动时，所接收到的频率较发射频率低。

综合以上两种情况，可得出以下结论：只要波源与观测者之间存在着相对运动，所接收到的频率都与发射频率不同。如果观测者与波源之间距离缩短时，接收到的频率高于发射频率；反之，则接收频率低于发射频率。

10.2.2 偏流和地速的测量原理

如果无线电发射机与接收机之间存在相对运动，接收频率也与发射频率不同，这种多普勒效应的普遍规律也同样适用于飞机。飞机在飞行中发射无线电波，并接收来自地面的反射波。因为飞机是在向前运动又同时发射电磁波，这相当于波源运动；另外，飞机上的接收机又接收地面的反射波，这又相当于观测者在运动。这实际上是波源和观测者同时运动的复杂过程。电磁波发射的方向总是与地面成一定的角度（θ），飞机运动的方向与电磁波发射的方向不一定在一条直线上，因此，接收频率与发射频率的关系比前面所讲的要复杂，如图 10-2 所示。

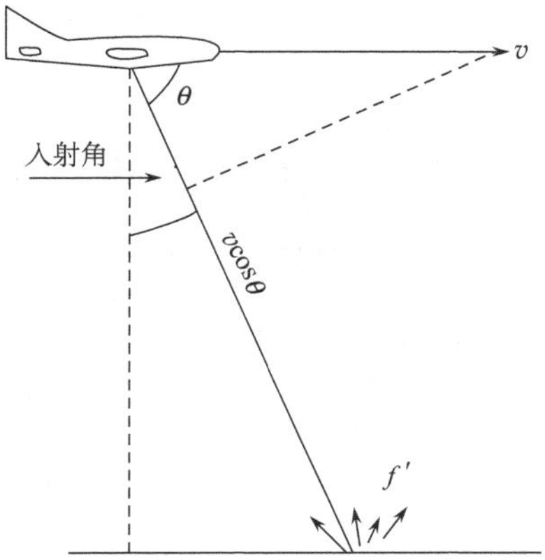

图 10-2 飞机所发射电磁波示意图

飞机水平运动时，它对地面的速度为 v，飞机所发射的电磁波束与 v 成 θ 角，则飞机水平运动速度对所发射的电磁波束上的分速度为 $v\cos\theta$。如果飞机是向前下方发射波束，其发射频率为 f_0，则根据前述原理可得出，在地面上电磁波反射点 A 接收到的频率为

$$f' = \frac{c}{c - v\cos\theta} f_0 \tag{10-9}$$

式中，f'为地面反射点接收到的频率，Hz；f_0 为机载发射机所发射的频率，Hz；c 为电磁波的传播速度，3×10^8 m/s；v 为飞机运动速度，m/s；θ 为飞机运动速度方向和电磁波发射波束的夹角，(°)。

当电磁波到达地面 A 点后，A 点又以 f'的频率向空间散射，其中一部分信号又反射回飞机上的接收机。由于飞机在接收地面回波时是迎着回波运动的，这时地面反射点并没有运动，因此飞机所接收到的电磁波频率为

$$f_f = \frac{c + v\cos\theta}{c} f' \tag{10-10}$$

式中，f_f 为向前下方发射电磁波束时所接收到的频率，Hz。

以 f'值从式（10-9）代入式（10-10），可得出飞机的接收频率与发射频率之间的关系为

$$f_f = \frac{c + v\cos\theta}{c - v\cos\theta} f_0 \tag{10-11}$$

由式（10-11）可见，飞机向前下方发射电磁波时，等号右面的分式值大于

1，因此，所接收频率 f_f 高于发射频率 f_0。

如果飞机向飞机后下方发射波束，这相当于波源与观测者之间距离增大。不难得出飞机所接收到地面回波的频率与发射频率的关系为

$$f_b = \frac{c - v\cos\theta}{c + v\cos\theta} f_0 \tag{10-12}$$

式中，f_b 为向后下方发射电磁波束时所接收到的频率，Hz。

因为电磁波是向后发射的，所以式（10-12）中所接收的频率低于发射频率。

10.2.3 多普勒频率与等多普勒频率曲线

接收频率与发射频率之差，叫做多普勒频率（Δf），也叫多普勒频移。

当飞机向前下方发射电磁波束时，多普勒频率为

$$\Delta f_f = f_f - f_0 = \frac{c + v\cos\theta}{c - v\cos\theta} f_0 - f_0 = \frac{2v\cos\theta}{c - v\cos\theta} f_0 \tag{10-13}$$

式中，Δf_f 为向前下方发射电磁波时，飞机所接收的多普勒频率。

由于电磁波的传播速度远远大于飞机运动的速度，式（10-13）分母中的 $\cos\theta$ 可以忽略不计，因此可得

$$\Delta f_f = \frac{2v\cos\theta}{c} f_0 \tag{10-14}$$

如果电磁波向飞机后下方发射，则多普勒频率为

$$\Delta f_b = f_b - f_0 = \frac{c - v\cos\theta}{c + v\cos\theta} f_0 - f_0 = -\frac{2v\cos\theta}{c + v\cos\theta} f_0 \tag{10-15}$$

同理，右边分式分母中的 $v\cos\theta$ 也可以忽略不计，同样可得出

$$\Delta f_b = -\frac{2v\cos\theta}{c} f_0 \tag{10-16}$$

在式（10-14）、式（10-16）两式中，电磁波的传播速度（c）是常数，飞机上多普勒发射机所发射的电磁波频率也是固定常数。因此，多普勒频率与飞机地速对发射波束的投影分量 $v\cos\theta$ 成正比关系，即多普勒频率的大小取决于飞机地速和所发射波束与地速向量的夹角（θ）。以相同的 θ 角向飞机的前、后下方发射波束，其多普勒频率的绝对值相等，而符号相反。

当飞机地速一定，所发射的电磁波束与飞机速度矢量之间的夹角相同时，所得的多普勒频率也相同。凡夹角相同的波束与地面相交所得的轨迹叫等多普勒曲线。不同的夹角就有不同的等多普勒频率曲线，这些曲线组成的图形叫等多普勒频率曲线。当飞机水平飞行时，等多普勒频率曲线为一组焦点在地速方向上的对称双曲线簇。在飞机的地速一定时，如果波束与地速向量夹角越小，多普勒频率就越大；反之，如果夹角越大，多普勒频率就越小；当夹角为 90°时，地速在波

束上的分速度为零，这时的多普勒频率也等于零。如图 10-3 所示是以飞机位置为中心的等多普勒频率曲线。每条等多普勒频率曲线均对称于地速向量 $\boldsymbol{v}$，90°的等多普勒频率曲线为零值线，它是垂直于地速向量的直线。在零值线前方为向前发射波束的多普勒频率曲线；在零值线后方为向后发射波束的等多普勒频率曲线。零值线为前、后等多普勒频率曲线的对称轴。

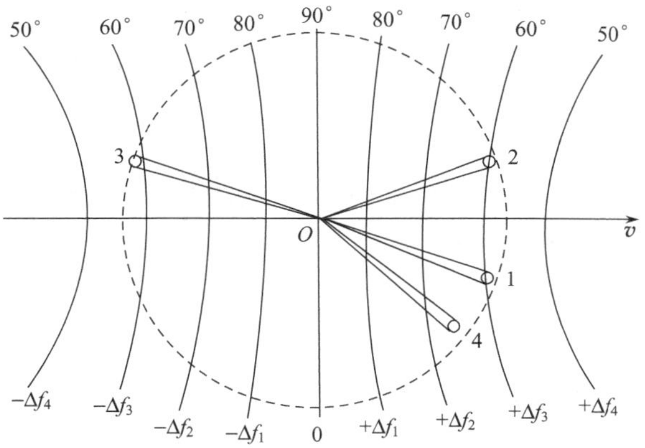

图 10-3 等多普勒频率曲线

如果波束与天线垂直轴的夹角（入射角）固定不变，就是说波束保持固定角度绕天线垂直轴转动着向各方向发射，只有波束向量与地速向量处于同一垂直面时，多普勒频率才最大。

10.2.4 飞机偏流和地速的测量

当飞机上的设备以固定的入射角向地面发射无线电波束时，只有波束向量与地速向量处于同一垂直面内时，多普勒频率最大。因此，可以采用转动天线的方法使发射波束绕垂直轴旋转，当测得的多普勒频率值最大时，所发射的电磁波束向量就和飞机地速向量处在同一垂直面内。若波束是向前发射的话，这时的波束方向与飞机航迹方向一致。此时，发射天线的水平轴与飞机纵轴的夹角就是偏流角。同时，根据多普勒频率与飞机地速在波束上分速的正比关系，通过频率计算机构可求出飞机的地速值。

利用一条旋转波束测量偏流，由于多普勒频率的最大值不易测准确，因而不能准确地确定航迹方向，也影响测量地速的准确性。因此，在天线设计上往往采用多波束发射的方法。图 10-4 表示向飞机前下方左、右两侧发射两条对称波束，两波束所在的垂直面与飞机纵轴的夹角（β）相等。当两波束的对称轴（飞机纵轴）与地速向量 $\boldsymbol{v}$ 不一致时，两波束的多普勒频率就不相等。

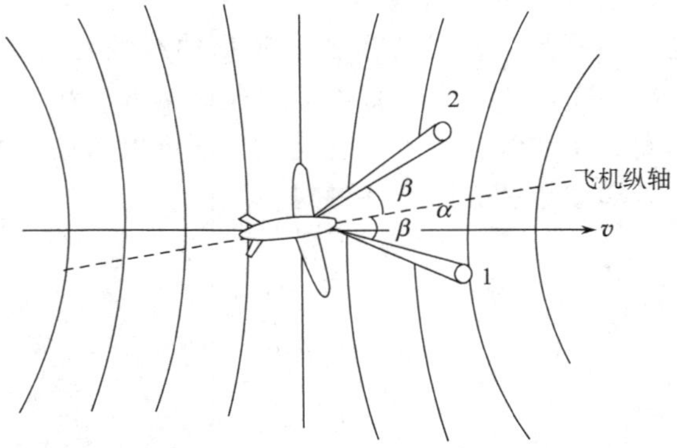

图 10-4 发射两条对称波束测量偏流示意图

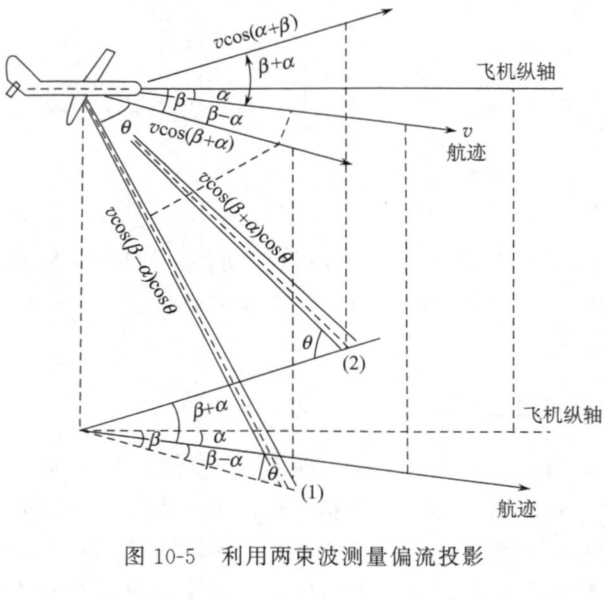

图 10-5 利用两束波测量偏流投影

如果各波束与水平面的夹角固定为 θ 角，如图 10-5 所示，则第一波束上地速的投影分速为 $v\cos(\beta-\alpha)$，在飞机上接收到第一波束的多普勒频率为

$$\Delta f_1=\frac{2f_0}{c}v\cos(\beta-\alpha)\cos\theta \tag{10-17}$$

同理，可得出第二波束的多普勒频率为

$$\Delta f_2=\frac{2f_0}{c}v\cos(\beta+\alpha)\cos\theta \tag{10-18}$$

根据两条波束测得的多普勒频率，这两者之差可以用作误差信号驱动天线系统旋转，直至两束波所测得的多普勒频率相等，则天线系统的轴线与地速向量重合，这时，天线轴线偏离飞机纵轴的角度数就是飞机的偏流角 α。此时根据测量的多普勒频率的大小，可通过频率计算机构求出飞机的地速值。

上述为发射两条波束测量飞机的偏流和地速。只有飞机保持平直飞行，没有垂直速度的情况下才能取得准确的数值。虽然可以用稳定天线的方法使天线系统在任何飞行姿态都能保持水平状态，以避免飞机俯仰或倾斜时改变波束上的投影分速，但这并不能消除因飞机垂直速度所产生的影响，它仍将使所测得的数值有较大误差。

如果再增加向后发射两条对称波束（左后、右后）并与向前发射的两条波束对称，则情况就完全不同了。它不仅可以消除飞机垂直速度对多普勒频率的影响，而且也减少了因飞机俯仰和倾斜所产生的地速误差。如图 10-6 所示为飞机发射四条对称波束的情况。天线系统的轴线与飞机纵轴一致，各波束的垂直面与飞机纵轴在水平面内的夹角 β 都相等。从图中可看出，第（1）、（3）两波束对称，所接收的多普勒频率绝对值相等，符号相反；第（2）、（4）两波束对称，所接收的多普勒频率也相等，且符号也相反。

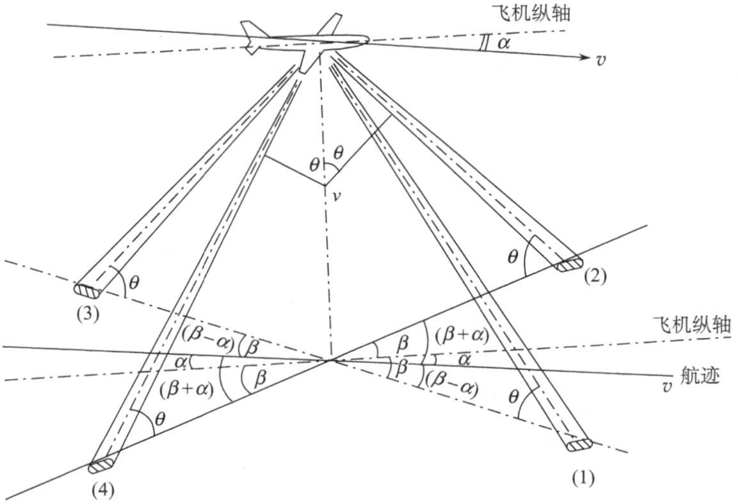

图 10-6　四条波束测量偏流和地速示意图

如果飞机存在垂直速度 v_v 时，v_v 对四条波束的投影分速度都为 $v_v\sin\theta$，而且对各波束而言方向相同，因此，根据式（10-17）和式（10-18）推理，四条波束所测得的多普勒频率为

$$\Delta f_1=\frac{2f_0}{c}v\cos(\beta-\alpha)\cos\theta+\frac{2f_0}{c}v_v\sin\theta$$

$$\Delta f_2=\frac{2f_0}{c}v\cos(\beta+\alpha)\cos\theta+\frac{2f_0}{c}v_v\sin\theta$$

$$\Delta f_3=-\frac{2f_0}{c}v\cos(\beta-\alpha)\cos\theta+\frac{2f_0}{c}v_v\sin\theta$$

$$\Delta f_4=-\frac{2f_0}{c}v\cos(\beta+\alpha)\cos\theta+\frac{2f_0}{c}v_v\sin\theta$$

在四条波束中，如果以（1）、（3）波束为一对，（2）、（4）波束为另一对交替发射，且使（1）和（3）波束、（2）和（4）波束的多普勒频率分别相减，即可消除垂直速度的影响。结果，每对波束的多普勒频率为一条波束的2倍

$$\Delta f_{(1-3)}=\frac{4f_0}{c}v\cos(\beta-\alpha)\cos\theta \tag{10-19}$$

$$\Delta f_{(2-4)}=\frac{4f_0}{c}v\cos(\beta+\alpha)\cos\theta \tag{10-20}$$

显然，在飞机有偏流的情况下，这两对波束所得出的多普勒频率是不相等的。如果采用可以转动的天线，同样可以利用两者多普勒频率之差作为误差信号驱动天线系统转动，直至这两对波束的多普勒频率相等为止。这时天线系统的对称轴与地速向量一致，天线轴与飞机纵轴的夹角为飞机的偏流角。根据所测得的多普勒频率的大小，通过计算机构可求出飞机的地速值。

以上是多普勒雷达测量飞机偏流和地速的一般原理。随着科学的不断发展，根据不同的用途，其种类也有很大区别。

本章思考题

1. 多普勒现象。
2. 多普勒雷达的基本功能。
3. 多普勒雷达测量地速原理。
4. 多普勒雷达测量偏流角原理。

第 11 章　空管二次雷达

与一次雷达利用目标反射雷达发射的电磁波对其进行探测定位的机理不同，二次雷达利用机载应答机应答地面询问机发射的电磁波对目标进行探测定位，为区别两者，称地面询问机和机载应答机组成的系统为二次雷达系统，更常称地基部分为二次雷达，或二次监视雷达 SSR，空管雷达系统中的二次雷达就是它的典型应用。

11.1　探测飞机的原理

11.1.1　发现飞机

为了适应在多飞机及其他干扰环境中的应用，地面询问机的发射波束设计为和波束及全向波束，询问时在这两个波束内发射不同形式的脉冲，使位于地面询问机主波束方向的应答机对询问信号进行应答；地面询问机在接收时利用和通道、全向通道的信号抑制主波束方向以外其他应答机的信号。经过发射、接收两个过程的限制，使主波束以外方向的应答信号接收概率最小，最大限度地减轻了点迹录取器的负担。

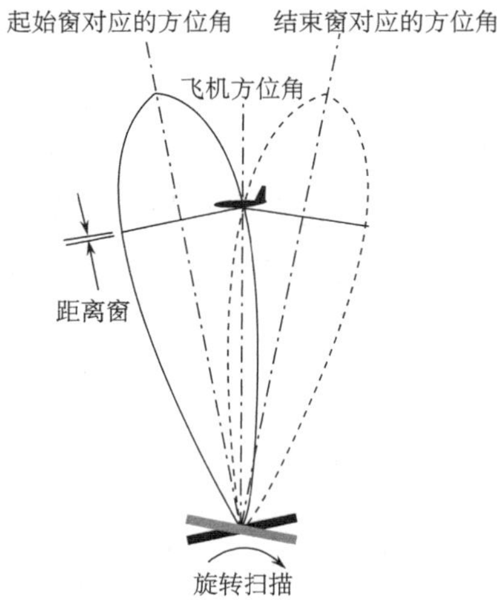

图 11-1　滑窗法测量飞机方位角

常规二次雷达利用滑窗法检测飞机和测量其方位角。如图 11-1 所示，雷达天线以 360°全方位搜索扫描，当主波瓣照射到飞机，将有许多应答信号返回雷达并被检测到。雷达设定一个“起始窗”和一个“结束窗”，对应的各有一个确定的最小询问数和应答数。起始窗的作用是每当从主波束方向接收到并检测到一个应答时就往窗内计 1，否则计 0。窗内的移位寄存器采用先进先出规则，新一次询问结果被填入的同时挤掉移位寄存器中最早计入的询问结果，直到连续接收并检测到的应答数达到发现门限，即告“飞机起始”，同时可以确认飞机被发现。结束窗的计数法相同，但它是在发现飞机之后记录连续没有检测到的应答数，一旦达到结束门限，即告“飞机结束”。

11.1.2 测方位角常规方法

将飞机起始的方位角与飞机结束的方位角加以平均即可求得飞机的方位角，即

$$\text{飞机方位角}=\frac{\text{飞机结束方位角}-\text{飞机起始方位角}}{2}+\text{飞机起始方位角}$$

$$=\frac{\text{飞机结束方位角}+\text{飞机起始方位角}}{2} \tag{11-1}$$

必须进行求平均的原因如下：

(1) 主波瓣照射到飞机期间就会得到许多应答的方位角，而这些方位角通常不一定是天线主波瓣中心线（瞄准轴）所指的方位，而天线主波瓣两侧相对于中心线近似对称。

(2) 飞机起始方位角与飞机结束方位角同时受飞机距离远近所带来应答信号强弱的影响。

(3) 飞机起始方位角与飞机结束方位角还同时受不同仰角上天线增益的影响。

(4) 若以一次或少数几次检测到的应答求平均值，势必会造成很大的方位角误差。

这种同时利用滑窗检测器提供的“飞机起始”和“飞机结束”报告来估计飞机的方位，在无虚假飞机出现以及无飞机应答中断现象的情况下，方位估值的误差可达1°左右。实际使用中，在作用距离范围内按照距离单元划分间隔（距离窗），上述测方位角的方法是按每一个距离单元分别处理，以适应多飞机的测量应用。

11.1.3 测距

按照ICAO规范，应答机应在正确接收到地面询问信号后，发射对应的应答信号，响应时间为3μs。

电磁波在空间以光速直线传播，利用这个特性，在确认检测到应答信号以后，测出接收到应答脉冲相对于询问脉冲的间隔时间，减去应答机响应时间3μs，即为电磁波往返雷达与飞机之间所用时间，因而，飞机的距离测量公式为

$$R=0.15t_r \tag{11-2}$$

式中，R为飞机到雷达之间的斜距，km；t_r为电磁波往返雷达与飞机之间所用时间，μs。

11.1.4 测高

当飞机密度很大而飞机速度又很快时，可以允许有许多飞机在同一航线上飞行，但要分布在不同的高度层上。由于受到飞机经济航行高度的限制，这种高度垂直分层以窄为宜，以使高度分层数尽可能多一些。雷达探测飞机高度信息的准确程度关系到飞行安全和能否提高航线空域的利用率等问题。

采用一次雷达（如测高雷达或三坐标雷达）技术来解决空中交通管制中的高度偏离问题不能完全满足系统的要求，即必要的容量、精度、分辨力和数据率等参数不能同时得到满足；此外，飞机自身的高度测量是按照气压高度表指示的，飞机也是按气压高度飞行的，因而，当一架飞机水平飞行时的气压高度表稳定地指示某一常数，而一次雷达测出的是飞机相对于雷达站的高度，此高度数据却在地球上空等压线上起伏变化，由于地面和飞机上得到的高度数据不统一，所以难以管制飞机在指定高度层中飞行。二次雷达的飞机高度数据采用飞机上气压高度表测到的高度数据，经过询问/应答数据链路传输到地面设备，经解码后送屏幕显示和形成飞机报告，解决了这个矛盾，因此空中管制均使用二次雷达。

11.1.5 识别

实行雷达管制首先要对飞机进行认识，如果把飞机的雷达点迹和它对应的飞机搞错了，将会导致严重的航行事故。由于空管 PSR 和 SSR 探测飞机的工作相对独立，其各自都有识别飞机的独立方法。有的空管雷达系统将 PSR 和 SSR 的飞机点迹合成后再显示，这就没有必要同时对两种雷达都做飞机识别。

PSR 通常用于对没有装应答机或应答机出了故障的飞机识别。第一种方法是在飞机起飞离开机场后雷达就跟踪这架飞机，并把这架飞机移交到下一个管制员；第二种方法是要求驾驶员通过指定点时报告位置，管制员在屏幕上核对通过这一地点的亮点；第三种方法是指定飞机按一定的航向飞行，通过屏幕上亮点移动的轨迹来识别这架飞机。

由于 SSR 使用了飞机识别码和高度码，认识飞机要精确和容易得多。但当遇到两架以上多架飞机靠得很近时也要做飞机的识别。第一种方法是要求驾驶员使用特别位置识别 SPI 脉冲，驾驶员只需按一下机载设备的“识别”按钮，地面雷达屏幕上这架飞机的亮点就会扩大或显示特别标志（这取决于雷达屏幕画面的不同设计），从而识别飞机；第二种方法是管制员要求驾驶员把应答机间断地开机、关机，这样地面雷达屏幕上相应的光亮（代表二次雷达回波）一会儿有一会儿无，从而识别飞机；第三种方法依赖于先进的二次雷达应答信号处理能力，只要飞机发出正确的应答机编码，二次雷达几乎都能解出识别码和高度码等，把相应的飞机编码数据显示在地面雷达屏幕上的飞机点迹（或航迹）旁。

任何雷达识别技术都需要管制员与驾驶员之间通话系统的配合运行，否则难免出现管制失误。

识别功能是二次雷达的基本功能。在实际环境下，二次雷达会遇到多飞机、多路径干扰，对应的识别及解码过程就要复杂得多。

11.1.6 测速

二次雷达发射信号与接收信号的射频基准不同，不能采用多普勒原理精确测量飞机的径向速度，但是可以利用天线相邻两次扫描所获得的飞机位置估算飞机的平均速度。因为在二次雷达中，对飞机的方位、距离和高度数据获取以后，用天线相邻扫描间飞机实际飞行的路程除以所用时间即可算出，再送屏幕显示，这样得到的速度是飞机在飞行方向的实际飞行速度，它是在一段时间中的平均值，通常民航飞机在巡航阶段没有高度变化，仅将水平面方位角和距离值进行解算即可获得飞机相对于地面的飞行速度值。而通常雷达按多普勒原理测量的速度是飞机相对于雷达的径向速度，且它是瞬时值。

11.1.7 飞机点迹/航迹显示

图 11-2 所示为飞机点迹/航迹光栅显示说明示例，这种图示会随雷达终端计算机及显示器的功能差异而有所不同。

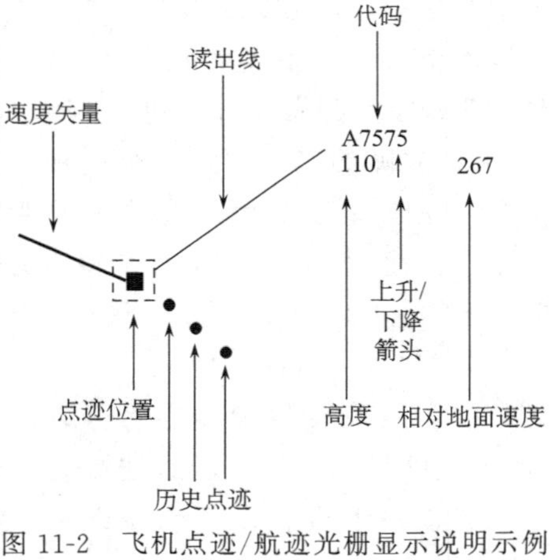

图 11-2 飞机点迹/航迹光栅显示说明示例

二次雷达发现飞机、测量飞机的距离和方位角、解出飞机的代码和高度数据，将得出的飞机点迹与其历史航迹相关，计算出飞机的速度等参数以后，就可在其终端上显示飞机的这些参数，同时，按照 ATC 的要求将飞机的报告送出。现代雷达一般使用光栅扫描显示器，它可以将飞机点迹/航迹以及参数同时用图形、符号和数据进行显示。

11.2 二次雷达系统组成及工作过程

二次雷达系统是专为完成探测/识别合作飞机任务而设计的，图 11-3 所示为包括地基设备和机载设备两部分的二次雷达系统组成，其简化框图如图 11-4 所示。地基设备包括天线系统、询问机（也称发射机-接收机）和点迹录取器（也称应答信号处理器），现代雷达普遍配有基于 PC 的本地控制台，用于操作员对雷达设备的工作参数进行设置，并及时对设备进行监控和维护。地基设备的询问机和点迹录取器一般设计为结构完全相同、热备份工作的两套系统，以提高雷达系统工作的可靠性，保持空管雷达信息的连续性。在图 11-3 中，这两个机柜的顶部有一个射频通道切换部件，以便将天线系统与所选正在工作的发射机/接收机相连。

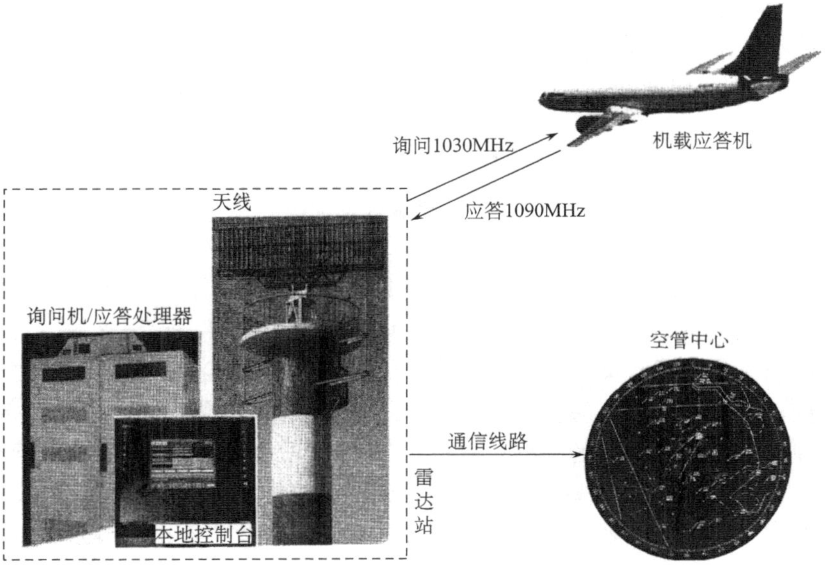

图 11-3　二次雷达系统组成

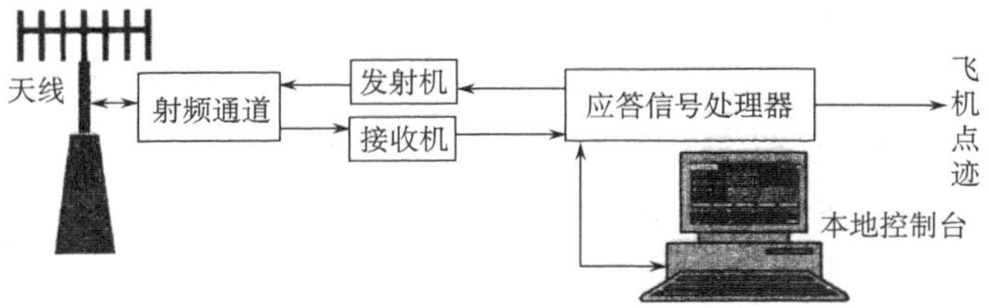

图 11-4　二次雷达简化框图

二次雷达探测目标的工作过程如图 11-5 所示。地面站天线发射频率 1030MHz 的询问脉冲信号，机载应答机接收到并确认该询问信号后，经过信号处理、译码，然后由应答机以对应模式通过全向天线发射频率 1090MHz 的应答脉冲信号。该应答信号被地面站天线系统接收到后，送往接收机和点迹录取器，点迹录取器检测到飞机后再计算出飞机方位、距离，进行应答信号解码以确定飞机的识别码与飞行高度码，然后将数据形成飞机报告，通过地面通信线路传送到空管中心。飞机报告以图像的形式呈现在空中交通管制员的面前，图像信息包括飞机的位置、识别代码和高度等。

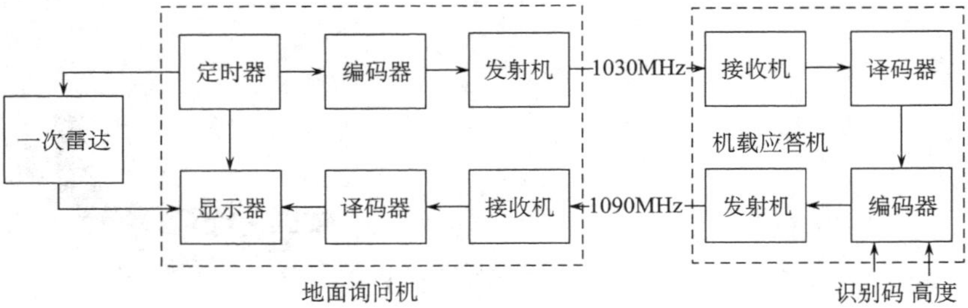

图 11-5　二次雷达基本框图

现代雷达的自动化程度很高，操纵员只需在本地控制台上设置参数，雷达就进入自动工作状态，操纵员只进行一般的监视就可以了。二次雷达的自动工作过程是：由应答处理器自动管理，它在软件控制下产生一定询问模式的时序脉冲送到发射机，并用对应的应答模式作为识别处理的标准，对接收机送来的应答信号进行处理，对应答脉冲内的数据信息进行解码，同时完成对异步干扰和窜扰的滤波处理，最后将飞机点迹报告送出，应答处理器同时还监视雷达的工作状态。

发射机在应答处理器送来的时序脉冲作用下，产生所要求的一定功率询问脉冲，通过同轴电缆、天线基座上的转动铰链传送到天线向空中辐射。在三波束/三通道体制二次雷达中，P_1、P_3 脉冲信号和 P_2 脉冲信号通常用两个独立的发射机分别产生。

接收机是满足单脉冲（现代二次雷达普遍采用单脉冲技术）工作要求的，按照和/差/全向波束的要求有三个通道对应三个接收机（也分别称和/差/全向接收机）。将全向接收机的信号与和接收机的信号相比较，判断每一个接收到的脉冲是否是从天线副瓣来的，以便在和接收机的输出端抑制副瓣来的脉冲，或对此脉冲作上标记由点迹录取器再作判决；将差接收机与和接收机的信号按单脉冲测量方法计算出每一个脉冲方位角，用于对飞机方位角的估计和对天线主波束以外来的信号提供抑制的依据；和接收机的输出信号还用于滤波、测距和解码。

应答处理器通常是全机的核心分系统，它在相关程序的控制下对雷达工作过程进行监控，处理（滤波、测距和解码等）从接收机送来的脉冲信号，将飞机的点迹报告送显示器显示和送空管中心。

天线基座上有天线方位编码器，将天线旋转时的方位脉冲数据及时传送到应答处理器，提供飞机方位录取所需的数据。

雷达的工作参数设置、工作状态、故障指示等都在本地控制台上完成，本地控制台通常就是一台 PC，通过本地网络与应答处理器相连。

机内测试设备 BITE 在自动管理中起着非常重要的作用，现代雷达的 BITE 可对设备进行在线监测，并给出故障的详细定位，使得设备的修理和维护通常依据 BITE 的提示进行备件更换就能解决，但同时各分系统及其电路也因增加了 BITE 监控电路和部件而变得更为复杂。

空管雷达设备常设计成相互热备份的两套工作系统，当一路出现故障时由应答处理器监测并控制切换，以保证雷达 24h 不间断地提供飞机信息。双路设备量比单路设备量大且连线复杂。

11.3 问答模式

11.3.1 询问信号的模式

航管雷达的询问信号为脉幅调制（PAM）信号，按照 ICAO 规范，传统空管二次雷达共有六种询问模式，分别称为 1、2、3/A、B、C、D 模式。其中，1、2 两种模式专用于军用识别询问；3/A（常简称 A 模式）模式兼用于军用识别和民用识别询问；B 模式只用于民用识别；C 模式用于高度询问；而 D 模式作为备用询问模式。实际常用 A、C 两种模式。这六种询问模式，由间隔不同的脉冲对组成，其时间关系如图 11-6 所示。

脉冲对之间的间隔：A 模式为 $8\mu s$；B 模式为 $17\mu s$；C 模式为 $21\mu s$；D 模式为 $25\mu s$（其容差均约为 $\pm 0.2\mu s$）。

在 P_1 脉冲前沿之后 $2\mu s$，由全向性天线以同一射频发射 P_2 脉冲，这个 P_2 脉冲用来抑制应答机对旁瓣询问的回答。

近代民用航空的航管雷达一般只用 A 模式和 C 模式轮流询问，这样，在航管中心荧光屏上就能同时在目标旁显示出飞机的代号和高度。

询问机天线（包括一次和二次雷达天线）每次扫掠的最大询问速率虽然可达 450 次/s，但为了避免非同步窜扰，询问速率应尽可能地低一些。对一个目标每次扫掠询问一般以 20～40 次/s 为宜（取决于波束宽度和 360°天线旋转所需的时间，一般波束宽度约为 3°，天线旋转一周的时间约为 10s）。

天线的波束方向图除了主瓣外还有很多旁瓣，如图 11-7 所示。这些旁瓣虽然增益比主瓣要低得多，但是在某些场合下，旁瓣所发射出去的信号也会触发应答器回答。例如，当目标距离很近时由于信号很强，主瓣和旁瓣的询问就都能触发应答器的回答。

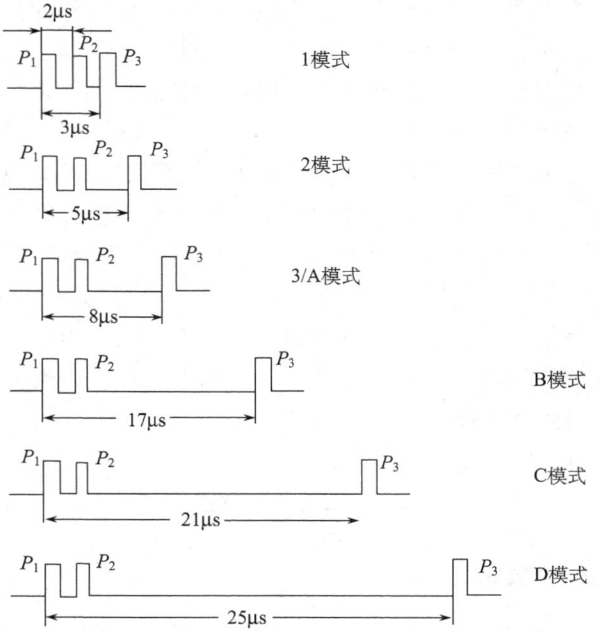

图 11-6 地面询问信号的模式

在这种情况下，雷达天线不论转到哪个方向，都有回答信号，在 PPI 显示器上所有方向都有目标存在，这就无法确定目标的方位（这种效应称为“绕环”效应），或者至少使方位精度大大下降。如图 11-8 所示为目标作径向飞行天线环视时所造成的“绕环”效应情况。

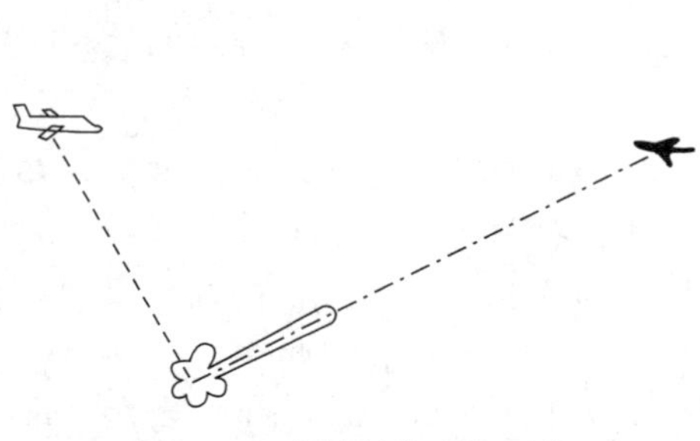

图 11-7 旁瓣触发引起干扰

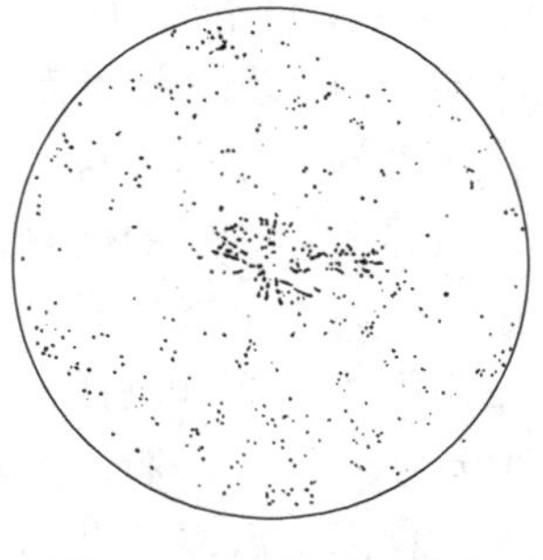

图 11-8 “绕环”效应

另外，如果在天线主瓣和旁瓣方向都有目标存在时，而旁瓣方向处的目标由于距离很近而被“询问”所触发，那么这个旁瓣回答的信号就会形成干扰。

为了消除上述现象，需要采用旁瓣抑制措施。它的基本原理是采用另一个方向性的天线，从此天线上另外发射一个脉冲（称为 P_2 脉冲，它比 P_1 滞后 $2\mu s$ 发射），如图 11-9 所示。在主瓣方向，所发射的 P_1、P_3 脉冲比 P_2 大，而在旁瓣方向，P_2 比 P_1、P_3 大。当应答器接到询问信号时，如果 P_1、P_3 比 P_2 大 9dB 以上，则触发应答器回答；如果 P_1、P_3 和 P_2 相等或甚至更小时，则应答器抑制。这样就可以避免旁瓣的询问，这样的系统有时称为三脉冲系统。

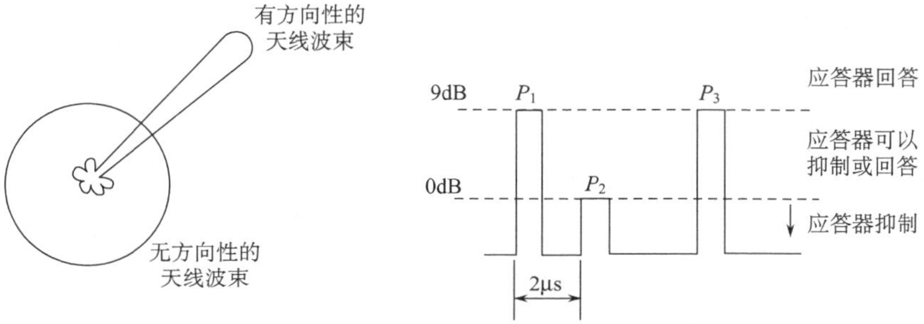

图 11-9　旁瓣抑制系统天线波束图和幅度关系

早期的空管二次雷达就是利用这样的三脉冲天线系统的。目前的雷达则不采用两个天线的系统，而是利用一个天线在不同时刻组成不同的方向图来得到旁瓣抑制，称为和差天线，如图 11-10 所示。

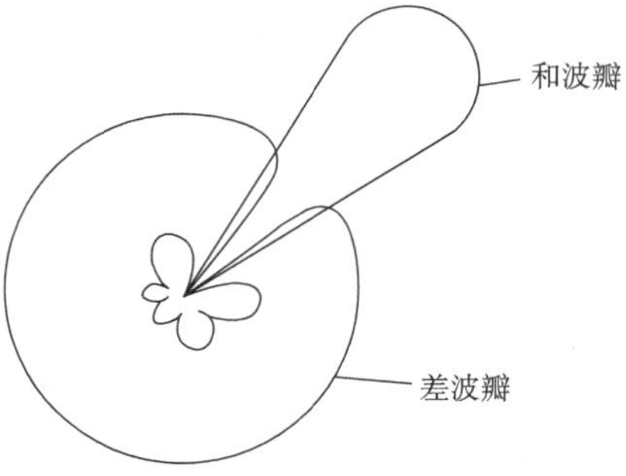

图 11-10　和差天线方向图

这种天线在和天线主波瓣的附近，差天线增益很小，然后差波瓣增益很快上升，这样可以提高旁瓣抑制的效果。使用时，在 P_1、P_3 时刻信号从和天线发射，在 P_2 时刻改由差天线发射。因此在雷达发射机和天线之间应加有天线开关来控制天线波瓣的合成，在 P_1、P_3 时天线开关倒向和天线，而在 P_2 时刻则倒向差天线。

11.3.2　应答信号的编码格式

当飞机上的应答机收到来自地面航管雷达主波瓣发射的有效询问（即脉冲宽度、间隔和信号强度符合要求），且 P_1 脉冲大于 P_2 脉冲 9dB 以上时，在 P_3 之后 $3\mu s$，应答机即发出应答编码信号（旁瓣的询问为无效询问，应答机收到旁瓣询问时，则抑制应答机 $29\mu s$ 不回答）。应答信号的编码格式是按照询问信号的模式以飞机的代号或高度来确定的。应答信号的编码由八进制的四组（A、B、C

和 D）共 13 个脉冲所组成（即 C_1 A_1 C_2 A_2 C_4 A_4 X B_1 D_1 B_2 D_2 B_4 D_4），这 13 个脉冲排列在帧脉冲（或叫括号脉冲）F_1 和 F_2 之间的 20.3μs 间隔中，其排列次序如图 11-11 所示。

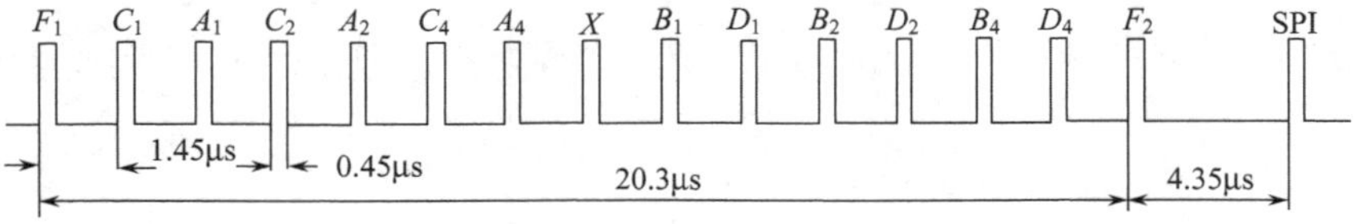

图 11-11 飞机回答信号编码脉冲的排列

前六个为 C、A 组轮流排列，后六个为 B、D 组轮流排列，当中一个“X”脉冲为将来扩展使用。这种以 $A_1 \sim D_4$ 字母带尾标的表示，仅指空对地脉冲串的个别脉冲，它与所使用的询问模式无关，其标号即为该脉冲所代表的权数。回答信号的射频为 1090MHz。每个脉冲的宽度为 0.45μs，脉冲之间的间隔为 1.45μs。前后的帧脉冲（F_1 和 F_2）始终是存在的。这种特殊的脉码调制 PCM，由固定的不同组合数字按规定次序的二进制编码信号对载波进行调制，其优点是抗干扰能力强。

在帧脉冲 F_2 之后 4.35μs 发射的脉冲是特别位置识别脉冲 SPI，由装在飞机驾驶舱内应答机控制盒上的识别按钮来控制，便于区别其他所有信号。

1. 飞机代号的编码格式

应答信号的编码格式是由询问模式（A 或 C）来确定的，当询问飞机代号（A 模式）时，应答信号编码脉冲是由飞机的代号来确定的，每架航班飞机单独有一个专用的指定代号。飞机的专用代号是由装在飞机上应答机控制盒中的两个同心旋钮分别选择四个数字来确定的，如图 11-12 所示。每个数字可选择八位数（即 0～7），而每个数字则由一组编码脉冲控制。左边头一个数字（即千位）是由左边同心大旋钮控制的 A 组脉冲（即 A_4、A_2 和 A_1），第二个数字（百位）是由左边同心小旋钮控制的 B 组脉冲（即 B_4、B_2 和 B_1），第三个数字（十位）是由右边同心大旋钮控制的 C 组脉冲（即 C_4、C_2 和 C_1），最后一个数字（个位）是由右边同心小旋钮控制的 D 组脉冲（即 D_4、D_2 和 D_1）。

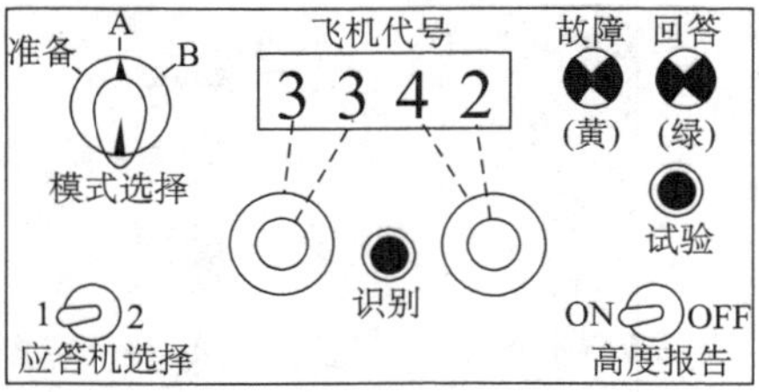

图 11-12 控制盒面板示意图

各组编码脉冲的选择，如表 11-1 所示。每组脉冲内标有字母的尾标 4、2 和 1，尾标数字相加之和，就是该组所选的数字。例如，左边头一位数字（千位）选择为 7 时，由于 7＝4＋2＋1，故 A 组编有 A_4、A_2 和 A_1 脉冲；第二个数字

（百位）选择为 6 时，由于 6＝4＋2，故 B 组编有 B_4 和 B_2 脉冲；其余数字以此类推。又如控制盒上给定飞机代号的编码为 3342 时，则编入的脉冲串为

$$F_1 \quad A_1 \quad A_2 \quad C_4 \quad B_1 \quad B_2 \quad D_2 \quad F_2$$

故飞机代号的应答编码脉冲串如图 11-13 所示。

表 11-1　飞机代号的编码脉冲

A 组脉冲				*B* 组脉冲				*C* 组脉冲				*D* 组脉冲			
千位	A_4	A_2	A_1	百位	B_4	B_2	B_1	十位	C_4	C_2	C_1	个位	D_4	D_2	D_1
0	0	0	0	0	0	0	0	0	0	0	0	0	0	0	0
1	0	0	1	1	0	0	1	1	0	0	1	1	0	0	1
2	0	1	0	2	0	1	0	2	0	1	0	2	0	1	0
3	0	1	1	3	0	1	1	3	0	1	1	3	0	1	1
4	1	0	0	4	1	0	0	4	1	0	0	4	1	0	0
5	1	0	1	5	1	0	1	5	1	0	1	5	1	0	1
6	1	1	0	6	1	1	0	6	1	1	0	6	1	1	0
7	1	1	1	7	1	1	1	7	1	1	1	7	1	1	1

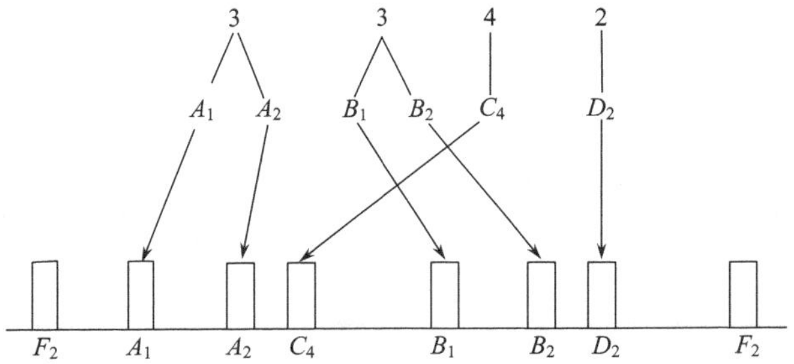

图 11-13　飞机代号 3342 的回答编码脉冲串

由于四组编码脉冲具有八进制数字，故可给出 $8^4=4096$ 个飞机代号编码。其中有几个代码号是 ICAO 规定的作为特殊情况下在 A 模式使用，例如：

7700　用于飞机处在紧急状态。

7600　用于飞机通信设备失效。

7500　用于飞机受到非法干扰（如飞机被劫持之类）。

其他还有：

2000　不用空中交通管制。

0000　通用码。

2. 飞机高度的编码格式

当应答机收到 C 模式询问，且应答机控制盒的“报告高度”开关放在接通

位置时，应答机立即自动回答报告飞机当时的气压高度信息，并与控制盒所选的模式及飞机代码无关。

气压高度信息由飞机上的中央大气数据计算机提供。高度编码脉冲串也是帧脉冲 F_1 和 F_2 之间的信息脉冲组合，但其编码格式与上述识别飞机的代码格式有所不同。原12个信息脉冲分成 A、B、C、D 四组，而高度编码则把其中10个脉冲以格雷（Gray）码编码，且其脉冲组只编成三组，编排顺序如下：

$$D_4 \quad A_1 \quad A_2 \quad A_4 \quad B_1 \quad B_2 \quad B_4 \quad C_1 \quad C_2 \quad C_4$$

飞机的飞行高度编码是由ICAO规定的，其原规定高度范围是－1000～126700ft。考虑到气压高度的精度有限，规定高度编码的增量为100ft（即为每个编码高度的±50ft范围），这样只需1278个编码就够了，而用 A、B、C、D 四组编码，可达4096个编码，可见有相当大的冗余量。而民航飞机实际使用高度从－1000～62700ft就足够了，故把10个高度编码脉冲分配为三组（见表11-2），其中 D_4、A_1、A_2 脉冲组成每8000ft高度增量的8个格雷码；A_4、B_1、B_2、B_4 脉冲组成每500ft高度增量的16个格雷码（见表11-3），C_1、C_2、C_4 脉冲组成每100ft高度增量的“五周期循环码”（C_1 和 C_4 脉冲不能同时为逻辑1，但 C 脉冲组中必须有一个为逻辑1，C 组编码见表11-4）。这样就可得到2×8×8×5＝640个高度编码，可以表示－1000～62700ft高度范围内，按100ft高度增量的高度编码。

表11-2　位高度格雷码的编排

高度增量8000ft	高度增量500ft	高度增量100ft
D_4　A_1　A_2	A_4　B_1　B_2　B_4	C_1　C_2　C_4

表11-3　高度增量500ft格雷码

A_4　B_1　B_2　B_4（高度增量500ft）	D_4　A_1　A_2（高度增量8000ft）							
	000	001	011	010	110	111	101	100
0000	－1000	14500	15000	30500	31000	46500	47000	62500
0001	－500	14000	15500	30000	31500	46000	47500	62000
0011	0	13500	16000	29500	32000	45500	48000	61500
0010	500	13000	16500	29000	32500	45000	48500	61000
0110	1000	12500	17000	28500	33000	44500	49000	50500

续表

A_4 B_1 B_2 B_4 (高度增量 500ft)	D_4 A_1 A_2 (高度增量 8000ft)							
	000	001	011	010	110	111	101	100
0111	1500	12000	17500	28000	33500	44000	49500	50000
0101	2000	11500	18000	27500	34000	43500	50000	49500
0100	2500	11000	18500	27000	34500	43000	50500	49000
1100	3000	10500	19000	26500	35000	42500	51000	48500
1101	3500	10000	19500	26000	35500	42000	51500	48000
1111	4000	9500	20000	25500	36000	41500	52000	47500
1110	4500	9000	20500	25000	36500	41000	52500	47000
1010	5000	8500	21000	24500	37000	40500	53000	46500
1011	5500	8000	21500	24000	37500	40000	53500	46000
1001	6000	7500	22000	23500	38000	39500	54000	45500
1000	6500	7000	22500	23000	38500	39000	54500	45000

表 11-4 高度增量 100ft 编码

尾数 1000ft			高度增减量/ft	尾数 500ft		
C_1	C_2	C_4		C_1	C_2	C_4
1	0	0	+200	0	0	1
1	1	0	+100	0	1	1
0	1	0	0	0	1	0
0	1	1	−100	1	1	0
0	0	1	−200	1	0	0

如在第一脉冲组增加一个 D_2 脉冲（即 D_2、D_4、A_1、A_2），可组成每 8000ft 高度增量的 16 个格雷码，这样就可得到 16×16×5＝1280 个高度编码，高度范围可增加一倍，即从－1000～126700ft，达到原设计规定的高度。D_1 脉冲则始终不用。

高度编码的前两组（即 D_4、A_1、A_2 和 A_4、B_1、B_2、B_4）共七个高度信息脉冲是按格雷码来编码的，可得到 128 个码组，其码组的高度增量为 500ft。

最后的高度信息脉冲组（即 C_1、C_2、C_4）则采用“五周期循环码”来编码，码组的高度增减量为 100ft。现举例说明如下：

例 11-1 某高度的尾数在每（1000±200）ft 范围内，则用尾数每 1000ft 栏来编码。例如，28200ft，则编码为

$$\underbrace{\begin{matrix} D_4 & A_1 & A_2 & A_4 & B_1 & B_2 & B_4 \\ 0 & 1 & 0 & 0 & 1 & 1 & 1 \end{matrix}}_{28000\text{ ft}} + \underbrace{\begin{matrix} C_1 & C_2 & C_4 \\ 1 & 0 & 0 \end{matrix}}_{200\text{ ft}} = 28200\text{ ft}$$

例 11-2 某高度的尾数在每（500±200）ft 范围内，则用尾数 500ft 栏来编码。例如，28400ft，则编码为

$$\underbrace{\begin{matrix} D_4 & A_1 & A_2 & A_4 & B_1 & B_2 & B_4 \\ 0 & 1 & 0 & 0 & 1 & 1 & 0 \end{matrix}}_{28500\text{ ft}} - \underbrace{\begin{matrix} C_1 & C_2 & C_4 \\ 1 & 1 & 0 \end{matrix}}_{100\text{ ft}} = 28400\text{ ft}$$

对应于 28400ft 的高度报告编码脉冲串排列为

$$F_1 \quad C_1 \quad A_1 \quad C_2 \quad B_1 \quad B_2 \quad F_2$$

如图 11-14 所示。

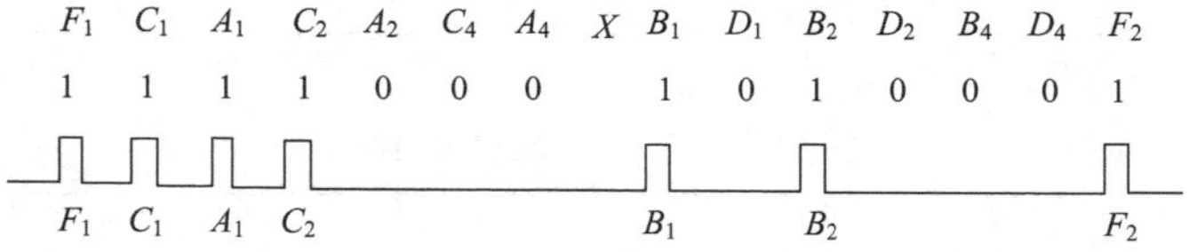

图 11-14 28400ft 高度编码脉冲串

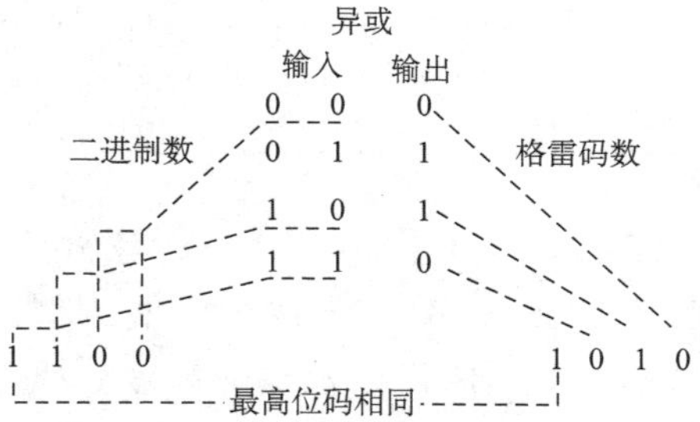

图 11-15 格雷码数的转换举例

格雷码的特点是在二进制相邻两数之间只有一比特位的状态发生变化，形成首尾相衔接的单值无权码，可适应于高度连续变化的模/数变换的编码，避免在普通二进制相邻两数之间出现多个比特位状态变化不同步的误差。每位格雷码由二进制数对应位的码与相邻高一位的码进行“异或”运算求得，格雷码数与二进制数的最高位码相同。

例如，12 的二进制数码为 1100，则由最低位开始，向左与相邻高一位码进行“异或”运算，如图 11-15 所示，直至最高位码相同为止，如图 11-15 虚线所示，则相应的格雷码为 1010。

11.4 二次雷达性能

二次监视雷达的最大作用半径为 370km（航道监视）或 100km（终端监

视)，高度覆盖约15km，距离测量精度在10m以内，方位测量精度在几度之内。上述这些基本要求已经考虑到与一次监视雷达之间的适配需要。

工作频率是雷达的重要参数。ICAO建议使用1030MHz为询问载波频率，1090MHz为应答载波频率。二者相差60MHz已足以把它们分开，不至于相互干扰。另外，询问器的1030MHz发射载频可作为接收机本振信号，用以接收1090MHz的应答信号经混频得到60MHz的中频信号。同样，应答器可将1090MHz的发射载频作为本振，接收1030MHz的询问信号，使系统设计得以简化。

提高脉冲重复频率有助于改善目标探测能力，然而上限取决于最大作用距离，即不出现距离模糊。ICAO规定了空管二次监视雷达的最高询问频率为450Hz。当二次监视雷达与一次监视雷达配合使用时，为提高探测目标的可靠性，采用了目标信号的相关处理技术，故二者的脉冲重复频率应相关。最简单的方法是取二者具有相同的重复频率。

天线的方向性图在水平方位是约几度(如3.6°)的窄波束，以保证方位测量精度。垂直方向则是扇形波束，以保证作用半径内的高度覆盖。波束按圆周扫描，如图11-16所示。

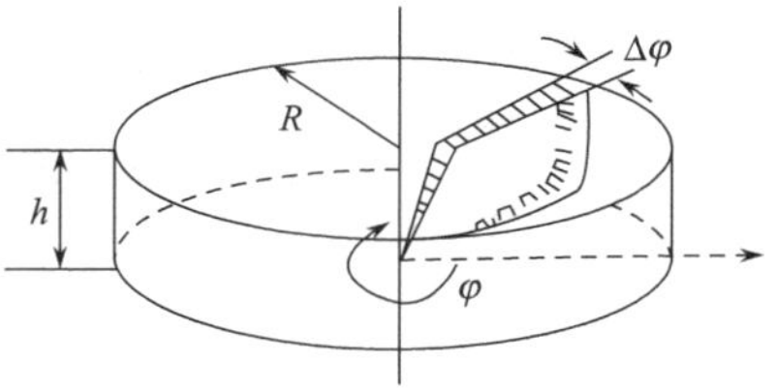

图11-16 扇形波束进行圆周扫掠

可见，在天线的垂直上空会出现部分盲区。在实施管制时，应尽量避免飞机过顶飞行。通常天线的扫描速率为5～15r/min，相应的数据更新时间为4～15s。用于航道监视时，取偏低的扫描速率；而用于终端监视时，则取较高的扫描速率。

应当指出，用最大值法测定方位时，SSR的应答信号会随着方位角偏离最大值，其幅度衰减的斜率不如PSR那样陡峭，故方位精度与分辨率下降。在二者配合工作时，通常采用PSR所提供的比较精确的方位测量数据。

在SSR系统中，一台地面询问站对多个机上应答器工作，因此应提高地面询问站的发射功率和接收机灵敏度。这样可大大降低机上应答器的发射功率和接收灵敏度要求，简化机上设备，降低应答器成本乃至系统成本。例如，地面询问站采用15kW的发射功率，接收机灵敏度为－82dB·mW时，机上应答器仅需500W的发射功率和－75dB·mW的接收机灵敏度。

ICAO规定了SSR的询问信号采用脉(冲)位(置)调制，应答信号采用脉(冲)(编)码调制。脉冲波形主要反映在脉冲宽度和上升、下降沿的要求上。在每个询问周期内，收到询问信号的应答器都可予以应答，但只有各个应答信号到达询问接收机且不出现时间重叠时，才可能被译码确认。最简单的，设各应答器在空间距离上是均匀分布的，这时询问周期所包含的不重叠应答帧数即该询问周期的最大容量。设系统最高重复频率为450Hz，即询问周期2222μs，以100个应答帧，每帧包括15个脉冲计算，每个脉冲占1.48μs。考虑脉冲的占空比及上升、下降沿和脉冲宽度误差等的影响，最后取应答脉冲宽度为0.4μs。

由于询问信号种类较少，而且每个询问周期只出现一次，对系统容量影响较小，故可放宽对它的要求，通常取询问脉冲宽度0.8μs。

脉冲前沿取0.1μs，可获得15m的距离测量精度，基本满足要求。后沿不用于测距，只要不影响后续脉冲前沿，便于脉冲分离即可，故可放宽对后沿的要求，取其为0.2μs。

每个询问站应在尽可能大的空域内对多架飞机进行询问/应答，从而节省较复杂的地面询问站，这就涉及系统容量问题。它与空域内的飞行流量及飞机的空间分布概率有关，因此是一个统计学问题。下面仅考虑理想均匀位置分布时的系统容量。正如前面提到的那样，在一个询问周期内，按距离分割可容纳100个互不重叠的应答帧。而方位波束宽3.6°时，圆周扫描360°可获100个分隔空间。可见这时系统的最大容量是10000个应答帧。表11-5是典型单脉冲二次雷达地面设备性能指标。

表11-5 典型单脉冲二次雷达地面设备性能指标

最大探测距离	不小于250nm
飞机容量	—
总数	400架
最大值	90°内可容纳200架
距离	—
精度	29m（均方根）
分辨力	75m（相同方位角的两架飞机）
识别力	18m
方位角	—
精度	0.05°（典型均方根值为0.03°）
分辨力	0.6°（相同距离的两架飞机）
识别力	0.022°
探测概率	典型值98.7%（窜扰情况下典型值为98.0%）
解码有效性	—
A模式	典型值99.7%（窜扰情况下典型值为99.5%）
C模式	典型值98.8%（窜扰情况下典型值为97.0%）
询问率	典型值为120Hz（天线转速为12r/min）
异步干扰率	—
平均	4000/s
峰值	8000/s

11.5 二次雷达的特点

11.5.1 二次雷达的优点

二次雷达与一般雷达（即主动式雷达）比较起来有以下一些优点。

1. 体积小

一次雷达接收到的信号是雷达发射机所发射信号经目标反射后的回波，为了使其达到足够的作用距离，对雷达发射机的功率和雷达接收机的灵敏度都要求较高。二次雷达采用了类似通信的方法，即二次雷达发射机发射的信号只要求为目标应答器所能接收，而二次雷达的接收信号为应答器所发射的信号，因此二次雷达的发射机功率比一次雷达小得多，且二次雷达的接收机所接收的信号又比一次雷达的信号强。这样二次雷达的整个体积、重量都比一次雷达的小。

2. 干扰小

一次雷达接收机和发射机工作在同一频率上，这一缺点导致了一系列的问题。例如，雷达周围各种固定的地物也会反射电磁波而产生回波，这些地物的回波将对一次雷达产生干扰，它们会使接收机饱和，使地物附近的目标淹没在地物回波中而无法检测。雨、雪、云等自然现象也会反射回波，这些回波在一次雷达中也都要引起干扰。此外，由于收发用同一频率，使一次雷达不得不采用天线开关。二次雷达却不同，它可以将发射和接收的频率分开，也就是说，二次雷达发射机用一个频率发射，目标应答器用另一个频率发射。例如，在空管雷达中，二次雷达发射频率为1030MHz，接收频率为1090MHz，这样就避免了一次雷达由于收发用同一频率所导致的麻烦。

3. 接收稳定

一次雷达是用目标反射回波来探测的。目标大小不同，回波信号强弱也不同，同一目标（如飞机）姿态不同，回波强弱也不同。更主要的是目标反射时是向四周乱反射的，这样使接收到的回波时强时弱，这个现象称为闪烁现象。而二次雷达则无此缺点，它所接收的信号并不依赖于目标的大小，因而无闪烁现象，可以稳定地接收。

4. 可以脉冲编码发射

由于二次雷达采取了通信方式，因此雷达发射机的信号可以设计得比一次雷达的更复杂些。具体来说它可以用几个脉冲所组成的编码信号来发射。

11.5.2 二次雷达的缺点

二次雷达仍然存在一些问题，在空中交通密度较大的情况下尤为严重。

1. 同步窜扰

当机上应答机接收到询问信号作应答时，应答信号脉冲串的持续时间最少为20.3μs（如加发识别脉冲时，持续时间为24.7μs），因而发送脉冲串将占有空间的距离为 $162000\times20.3\times10-6=$ 3.28n mile（无线电波传送速度约为162000n mile/s），如果两架飞机处在询问波束同一方位上或波束宽度范围内，设两机的高度层相差已大于300m，当两机的斜距小于1.64n mile时（如图11-17中的A机和B机），则地面询问机的接收机将收到间隔重叠的两机的回答信号，因而互相干扰，这种干扰称为同步窜扰，大大降低了分辨率。

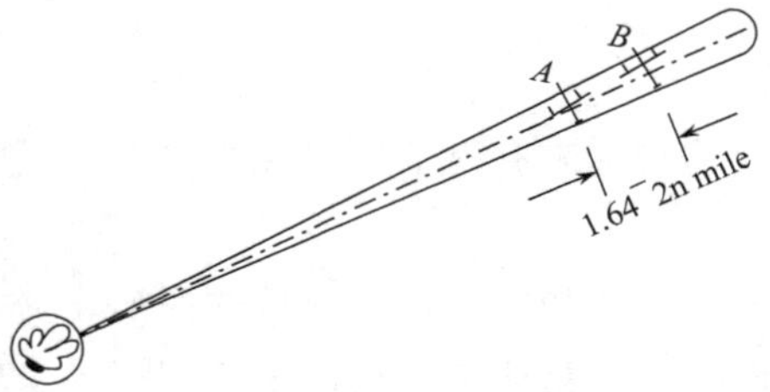

图 11-17 同步窜扰示意图

2. 非同步窜扰

当飞机处在两个以上地面询问机共同作用范围内时，每个地面询问接收机除了对本站所询问飞机的应答脉冲同步接收外，还会收到因其他地面站询问飞机而引起的非同步应答，因此，就会在显示荧光屏上形成非同步应答的窜扰，如图11-18所示。

当询问机1向A机询问（A机的识别飞机代号是与询问机1所选飞机代号同步的），而询问机1的主波束宽度范围内的远处又有一架B机，但不是询问机1所选的识别飞机代号，而B机又正好受询问机2的询问（B机回答的识别飞机代号与询问机1不同步，而与询问机2是同步的），由于机上应答机天线是全方向性的，故B机在向询问机2作应答时，也向询问机1作应答（因B机处在两个询问机发射的主波束之中）。这种不需要的非同步应答，使询问机1的荧光屏上出现多个亮点，画面不清晰，或者占据了询问机1的译码动作，混扰了对A机询问的应答译码，这种混扰称为非同步窜扰。这种非同步窜扰在地面台可采用非同步窜扰抑制电路来消除，其方法是将视频应答信号储存一个询问周期的时间，使其与第二次询问的应答进行比较，如果是重合的，则视频信号是相干的，就显示该识别目标的飞机代号；如不重合，则这个应答是不相干的，信号被消除，因而不会显示出这个目标。

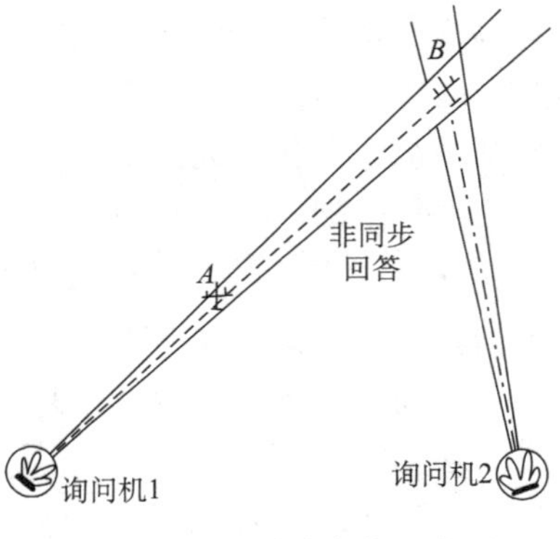

图 11-18 非同步窜扰示意图

3. 多路径反射

多路径即为发射机和接收机之间存在不止一条信号路径，在这些路径中，只有一条是发射机和接收机间的直达路径。此外，还存在其他路径，如由于地物和建筑物之类反射形成的信号路径。由于二次雷达使用短脉冲串，直射信号和反射信号在时间上形成交错或完全分开，其时间差会改变应答脉冲的视在数目，而导致解码错误或错误地检测为存在多架飞机。

11.5.3 一、二次雷达合装

为了弥补 SSR 的缺点，常将 SSR 和 PSR 配合起来工作。对于装有应答器的目标，SSR 可以提供更多的信息；对于一般的目标，则由 PSR 探测。SSR 天线架设在 PSR 的顶端，并随着 PSR 天线一起转动。PSR 的天线指向，一般由 PSR 提供距离和方位数据。SSR 在 PSR 的显示器上加上识别标志和高度。为了使 PSR 和 SSR 的接收信号最后在显示器上同步地显示，SSR 的发射信号提前一段时间。这是因为在 SSR 中从应答器接收询问信号到发射应答信号有一段时间延迟（约 3μs），而 SSR 将应答信号的编码脉冲解出来也需要 20.3μs 的时间。图 11-19 即为 SSR 和 PSR 配合工作时触发脉冲的时序图。

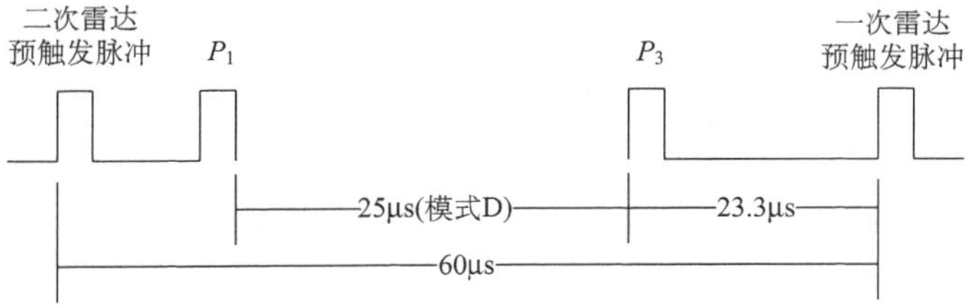

图 11-19 二次雷达触发脉冲时间

11.6 S模式二次雷达

传统的二次监视雷达已广泛应用于交通管制系统，成为改善空管系统的重要手段。但随着飞行流量的不断增加，该系统所存在的主要缺陷已不能适应发展的需要。尤其在下述两方面尤为突出：①飞行流量增加时，同步窜扰和非同步窜扰日趋严重，大大影响系统的正常工作；②现有系统仅能由机上向地面传送飞机的识别信号和高度信息，远远不能满足高性能自动化空管系统的要求。为此，需发展新一代的二次监视雷达系统。

11.6.1 S模式发展的起源

20 世纪 70 年代，美国提出了离散寻址信标系统 DABS，它与现系统的本质区别在于具有选址询问功能。系统中每个应答器都分配一个专用的地址编码，地面询问站按编码地址有选择地询问。显然，应答也将是有选择的，从而避免现系统中多个目标同时应答所造成的混扰和窜扰。新系统的第二个突出优点是具有较强的数据通信功能，这有助于地面管制中心快速、自动地获取精确的空中情报数据，也有助于地面管制中心发布管制指令或为飞行员提供不同的飞行服务。1981年国际民航组织通信专业会议上，决定采用上述信标系统，并命名为S模式二次监视雷达信标系统。新系统将逐步取代现有的系统，以适应现代空管系统的需要。

由于是在已经大量采用传统二次监视雷达的基础上引入新的S模式系统，这就要求S模式系统与现有系统具有最大的兼容性，以便经济而平稳地向全S模式过渡。为此S模式采用与现存系统同样的询问和应答频率，即采用相同的射频通道，在信号格式方面亦有较大的通用性。在过渡期间，S模式的询问器可以监视现存的信标应答器，而S模式的应答器亦能回答现存询问器的询问信号。这样无论是S模式的地面询问台或机上应答器都可以逐步地引入现有空管系统中，保证系统更新的经济性和延续性。图11-20是过渡期间S模式二次监视雷达和现有二次监视雷达兼容工作时的结构示意图。在图中还能看到，在相邻S模式询问站之间，可以通过通信线路建立联系。

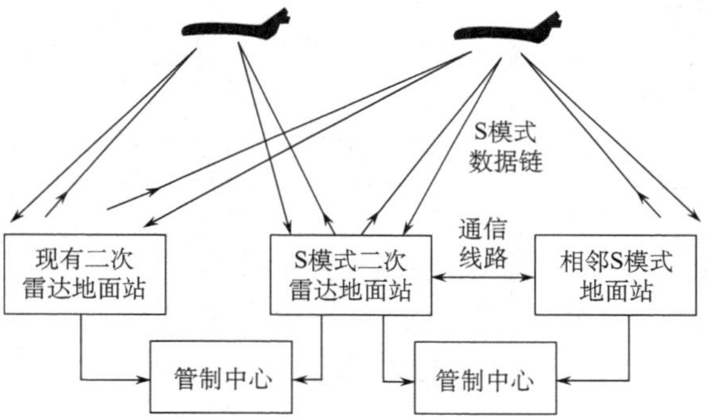

图11-20　S模式二次监视雷达的兼容结构示意图

在S模式系统中，一则为了获取目标的位置参数，二则为了与现有系统兼容，依然采用空间分割方法，即距离选择与方位选择措施。此外，S模式通常也与一次监视雷达联合使用，当询问目标与雷达目标一致时，雷达目标被抑制，仅输出应答目标信息。对于未装有应答设备的目标，则仅提供雷达目标参数。

通常S模式询问站应设一个外部存储器，以储存监视空域内所需询问的目标地址识别码和大概的位置参数，以保证空间分隔与选址询问一致。该外存储器又称监视空域的预存图。

S模式询问站可以多个联网工作，但应包括部分重叠的监视空域。通过地面通信线路，可完成监视目标由一个询问站向相邻询问站的管制移交，而且有助于在重叠监视空域内协助相邻询问站重新寻找丢失的飞机目标。

信号格式与系统性能是密切相关的。下面来看离散寻址信标系统的应答信号。

11.6.2 询问信号

离散寻址信标系统的基本思想是赋予每架飞机一个指定的地址码，由地面系统中的计算机控制进行“一对一”的点名问答。这种一对一选择问答方式是和现行ATCRBS的普遍询问应答方式根本不同的。离散寻址信标系统可以有两种不同类型的询问。

（1）全呼叫询问。它用来监视装有ATCRBS应答器的飞机，同时也对装有S模式应答器的飞机实现搜索捕获。这充分体现向S模式过渡阶段的兼容性。

（2）只呼叫DABS，即S模式询问。是S模式系统最具特色的一种询问模式，除对装有S模式应答器的飞机行进选址询问以实现监视功能外，还用于实现数据链通信。

1. ATCRBS/DABS全呼叫

ATCRBS/DABS全呼叫询问格式如图11-21所示，它由P_1、P_2、P_3和P_4脉冲所组成。

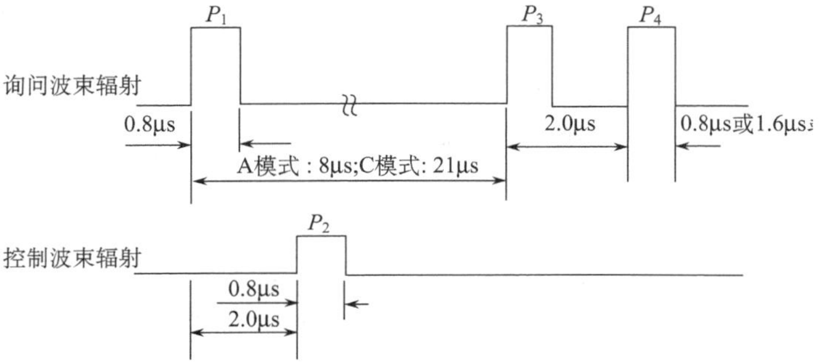

图 11-21 ATCRBS/DABS全呼叫询问格式

P_1、P_2、P_3脉冲的参数与现行的ATCRBS相同，其中P_3脉冲距P_1脉冲的时间间隔为8μs或21μs，分别对应于现行的A模式和C模式；P_2脉冲仍为旁瓣抑制脉冲，脉冲距P_3前沿2μs，宽度则为1.6μs。询问信号的射频仍为1030MHz。对于这种ATCRBS/DABS全呼叫询问，现行的ATCRBS机载应答机仍然是根据P_1与P_3脉冲之间的时间间隔作相应的识别应答或者高度应答，

对于 P_4 脉冲则不予理睬；而新型的 DABS 应答机则能够识别这一包括 P_4 脉冲在内的全呼叫，作全呼叫应答。

2. DABS 询问信号

1）询问格式

DABS 询问由前导脉冲 P_1、P_2 和一个询问数据块组成，如图 11-21 所示。前导脉冲 P_1、P_2 间隔 2μs，宽度 0.8μs；数据块前沿距 P_1 前沿 3.5μs，由 56 位或 112 位的差分相移键控信号组成，每位宽度为 0.25μs。数据字组的前端是两个相位相反的同步信号；字组末端也有一个 0.5μs 的信号，以保证字组的最后一位可以不受干扰地完全解调。

为了实现旁瓣抑制功能，可以发射一个如图 11-22 所示的 P_5 脉冲，P_5 的宽度也是 0.8μs，它覆盖着数据块始端的两个同步信号之间的相位翻转时刻。如果 DABS 应答机接收到的 P_5 幅度超过数据块的幅度，应答机就不会对差分相移键控信号解码，从而实现对旁瓣询问信号的抑制。

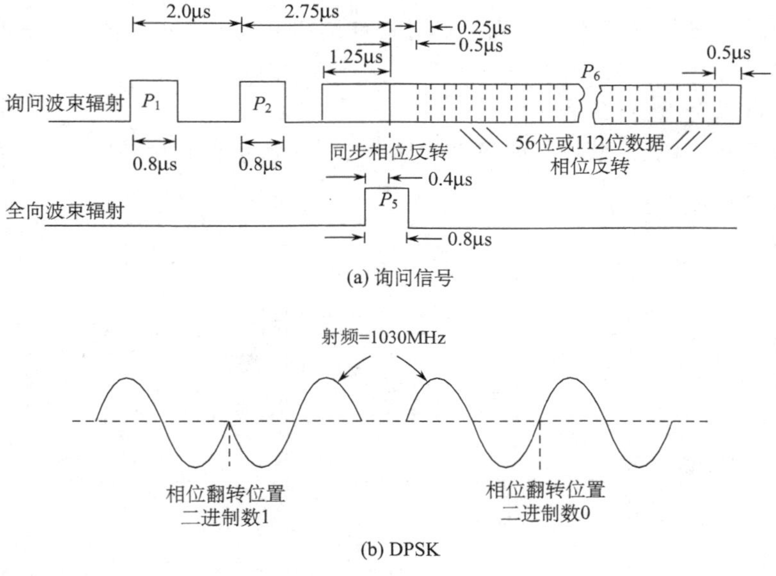

图 11-22　DABS 询问格式

2）询问内容

询问字组包括 56 位或 112 位信息，其内容为飞机地址（飞机代码）、控制字、奇偶校验及其他有关信息。由于信息可以多达 112 位，因此除了用作飞机代码、高度询问外，还可以进行其他内容的广泛的信息交换。

询问数据字组中有 24 位用作飞机地址码，因此其飞机地址码可达 $2^{24}=$

16777216之多，是现行ATCRBS识别代码的4096倍，这就从根本上消除了现行ATCRBS容量不足的弱点。

对于这种DABS询问，现行的ATCRBS机载应答机是不会作应答的，这是因为DABS询问中的P_2脉冲幅度与P_1相等，它将触发现行应答机中的旁瓣抑制电路。

3）差分相移键控调制

DABS数据字组采用差分相移键控（DPSK）调制。这种调制方法是用码位中载波信号的不同相位差值来表示二进制信息。在DABS的每个0.25μs的码位中，如果在一个数据位中的载波相位翻转位置（该码位的中间位置）前后载波的相位翻转了180°，则该数据位就是二进制数“1”；如载波相位在相位翻转位置处不发生相位变化（相位差为0°），则该数据位就是二进制数“0”，如图11-22（b）所示。

3. 应答格式

DABS信标系统的机载应答机称为S模式应答机。所产生的应答信号与询问信号相似，也是由前导脉冲与应答数据字组成的，如图11-23所示。

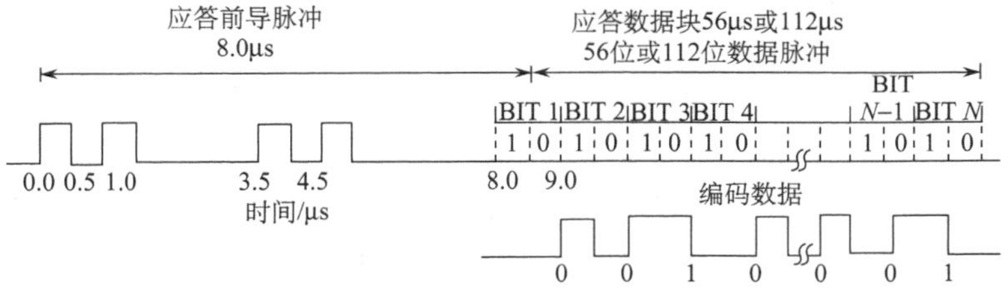

图11-23　DABS应答格式

DABS有两对前导脉冲，两对脉冲相距3.5μs，每对脉冲的两个脉冲之间相隔1μs，前导脉冲的宽度均为0.5μs。

应答数据字组也是由56位或112位数据组成的。数据字组的始端距第一个前导脉冲8μs。与询问数据字组不同的是，应答数据字组采用脉冲位置调制（PPM）方式，而不是DPSK方式；它的每个码位的持续时间为1μs，也与询问数据的每位0.25μs不同。

所谓PPM调制，就是通过码位中脉冲的位置来表示二进制数。因为二进制数只有“0”和“1”两个状态，所以码位中的脉冲位置也只需要两种位置。具体的表示方法是把每个码位的1μs时间分成前后两个0.5μs，如果在码位的前半部分出现脉冲，则为二进制数“1”；如果在码位的后0.5μs内出现脉冲，则表示二进制数“0”，如图11-23所示。该图用脉冲位置调制方式所表示的二进制信息为0010…001。

应答的内容根据询问要求而定。应答数据字组包括控制字、飞机地址码、高度码及其他需要交换的机载设备信息。应答信号的载频仍为1090MHz。

11.6.3 S模式数据链

S模式即选择模式，是SSR的一种增强模式，允许地面管制单位有选择地询问，在地面询问和机载应答装置之间具备双向交换数据功能。

S模式具有以下特点：有选择地询问，防止信号范围内的所有飞机同时应答引起的系统饱和、混叠发生；一机一码，防止询问信号串扰其他飞机；为ATC服务提供数据链能力，为VHF话音通信提供备份；实现对飞机状态的跟踪监视；使用单脉冲技术有效地改善了角度分辨率，提高了方位数据的精度；是防撞的可靠手段，TCAS利用SSR应答器的信号来确定邻近飞机的距离和高度，利用S模式数据链功能，可确切知道对方的坐标位置，有利于选择正确的回避措施。

对通信功能而言，因为S模式的数据链仍沿用了SSR的工作方式，势必受到天线扫掠间歇的限制，使依赖于S模式的通信次数、速率和实时性差于VHF数据链。但对雷达功能而言，代表了发展的一个方向。

11.7 空中交通警戒与防撞系统

飞机上的防撞系统，美国航空体系称为空中交通预警与防撞系统TCAS，欧洲航空体系称为机载防撞系统ACAS，两者实际上的含义、功能是一致的，是一种独立于地面空中交通管制系统的机载设备，可显示飞机周围的情况，有效地辅助飞机驾驶员主动搜寻和目视发现可能的空中交通冲突，并在需要时提供语音告警，同时帮助驾驶员以适当机动方式躲避危险，弥补空中和地面相互协调过程中管制员及飞行员可能产生的错误，增加更高的安全系数，使航空公司及乘客避免不必要的损失。

11.7.1 TCASⅠ与TCASⅢ

TCASⅠ接收和显示在量程范围内所有飞机的大致方位和相对高度，通常范围约为40n mile。系统使用彩色编码点来表明某区域内存在潜在威胁的飞机，称为交通咨询（TA，traffic advisory）。当飞行员收到一个TA时，他视线内可见入侵飞机并且被允许垂直偏离最多＋300ft；采用TA方式时，预先录制的声音会播报“Traffic，Traffic”，而表示其他飞机的符号则会改变形状和颜色。该系统不允许做横向偏离，在仪表飞行条件下，飞行员需将情况通报给空中交通管制中心，以协助解决冲突。

TCASⅢ能提供TA与决断咨询RA信息。当采用RA方式时，TCAS可发出诸如“Climb，Climb”或“Descend，Descent”之类的机动指令，或者会告诉驾驶员无须采取机动动作。飞行员收到RA时，除了执行垂直机动外，还可执行横向偏离以躲避入侵飞机，这将大大减少飞机危险接近或空中相撞的可能性。TCASⅢ的定向天线更精确且具有较小的方位误差，能精确地确定入侵飞机的位置，因此误警率也降低了。TCASⅢ的另一个升级是使用S模式数据链，通过该数据链，系统有能力把飞机的GPS位置和速度矢量传送到其他装有TCAS设备的飞机，因此可提供更多、更精确的协调信息。

11.7.2 TCASⅡ

1. 保护范围

TCASⅡ应答机探测范围是：前方40n mile，后方20n mile，两侧各20n mile，上下8700ft，此区域称为保护区。如果有飞机闯入保护区，TCAS系统通过应答机与保护区的飞机对话，计算以下信息以判定闯入飞机对自身飞机构成的威胁程度：双方之间的距离、与对方的相对高度、对方的高度和垂直速度（如果对方报告高度）、对方的接近速率。

通过以上数据，TCAS计算两架飞机到最近接近点的时间。也就是说，TCASⅡ是根据时间而非距离判定相撞的危险程度的。

2. TA、RA与显示

TCASⅡ提供交通警戒信息和在垂直方向的决策信息（推荐的逃避动作），以避开冲突的交通目标，航线运输飞机、较大的通勤飞机和公务飞机均使用TCASⅡ。它可以向飞行员提供TA与RA信息。TCAS判定闯入飞机是TA后，在气象雷达显示器（通常是HSI或EHSI），或专用显示器上显示其相对位置和高度，如果飞机以大于500ft/min的速率爬升或下降，用箭头表示运动趋势；TCAS会发出RA警告和给出的俯仰指令，RA显示在垂直速度表VSI刻度上，用绿色弧形灯和红色弧形灯显示躲避危险所需的垂直速度和极限，如图11-24所示。机组必须迅速并柔和地按照TCAS指令操作飞机爬升或下降，绝对不允许反操纵。有两种类型的RA，即预防性RA和确定性RA。预防性RA指示飞行员在避免潜在冲突时不必改变高度或航向；确定性RA指示飞行员以预先确定的2500ft/min的升降率爬升或下降，以避免冲突。

一旦飞机脱离危险，TCAS将宣布“冲突解除”，以肯定这次遭遇结束，此时飞行机组应该将飞机返回冲突发生前的许可剖面。

3. 保护等级

不同高度的预留时间不同，高度越高预留时间越长，见表11-6。例如，当气压高度为20000ft以上时，与其他飞机进近的最近点小于48s时，则会发布交

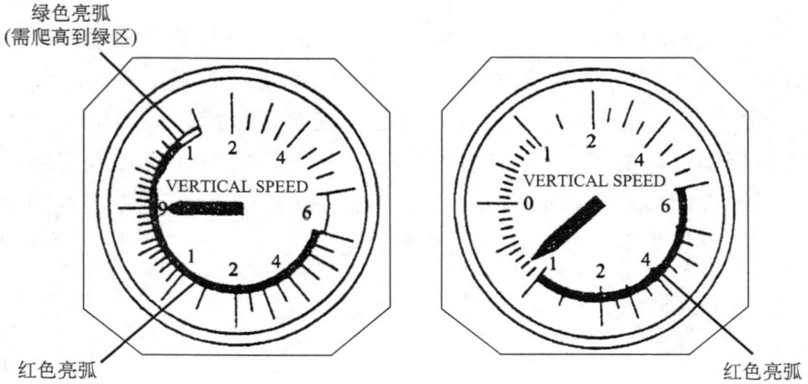

(a) 应以大于1000ft/min的垂直速度爬升　(b) 下降速度不能超过1000ft/min

图 11-24　在升、降速度表上显示的决策信息（RA）

通咨询 TA，如果两架飞机继续沿着有危险的航迹飞行，则在离最近点大约 35s 处，系统会发布决断咨询 RA。

表 11-6　高度与预留时间的关系

飞行高度/ft	TA 预留时间/s	RA 预留时间/s
无线电高度 ＜500	20	15
无线电高度 500～2500	35	20
气压高度 2500～10000	40	25
气压高度 10000～20000	45	30
气压高度 ＞20000	48	35

TCAS 提供的保护等级由目标飞机所带应答机的类型确定。若对方飞机带 A 模式应答机，装备 TCAS 的飞机向对方飞机发送询问信号，对方飞机接到信号后发出应答信号，此飞机收到应答信号，经过 TCAS 相关功能模块的处理与计算，这时 TCAS 仅提供交通警戒信息 TA；如果对方飞机为 C 模式，则不仅提供 TA，还提供决策信息 RA；当两架飞机都带有 TACSⅡ设备时，则通过 S 模式数据交换对冲突进行协调解决；如果对方飞机没有装应答机或应答机不工作，TCAS 将无法探测，如表 11-7 所示。

表 11-7 TCAS 对不同类型系统的响应

		自己飞机的设备		
		TCASⅠ	TCASⅡ	TCASⅢ
目标飞机的设备	仅有 A 模式	TA	TA	TA
	C 或 S 模式*	TA	TA，VRA	TA，VRA，HRA
	TCASⅠ	TA	TA，VRA	TA，VRA，HRA
	TCASⅡ	TA	TA，VRA，TTC	TA，VRA，HRA，TTC
	TCASⅢ	TA	TA，VRA，TTC	TA，VRA，HRA，TTC

4. TCAS 系统组成

如图 11-25 所示为 TCASⅡ的组成方框图。

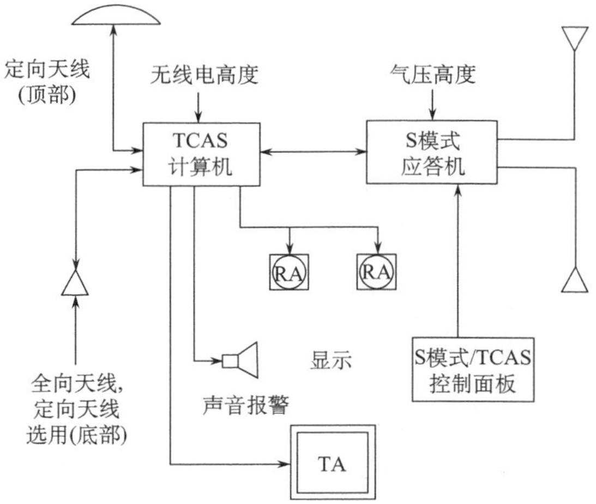

图 11-25 TCASⅡ组成方框图

1) S 模式/TCAS 控制面板

此装置用于选择和控制所有 TCAS 组件，包括 TCAS 计算机、S 模式应答机和 TCAS 显示等。如图 11-25 所示，控制信息是经由 S 模式应答机输送到 TCAS 计算机的。S 模式应答机一般与 TCAS 配套使用，在大多数情况下，应答机的控制盒和 TCAS 的控制盒也配套使用。如图 11-26 所示为双套 S 模式应答机和单套 TCAS 收发组件的控制面板。

• TCAS/XPDR 模式选择开关，此开关有四个位置，用以选择应答机和/或 TCAS 模式。“TA/RA”位为 TCAS 正常工作模式位，在此位 TCAS 既提供交通警戒信息又产生决策信息；在“TA”位，TCAS 仅提供交通警戒信息，不提供决策信息；在“XPDR ON”位，仅应答机起作用，TCAS 不再起作用；在

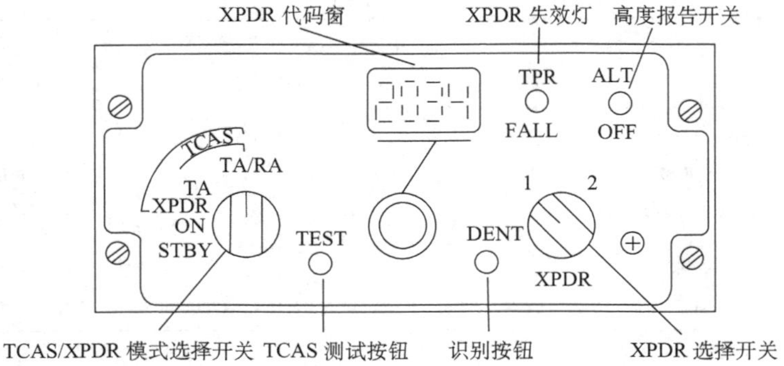

图 11-26　S模式应答机和 TCAS 控制盒面板

“STBY”位，应答机处于待用状态，TCAS 也不再起作用。

- TCAS TEST（测试）按钮，按这个按钮，TCAS 进行自测试。
- XPDR 代码窗口，显示四位数字应答机代码。
- IDENT（识别）按钮，与通常的 XPDR“IDENT”按钮功能一样。
- ALT 开关，与通常的 XPDR 高度报告开关功能一样。
- XPDR FAIL（XPDR 失效）灯，当所选的应答机或它的高度信息源失效时，该灯亮。
- XPDR 选择开关，用以选择 XPDR＃1 或 XPDR＃2。

2）S 模式应答机

此装置用于执行现有 A 模式和 C 模式应答机的正常 ATC 功能。因为它具有选择地址的能力，S 模式应答机也用于装有 TCAS 飞机之间的空中数据交换，以保证提供协调的、互补的决策信息。

3）TCAS 计算机装置

此装置用于监视空域，跟踪闯入飞机和自身飞机，探测和判定威胁，产生决策信息。气压和无线电高度以及图 11-25 没有显示出的有关航空器外形的离散输入，作为计算机用来控制避撞的逻辑参数，这些参数决定 TCAS 飞机周围的保护范围。如果一架跟踪的航空器是一个碰撞威胁，计算机将选择最好的避让机动，并且如果威胁航空器上也装备了 TCASⅡ或 TCASⅢ，这种机动是协调的。

4）交通警戒显示

交通警戒显示可以是专用的 TCAS 显示器，也可以是气象雷达与交通显示合用的显示器。

5）决策信息显示

决策信息显示是一个标准的垂直速度指示器。

6）语音警告

语音警告用来补充显示的交通警戒信息和决策信息。在交通警戒显示出现时，系统发出“Traffic，Traffic”的声音，告诉飞行员应当看 TA 显示以确定闯入航空器的位置。如果冲突不能自身解决，系统会继而通报决策信息，如“Climb，Climb，Climb”。此时，飞行员应当调整或保持飞机的垂直速率，使垂直速度指示器 VSI 指针保持在红段之外。

7）天线

TCASⅡ使用的天线包括一部安装在飞机顶部的定向天线。一般来说，它以变化的功率在每 90°的一个扫描区域中发出询问，发射的频率是 1030MHz。用 1090MHz 接收应答机的回答，并且送到计算机。定向天线允许将回答分隔以减小同步窜扰。图 11-24 还示出了 TCAS 飞机下面的目标距离和高度数据。在底部也可以选装一部定向天线来获得这些目标的方位信息。

S 模式应答机用 1030MHz 接收询问并且用 1090MHz 回答，可以选择使用其上、下天线，以增强信号强度并减少多次反射的干扰。

11.7.3 TCAS 存在的问题

在 TCAS 的研发中遇到过一些问题，如系统天线的定向能力问题、信号杂乱问题、为减少虚警率不得不对软件升级等。在使用 TCAS 系统的过程中，飞行员和管制员也提出了不少的问题，其中较复杂的就是天线问题。位于机场的典型的旋转天线向管制员提供定向的信息。天线以每次都能查明飞机位置的速率做 360°旋转从而获得这些数据。这种机制显然对机载询问机是不适用的。因此，工程师开发了一种新天线，在中央天线单元的圆周上排列众多的小天线单元，馈以适当的信号，它们同时向周围发射一个询问脉冲。当应答信号到达时，它们会有轻微的时间差异，通过比较每一单元的回波信号模式，计算机就能发现回波信号的方向。信号杂乱是另一个不得不克服的问题。在 TCAS 的早期研究中，研究者担心在拥挤的终端区域，众多应答机应答的多重信号形成的叠波和杂波会使系统过载。这个问题被叫做“耳语呼喊”的方法解决了。该方法使用了一个定向天线，允许发射机以两种强度发送信号。发射的低功率信号（耳语）仅被高灵敏度应答机或附近的应答机接收并响应，然后发射机发射一个强信号（呼喊）以触发低灵敏度应答机或较远的应答机应答。该系统的基本工作机制是减少应答机在同一时间内的响应次数，应答机依次对耳语、呼喊、大叫进行应答，同时抑制在同一时间内对其他询问方式的应答。新型天线和“耳语呼喊”技术在 TCAS 的发展中起到了关键作用，并且在最拥挤的终端区域防止系统过载。当首次引入 TCASⅡ时，因为较高的误警率，它并没有获得更多的支持。尤其麻烦的是，当飞机处于最后进近时，出现许多警告，这对飞行安全不利，因为这是最繁忙和最关键的飞行阶段之一。例如，错误的冲突警报被安装在轮船或舰桥上的应答机触发；间隔低于5000ft的平行进近航道也会导致错误的警报；甚至据报告，飞行员自己驾驶的飞机也能引起错误的警报，在这种情况下飞行员发现自己试图规避机动他自己的飞机。所有这些软件问题在较新版本中已得到妥善处理。Mitre公司开发的新的逻辑软件版本，经第一个自愿用户达美航空公司使用后，据报告减少了80%的冲突警告，同时，“碰撞”警报的次数也减少了（当一架正在下降飞机的TCAS指示本机爬升以避开在它之下快速爬升且不知道该机在低高度是否拉平时出现“碰撞”警报）。

11.7.4 TCAS的未来

TCAS的应用前景，不仅体现在跨洋航线上减少飞行间隔，在仪表飞行条件下减小起飞间隔，以及在最后进近期间允许飞机建立和保持飞行间距；同时，利用TCAS技术进行循迹爬升，还有利于减少跨洋飞行的燃料消耗和飞行间隔。循迹爬升允许在较低高度尾随前面飞行的飞机，借助TCASⅡ爬升到前面飞机的高度，这样飞机在爬升中比前架飞机有更高的燃油效率和更少的紊流。在首次飞行测试中，联合航空的一架DC-10节省了2000lb（1lb＝0.45kg）燃油。

TCAS应用的另一个优势，是通过S模式数据链发射GPS协调信号和高度，这些信号可提高TCAS的效率和准确性，在越洋飞行中，可从飞机到空中交通管制中心之间转发位置信息。该项应用的费用较小，因为对已经安装TCASⅡ的飞机而言，仅仅需要对软件进行升级。

TCAS的未来发展也存在争议。广播式自动相关监视（ADS-B）是一种既可用于空中交通管制也可用于飞机防撞的技术，可使飞行员和管制员获得可靠、实时的空中飞行动态信息，增强飞机的位置识别能力。管制员利用ADS-B不仅可得到可能发生碰撞的飞机位置，而且可看到该飞机的方向、速度和高度及其变化趋势。ADS-B还可作为机场起降的辅助设备，配备在机场地面的车辆上形成地面移动引导和管制系统（SMGCS），应用ADS-B的费用只有TCASⅡ的一半，但TCAS的独立程度比ADS-B高。未来何者为优，目前难以判明。

本章思考题

1. 二次雷达的工作过程（相对于一次雷达）。
2. SSR、DABS及TCAS的工作频率。
3. SSR的功能。
4. SSR的询问模式。

5. SSR 的应答模式。
6. SSR 的飞机识别应答编码方法。
7. SSR 飞机高度码应答编码方法。
8. SSR 的缺陷。
9. S 模式的询问与应答信号格式。
10. S 模式相比较 A/C 模式的优势及未来发展趋势。

第12章 罗兰系统

12.1 概　　述

罗兰（LORAN）系统是根据时间差确定两导航台到目标的距离差与位置线的脉冲系统。其功能为：确定运动目标的位置；保持飞机按预定轨迹飞行；确定飞机导航元素，包括地速和偏流角。

测距差系统可以采用各种不同的无线电波段。若系统用于近距导航，可以选用超短波波段，在很大程度上避免大气干扰，最大作用距离一般为300km。但必须指出，超短波测距差系统在准确度方面不如无线电测距导航系统。利用中波或长波测距差系统，可以较容易地解决飞机远程导航问题。

罗兰系统方案在1940年由美国提出，于1942年初正式投入使用。1943年该系统覆盖了大西洋西部和北部许多区域，以后逐步扩展到太平洋和东南亚。第二次世界大战后，该系统向民用开放以来，已获得了广泛应用。直至1970年，美国本土以外的罗兰-A发射台发展到83个，估计罗兰-A用户接收机已超过10万台。美国将罗兰-A予以改进，形成了罗兰-C系统。

1968年起，我国在沿海地区也建立了相应于罗兰-A的地面台“长河一号”。在此基础上经过改进后建成了相应于罗兰-C的地面台“长河二号”远程导航系统，该系统与罗兰-C系统能兼容工作。1979年，正式确定在我国建立罗兰-C系统，即“长河二号”工程。

美国的标准罗兰系统是在中波波段的较高频段上工作的（频率为1750～1950kHz，波长约为150m）。罗兰系统的应用经验证明，白天它用表面波工作可以保证在功率为100kW时，在陆地上的作用距离为500～600km，而在海面上的作用距离达1200km。夜间由于利用空间波工作，在海面上的作用距离可达2500km。

低频罗兰工作在中波波段上（$f=100$kHz，$\lambda=3000$m）。低频罗兰在脉冲峰值功率为100kW时，能保证在海面上的作用距离无论在白天或夜间都能达到2400km。要保证在陆地上也有同样的作用距离，需要大大地增加发射功率（达MW量级）。

低频罗兰系统以脉冲组形式采用相位编码发射，以区分主台脉冲组和副台脉冲组，而不同的台链用不同的脉冲组重复周期来区分。脉冲信号的包络形状是经过特殊设计的，能保证信号频谱能量的99%以上集中在90～110kHz的频带之内，并且有利于抑制天波干扰。

罗兰-C 系统为二维定位，定位精度约 460m（0.28n mile），相位定位精度 18～90m，定位速率 10～20 次/min，用户容量可以无限，系统可用性在 99%以上。系统也存在多值性问题，但易于解决。罗兰-C 也可以在传输过程中转发 GPS 的位置误差信号。

为了实现飞机导航，必须有特殊的预先制好的地图，在该地图上绘制有系统的位置线。确定飞机位置时领航员将根据时间间隔的读数确定出相应的位置线，位置线的交点即为飞机的位置。有时为了便于飞行员工作，地图需采用特殊投影形式，在这种特殊投影方式中的双曲线位置线将可以作为一组平行线，而隶属于不同基线的位置线将相交成直角。在这种地图上很容易找出所需要的位置线，并且很容易在位置线间利用内插法。但是，各种几何元素的外廓都将发生很大的畸变，这就使得难以用这种地图与所飞过的地形对照着工作。

12.2 工作原理

12.2.1 基本定位原理

图 12-1 举例说明了双曲线导航系统的基本工作原理。图中显示双曲实线代表的点与两个站台之间的距离相等。信号分别从蓝色主控站和蓝色辅助站到达这些点的时差是相同的。这些实线本身是无法定位的，只有第二对站台使用后才可以进行定位。第二对站台与第一对站台之间呈 45°，并以虚线表示。从图中线条之间的相对位置可以得出三个结果：

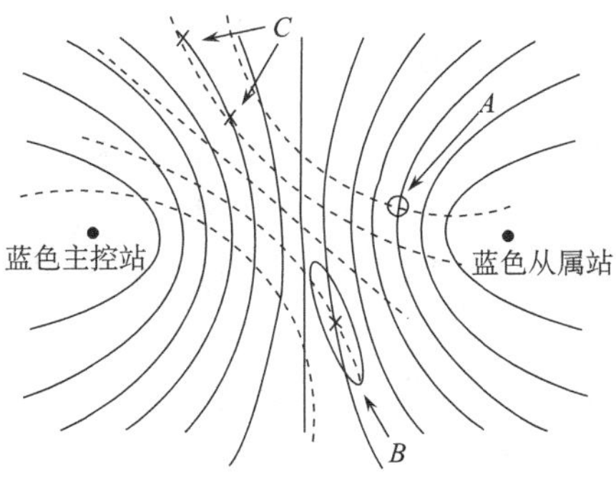

图 12-1 双曲线导航系统的工作原理

在 *A* 点，虚线和实线的交叉角度约 90°，代表的方位最精确。

在 *B* 点，虚线和实线的交叉角度为锐角，结果是一个大的误差椭圆。

在 *C* 点，有两种可能，确切结果只有再使用一个站台才可以确定。

实际工作的罗兰-C系统的地面设施包括形成台链的一组发射台、工作区监测站和台链控制中心。一个台链由若干个发射台组成，其中一个作为主台，其余为副台。对于距离差的双曲线定位体制，一个台链至少包括三个发射台。发射台提供无线导航信号，工作区监测站和台链控制中心则监视和控制系统的工作情况及信号质量，使其满足系统的要求。

系统采用双曲线无线电导航的定位方式，通过在其工作区内某点接收同一罗兰-C台链两个发射台信号到达的时间差转换为距离差，得到以两个发射台为焦点的一条双曲线获取两条相交的双曲线，其交点就是要确定的目标位置。

罗兰-C系统的发射台链是指由一组发射台形成的网络，这些发射台具有共同的时间基准并位于同一地理区域。至少要有三个发射台才能组成一个双曲线台链，主台（用“*M*”表示）和每一个副台（用“*W*”、“*X*”、“*Y*”、“*Z*”等表示）都组成一个台对，台链中副台的数量一般不超过五个。

常见的台链配置有三角形、Y形、星形三种，如图12-2所示。三角形的台链配置最简单，也叫做一个台组，在Y形和星形配置中，一个台链包含了若干个台组。

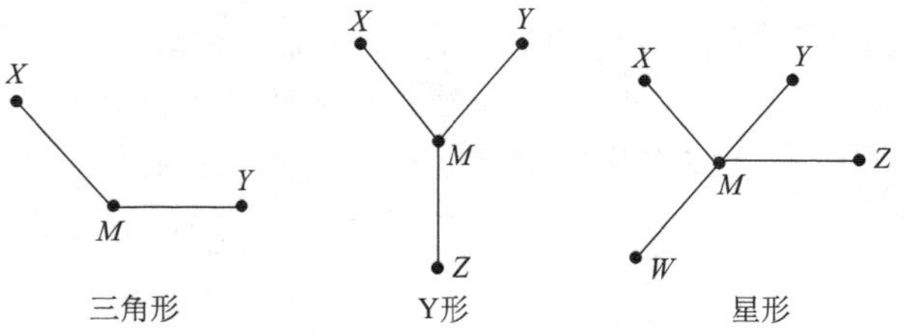

图12-2　台链配置示意图

主台的功能是发射规定格式的九脉冲组信号，建立台链的时间基准和脉冲组重复周期，监测副台信号。副台的功能是发射规定格式的八脉冲组信号，保持规定的发射延迟，并按主控制台的要求在系统超差时发射闪烁信号以实现向用户告警。

系统的位置线一般都用主、副台的时差值来表示，通过同时印有经、纬度和罗兰时差位置线簇的专用导航图，可以方便地找到确定时差值的位置线，直接把定位点的时差坐标转换为地理坐标，或由接收机内部的微处理器进行自动转换，最终提供给用户的是实时定位的地理坐标值。

罗兰-C系统在台对的基线延长线附近精度很低，且存在有时差多值性，因此系统的覆盖区不包括基线延长线及其附近的区域。

12.2.2 信号波形和信号格式

罗兰-C系统发射的是载频为100kHz的脉冲组信号，其发射的信号波形有严格的定义，从脉冲起始点到脉冲最高点（称脉冲峰点）的脉冲前沿上升较决，大约为65μs，而从峰点往后的脉冲后沿下降较慢，总脉冲宽度为200μs左右，这样可以保证适当的信号频谱宽度，有利于对干扰信号的抑制。罗兰-C信号的波形如图12-3所示。

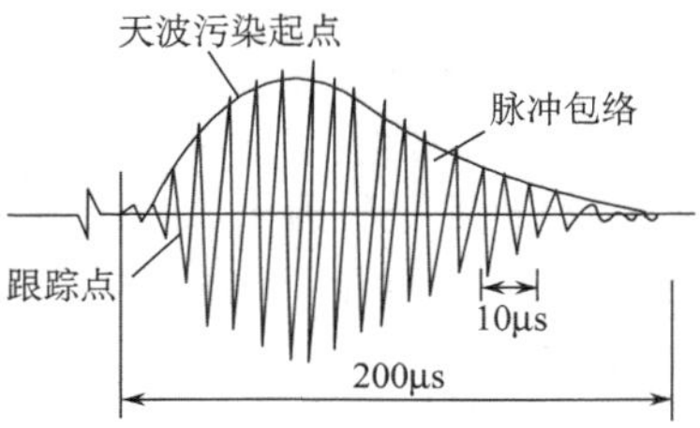

图 12-3 罗兰-C信号波形

罗兰-C系统的信号格式包括下述内容：一个脉冲组中包括的脉冲数目、脉冲之间的间隔、脉冲载波相位编码、发射时间、脉冲组重复周期、副台脉冲组相对主台脉冲组的发射延迟、向用户的闪烁告警方式等。

1. 脉冲组与脉冲间隔

罗兰-C信号以多脉冲的脉冲组形式发射，副台每个脉冲组含八个脉冲，相互间隔为1000μs；主台每个脉冲组含九个脉冲，前八个脉冲与副台一样，相互间隔为1000μs，第九个脉冲与第八个脉冲间隔2000μs，并且不做导航信号使用，仅仅用于识别主、副台。

2. 脉冲组重复周期

指同一发射台相邻脉冲组之间的时间间隔，用字母GRI表示，规定在脉冲组的第一个脉冲的载波信号的第三周过零点处测量，一个台链中所有发射台的GRI都相同。系统允许的GRI取值范围是40000～99990μs，最小间隔为10μs。通常GRI用其数值除以10μs后的四位数来表示。

3. 相位编码

相位编码是指每个脉冲组中各个脉冲的载波相位排列方式。罗兰-C系统的相位编码在两个GRI中重复一次，这两个GRI分别称为AGRI和BGRI，其重复间隔称相位编码重复周期，用PCI表示。为了便于接收和识别，AGRI和BGRI、主台和副台分别采用不同的编码。罗兰-C系统信号所用的编码是8位码长的二相二周期全互补码，表12-1列出了相位编码格式，其中的“＋”、“－”分别表示0相位和P相位脉冲。

表 12-1 罗兰-C信号的相位编码格式

GRI	主台	副台
A	＋＋－－＋－＋－＋	＋＋＋＋＋－－＋
B	＋－－＋＋＋＋＋－	＋－＋－＋＋－－

4. 闪烁告警

闪烁告警是罗兰-C系统向用户发出告警的一种手段，表示某发射台工作不正常，分主台闪烁告警和副台闪烁告警两种。主台闪烁告警形式是第九脉冲按一定格式周期通断，闪烁周期为12s，采用莫尔斯码形式，其中“点”持续0.25s，“划”持续0.75s，不同的点、划组合表示台链中某个或某些台的信号不能使用。所有副台的闪烁告警形式都相同，即周期性通断脉冲组中的第一和第二脉冲，闪烁周期为4s，其中“通”保持0.25s，“断”持续3.75s，表示该主、副台对的时差不能用于定位。

12.3 罗兰-C设备

罗兰-C系统分为地面发射台的发射设备、地面的同步监测与控制设备、机上的用户接收设备三大部分。

12.3.1 发射设备

罗兰-C系统的核心是地面发射台，包括时频分系统、发射机分系统和发射天线，图12-4给出了发射系统设备的组成方框图。

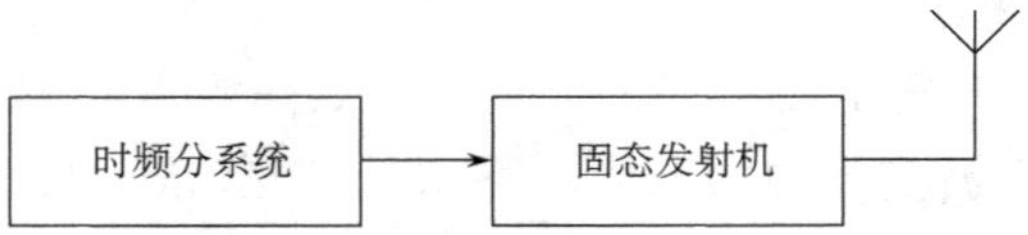

图12-4 发射系统设备组成方框图

发射台的主要功能是定时发射特定信号格式的大功率低频导航信号，并接收同步监测与控制设备的控制信号，对信号发射时刻和信号波形进行调整与控制，以满足对定位性能的需要。要求发射系统的可靠性高，便于管理和维修，操作简单等。

时频分系统为系统提供高稳定度的时间频率基准。发射机分系统的功能包括接收时频分系统输出的5MHz的频率信号，形成发射台本地的时间基准；产生规定格式的大功率标准罗兰-C信号；具有自动控制环路，以确保信号稳定、精确和严格同步，天线可以自动调谐；具有遥控界面，可以接收远方控制中心的状态查询以及工作转换、本地相位调整、闪烁告警等的发射状态控制。

12.3.2 同步监测与控制设备

同步监测与控制设备的作用就是从系统的角度去监视并控制主、副台的同步工作，它包括系统工作区监测站、地面发射台的同步监测设备和系统控制中心三部分。

系统工作区监测站是一个位置已知的固定站，其任务是监测台链的同步状况和发射台的信号质量，包括连续监测一个或数个主、副台对的时差、各个发射台发射信号的包周差、信号场强等。监测站的配置主要取决于台链发射台的配置和工作区的自然地理环境，由它测得的各种数据通过通信系统适时地报送台链主台或控制中心。

同步监测分系统包括主台同步监测分系统和副台同步监测分系统，分别设在主台和副台。其主要任务一是监测远方发射台与本地发射台基准间的时间差，二是监测主、副台工作频差，这种监测对于保持台链内部各台站的时频同步、实现高精度的时间测量非常重要。

系统控制中心可以单独选地设置，也可以设在某个发射台或监测站，其主要任务是负责收集并处理整个台链的工作数据，向各发射台发布状态查询或控制调整指令。控制中心可以通过遥控来控制及调整主、副台发射机和监测站监测接收机的工作状态，并且可以复制其实时的面板显示。

12.3.3 用户接收设备

罗兰-C信号接收机是实现和完成用户定位功能的最终设备，可分为人工搜索接收机、半自动接收机和全自动接收机等几种类型。典型的接收机通常包括天线系统、射频信号处理单元、数字信号处理单元、键盘与显示单元及供电电源等。其原理方框图如图12-5所示。

- 天线系统包括接收天线、天线耦合器和馈线电缆等。

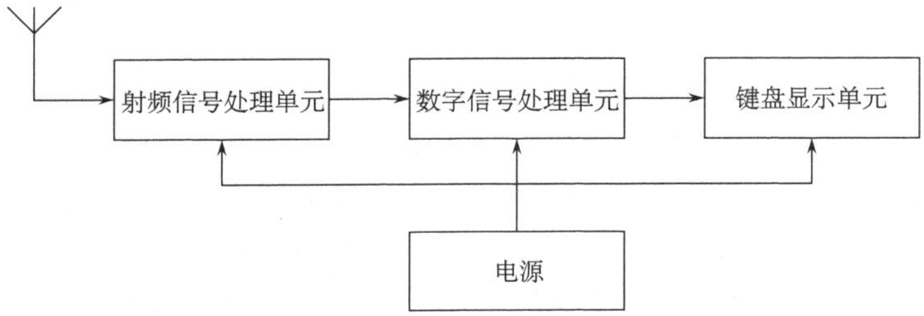

图12-5 接收机原理方框图

- 射频信号处理单元包括带通滤波器、射频放大器、自动增益控制电路、陷波器、限幅放大器和延迟相加电路等，它的功能是对从天线耦合器来的信号进行放大、限幅和延迟相加，提取载波相位和脉冲包络信息。

• 数字信号处理单元包括定时/计数器、取样和数/模转换器、微处理器电路、ROM/RAM 存储器及各种接口电路，该单元主要完成台链的选择，对信号的搜索、锁定和跟踪以及天地波信号的识别；进行时差测量和时差/地理经纬度的转换；实现各种导航参数的计算，以及进行航行管理等。

• 控制和显示单元包括控制键盘（旋钮）和显示器，用于完成人机对话。

12.4 系统应用

12.4.1 航空导航

罗兰-C 作为一种远程无线电导航系统，在航空导航方面发挥着重要的作用。

(1) 航路导航，罗兰-C 在其覆盖区内可以为飞机提供足够精度的航空导航信息，其作用距离不受视距限制，在地面台附近和顶空没有盲区，可以在一个较大的空域范围内实现区域导航，并且在山区和海上无法布设航空导航台的地方也可以提供定位服务。其一个台链可以提供比几个航空导航台还大的工作区，比较经济实用。

(2) 非精密进近，其定位精度优于现行的非精密进近要求，各空港不用增建新的导航台，具有明显的经济效益。

(3) 可用于飞机的飞行跟踪，即自动相关监视（ADS），机上罗兰-C 接收机的输出可以通过数字传送方法送回指挥塔，可将飞机的飞行动态实时、直观地用图形显示出来。

罗兰-C 系统的其他应用有：监视避撞导航，海上、荒原、沙漠的航空营救，农、林业的航空播种、杀虫、施肥、灭火、空中地形测绘等。

12.4.2 高精度授时

罗兰-C 系统采用低频载波的脉冲发射，其地波信号相位十分稳定。对于已知物理特性的传播路径，能够以比较高的精度预告信号的传播时延。而发射台的时间频率基准又使用了高稳定度和高准确度的铯束原子频标，具有很强的守时能力。在此基础上，如果使发射台的信号发射时间与国际或国家的标准时间建立同步关系，那么，在已知其地理位置的用户就可以借助接收罗兰-C 系统的信号获取精确的时间信息。

实现授时的关键之一是要解决其与标准时间同步的问题，罗兰-C 授时的基本要求就是使发射信号与世界协调时 UTC 建立一种同步关系。

12.4.3 差分应用

采用差分罗兰-C系统可以大大提高用户的定位精度，其基本原理是利用罗兰-C地波信号传播变化的相关性来获取某一局部区域的时差修正值。在已知地理坐标的适当位置设立差分监测台，该台的实测时差经统计处理后与理论时差作比较，得出的差值作为差分修正信息播发给该区域的用户。差分修正值的传送方法可以用广播法，也可以用询问应答方式，常用的数据链有短波、中波和超短波，也可以使用卫星通信链路。

差分的结果可以消除或部分消除台链的同步误差、信号传播的昼夜和季节变化误差、气象变化误差、接收机测量误差及各种干扰造成的传播误差等。

差分系统的建立可借用罗兰-C系统工作区的监测站来实现，一般监测接收机的时差测量精度在25ns以上，它对时差数据的处理不是简单的数字平均，而要用线性回归和平滑滤波等技术来预告最适当的差分修正值。一个设计完善的差分罗兰-C系统，其定位精度可提高5倍以上。一个差分基准站的覆盖范围为100～150km。

但是差分罗兰-C系统的区域也会受到一定的限制，如在台链覆盖区边缘和几何精度因子特别差的地方，由于基准监测接收机监测的原始精度受到限制，加之几何放大因子很大，差分的效果就很有限了。

本章思考题

1. 双曲导航定位系统的工作原理。
2. 罗兰-C系统的组成和功能。
3. 罗兰-C目前使用情况和未来的应用趋势。

第 13 章　奥米伽导航系统

奥米伽导航系统是美国海军从 20 世纪 50 年代末开始研制，为实现对远洋航行的水下潜艇定位的导航系统。60 年代以来，已发展成为一种国际性的民用航空、航海导航系统，在世界范围内获得了广泛的应用。

"奥米伽"一词是希腊字母 Ω（Omega）的音译。习惯上，常用 ONS 来表示奥米伽导航系统。

13.1　概　　述

ONS 是通过测量甚低频信号的相位来计算飞机位置的，工作频率为 10～14kHz。ONS 由地面发射台网和机载 ONS 系统（用户设备）两部分组成。地面发射台连续不断地发射覆盖全球的甚低频等幅连续波导航信号，机载设备对所接收到的甚低频导航信号进行复杂的处理和计算后，在它的显示器上以数字形式将所得到的导航数据显示出来，使用十分方便。

13.1.1　ONS 的功用

机载 ONS 的主要功用是向飞行员连续地提供飞机实时位置、地速等导航参数。除此以外，系统可以存储所输入的飞行计划航路点的位置数据，当把 ONS 与自动驾驶系统的倾斜通道相交连时，就可以在远程飞行过程中根据 ONS 所输出的航向控制指令控制飞机的航向，引导飞机自动地按照事先存入的飞行计划航线飞往目的地。

机载 ONS 具有在飞行中连续地计算飞机实时位置及其他一系列导航参数的能力。它所提供的导航数据和所能显示的其他信息可以分为以下几种：

（1）飞机的实时经、纬度位置数据，经、纬度数据中的分值可精确到 1/10 位。

（2）飞机的地速、偏流角、航迹角、航迹角误差、风向、风速等参数。

（3）待飞距离和时间。

（4）显示所输入的 9 个航路点位置等数据，可以在飞行中进行更改或重新输入。

（5）其他信息的显示，如地面台信号的质量信息和各种频率信号的使用情况，以及系统的工作状态和工作进程、应采取的操作措施等。

13.1.2 ONS的特点

由上可见，ONS所能提供的导航参数是很广泛的，这些参数对于远程飞行的飞机来说是十分重要的，尤其是对那些跨越大洋或广阔荒漠地区的飞机。由于在这些地区不可能设置地面导航设施，而ONS能够有效地利用覆盖全球的甚低频信号来确定飞机的位置、速度、偏流及其他导航数据，所以就显得更为重要。

1. ONS的主要优点

(1) 覆盖范围广。它的覆盖范围几乎遍及全球，是一种可靠的覆盖全球的空地配合无线电导航系统。

(2) 工作连续。在远程飞行过程中，ONS的工作不会中断，不需要人工转换工作频率，可以连续地提供各种导航参数。

(3) 工作稳定。甚低频信号的传播是比较稳定的，因而系统所提供的各种导航数据也比较稳定。

(4) 相对精度较高，误差不随时间和地点变化。ONS是通过对信号相位的实时测量来计算飞机位置的，所以不存在误差积累现象，即定位误差不会随飞行时间的增加而增大。

(5) 用户投资较低。航空公司只需购置机载设备，不需建造地面设备，也无需参与地面发射台系统的管理及维修。

2. ONS的主要缺点

(1) 绝对精度不够理想。ONS的定位误差在95%的时间内不大于3n mile。通常，白天的误差约为1n mile，夜晚约为2n mile。

(2) 在某些地区，甚低频信号的传播会发生异常，导致定位困难。传播异常是由地表条件、气象状况、地理位置及其他一些因素造成的。

13.2 工作原理

ONS系统的地面发射台网是由八个功率强大的地面发射台所组成的，功率一般为10kW。各台之间的距离为数千海里，每个台的信号覆盖范围可达6000～10000n mile。全球共设置八个地面发射台，分别以字母A、B、C、D、E、F、G、H来表示。各台所在地及地理位置见表13-1。

ONS地面台由天线子系统、天线调谐控制子系统、发射机子系统、定时与控制子系统等构成。另外，在距发射台约20n mile的地方设有监视台，接收发射台发出的信号并送回，以监视发射信号的质量。

表 13-1 奥米伽台的地理位置

代号	所在地	地理位置
A	挪威	66°25.2′N 13°08.2′E
B	利比里亚	6°18.3′N 10°39.9′W
C	夏威夷	21°24.3′N 157°49.9′W
D	北达科他（美）	46°21.9′N 98°20.1′W
E	留尼汪岛（法 印度洋）	20°58.5′S 55°17.4′E
F	阿根廷	43°13.2′S 65°11.5′W
G	澳大利亚	38°28.9′S 146°56.1′E
H	日本	34°36.9′N 129°27.2′E

ONS的八个地面台相互独立，不分主台和副台，一般由两个较近的发射台组成一个台组，给出一条反映飞机运动航迹的位置线。八个发射台按“时间分割”的方式依次发射10.2kHz、11.33kHz、13.6kHz三种频率的基本导航信号，但各个台发射的时刻和上述三种基本频率信号的发射持续时间各不相同。其中10.2kHz信号主要用于测量信号的相位差，实现对运载体的定位，11.33kHz和13.6kHz用于进行巷（两条相邻的0°双曲位置之间的范围称为一个巷）识别，并且各台还发射频率为11.05kHz的第四个甚低频信号，用于进一步解决位置的模糊问题。

八个台按次序在自己的分配时间内发射信号，都发射完一次为一个周期，时间为10s。各台相同频率的各段信号之间有0.2s的休止时间，远远超过由于传播路径不同可能产生的时间差，保证地球上任意一点的接收机不会接收到载频相同的信号。

在发射导航信号的间隔中，各台可以发射它自己所专用频率的信号，以完成通信、同步协调等任务。ONS地面台装备有价格昂贵的原子钟系统。因为，ONS导航系统是通过实时测量、比较各台信号的相位来计算飞机到各台的距离。这样，不仅每个台所产生的甚低频导航信号的频率要精确一致，相位也要严格同步。为了实现这一要求，每个台都装备了四台振荡频率极其稳定的原子钟。用它们的平均频率来进行时间控制，可以保证在15000年内只有±1s的偏差。这样就保证了各台所产生振荡的稳定和相互之间的严格同步关系。

用户的ONS接收显示设备由接收处理、控制显示和天线耦合器等组件组成，采用普通超外差接收方式，一般配有高稳定度的石英晶体振荡器作为内部基准频率信号。要测量不是同时到达运载体的两发射台信号之间的相位差时，分别测定两台到达的信号，计算与用户接收设备内部产生的基准信号之间的相对相位差，结果先进行存储，再进行比较计算。为了消除多值性，系统还通过测量两个不同频率信号的差频相位来得到精测相位的相位周数。

13.3 系统现状

ONS系统虽有一些缺陷，但它是卫星导航进入实际应用之前，唯一覆盖全球且能连续定位的无线电导航系统，曾经获得了较为广泛的应用，包括对水面舰船和空中飞机的导航。特别是甚低频电波的入水衰减量小，潜艇可以在水下慢速航行时放出拖拽性天线，使天线在海面以下10m左右深度接收信号，保障了潜艇的隐蔽性，是目前唯一的实现了潜艇水下无线电导航功能的系统。

由于卫星导航技术的发展，基本上替代了甚低频导航的水面和空中定位功能，因此美国于1997年关闭了ONS导航系统。

本章思考题

1. ONS的功能及应用。
2. ONS的工作原理。
3. ONS的应用情况。

第 14 章　仪表着陆系统

14.1　概　　述

着陆是飞机航行中一个重要阶段，也是事故高发阶段。着陆时，飞行员必须在很短的时间内完成许多要求很高的操作。

目视着陆，要求云底高不低于 300m，水平能见度不小于 4.8km。如果不满足这种气象条件，须使用无线电导航系统向飞机提供高精度的定位引导信息，给出飞机与规定的下滑道的偏离程度。目前，各国军用、民用机场大多使用仪表着陆系统 ILS，少数机场装有微波着陆系统 MLS。

ILS 早在 1949 年就被 ICAO 定为飞机标准进近和着陆设备。它能在气象条件恶劣和能见度差的条件下给驾驶员提供引导信息，保证飞机安全进近和着陆。

ILS 提供的引导信号由驾驶舱指示仪表显示，驾驶员根据仪表的指示操纵飞机或使用自动驾驶仪“跟踪”仪表的指示，使飞机沿着跑道中心线的垂直面和规定的下滑角，从 450m 的高空引导到跑道入口的水平面以上的一定高度上，然后再由驾驶员看着跑道操纵飞机目视着陆。因此，ILS 系统只能引导飞机到达决断高度，它是一种不能独立引导飞机至接地点的仪表低高度进场系统。

14.1.1　着陆过程

整个着陆过程大体上可以划分为进场、拉平、滑跑和滑行几个阶段。

1. 进场

这一阶段的任务在于将飞机从航线飞行引导到着陆航线的方向（跑道中心线延长线的着陆方向），并保证飞机沿着进场航线（通过跑道中心线的铅垂面）过渡到下滑路径的入口（以远距导航台为标志），为下滑飞行做好准备。过渡飞行路径用 VOR、VOR/DME、TACAN 和指点信标来规定起始进场点和最后进场点；进场高度用气压高度表和无线电高度表来测量。此外，也可从进场控制塔得到距离、方位、仰角数据。

当飞机进入进场航线，距跑道端 25～30km，高度为 400～500m 时，进一步进场由 ILS 产生的无线电波来引导，一直引导到 30m 上空，距跑道端 300m（内指点信标所在地）时为止。这个期间，飞机沿一条由仪表着陆系统提供的下滑线做下滑飞行。

ICAO 规定下滑道必须在跑道起点上空 15m 高度经过，在离跑道起点 300m

处着地。这样，当飞行员看到跑道时，就要设法使飞机对准跑道中心线，并下降到要求的这个高度上。从仪表着陆系统引导进场，过渡到 30m 决断高度见到跑道期间，必须飞得很平稳并要求做好可能放弃着陆的准备。

2. 拉平

当飞机接近着地点时，不能以原来在下滑道上的下降速率（2～5m/s）继续下降否则会碰撞地面，所以必须执行一种拉平操纵，使飞机下滑率在着地时降低到 0.6～1m/s。

对于典型的喷气式飞机，当飞机在轮子离地高度为 9m 时，就要开始拉平；由于在俯仰方向上存在着惯性，所以飞行员或自动驾驶仪需提前 2s 执行拉平操纵，而且决断拉平还要提前 1～2s。所以，整个拉平过程要在离着陆点水平距离 750m、垂直距离 22.5m 范围内实现，如图 14-1 所示。

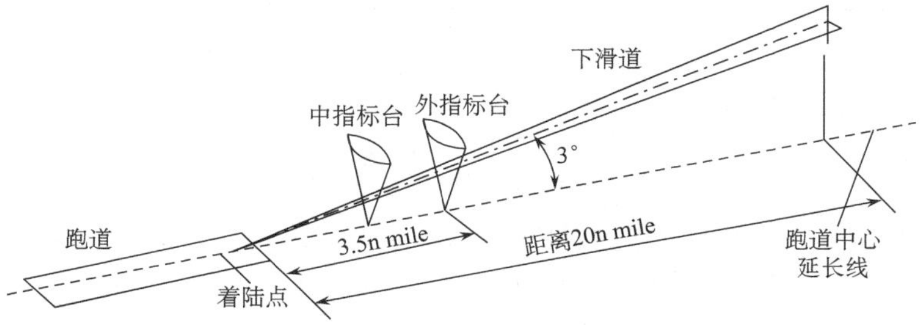

图 14-1 ILS 工作示意图

Ⅰ、Ⅱ类着陆时，拉平阶段完全靠驾驶员目视进行操纵。但在装有微波着陆系统的机场上，由于该系统中的拉平台可以提供拉平阶段的距离和高度数据，仍然可以用仪表进行操纵。

3. 滑跑和滑行

在主轮着地约 182m 后，大型喷气式飞机鼻轮才着地，以后的操纵就与地面车辆相似了。这期间，飞机在跑道界限以内结束滑跑，找到出口，沿滑行道滑行到停机坪，最后完成着陆。

14.1.2 着陆标准等级

ICAO 根据着陆系统的引导性能，并考虑到跑道上水平能见度的气象条件，把着陆级别分为Ⅰ、Ⅱ、Ⅲ三类，规定了相应的决断高度，如表 14-1 所示。

决断高度 DH 是指驾驶员对飞机着陆或复飞做出判断的最低高度。在此高度上，飞行员根据能否清晰地看到跑道，对继续着陆或拉升复飞做出决断。决断高度在中指点信标（Ⅰ类着陆）或内指点信标（Ⅱ类着陆）上空，由低高度无线电高度表测量。

跑道视距 RVR 又叫跑道水平能见度。它是指在跑道表面的水平方向上能在天空背景上看见物体的最大距离（白天）。

表 14-1 ICAO 的着陆级别划分

着陆类别	决断高度/m	跑道入口距离/m	最低引导高度/m	水平能见度/m
非精密进场	120	2050	—	1500
CAT Ⅰ	60	900	30	800
CAT Ⅱ	30	300	15	400
CAT $Ⅲ_A$	15	0	0	200
CAT $Ⅲ_B$	0	0	0	50
CAT $Ⅲ_C$	0	0	0	0

14.1.3 着陆系统等级

根据着陆标准，仪表着陆系统的设施也分成相应的三类，分别与 ICAO 规定的着陆标准相对应，并且使用相同罗马数字和字母来表示。ILS 系统是根据系统的精度和运用的能见度极限来分类的。系统总的精度应包括“台址”误差、障碍物影响、跑道长度、跑道设备配置及设备精度等。

ILS 系统设施的性能类别能达到的运用目标如下：

Ⅰ类设施的运用性能：在跑道视距不小于 800m 的条件下，以高的进场成功概率，能将飞机引导至 60m 的决断高度。

Ⅱ类设施的运用性能：在跑道视距不小于 400m 的条件下，以高的进场成功概率，能将飞机引导至 30m 的决断高度。

$Ⅲ_A$ 类设施的运用性能：没有决断高度限制，在跑道视距不小于 200m 的条件下，着陆的最后阶段凭外界目视参考，引导飞机至跑道表面。因此叫“看着着陆”(see to land)。

$Ⅲ_B$ 类设施的运用性能：没有决断高度限制和不依赖外界目视参考，一直运用到跑道表面，接着在跑道视距 50m 的条件下，凭外界目视参考滑行，因此叫“看着滑行”(see to taxi)。

$Ⅲ_C$ 类设施的运用性能：无决断高度限制，不依靠外界目视参考，能沿着跑道表面着陆和滑行。

ILS 系统能够满足Ⅰ、Ⅱ类着陆标准，如配合飞行指引仪或自动驾驶仪来完成Ⅱ类着陆标准的自动着陆。但是Ⅲ类着陆要求有更复杂的辅助设备相配合，Ⅲ类着陆标准不仅进近和着陆必须使用自动控制设备，而且滑跑（rollout）和滑行

(taxing) 也必须在其他电子设备控制下完成。

现代仪表着陆系统与飞机上的自动驾驶仪配合使用，一般可以达到$Ⅲ_B$类着陆条件。

14.1.4 仪表着陆系统的工作频率

航向信标工作频率为 108.10～111.95MHz。其中航向信标仅用 1/10MHz 的奇数频率和再加 50kHz 的频率，共有 40 个波道。

下滑信标工作频率为 329.15～335MHz 的 UHF 波段，频率间隔 150kHz，共有 40 个波道。

指点信标工作频率为 75MHz（固定）。

航向信标和下滑信标工作频率是配对工作的。机上的航向接收机和下滑接收机是统调的，控制盒上只选择和显示航向频率，下滑频率自动配对调谐。航向信标和下滑信标频率配对关系见表 14-2。

表 14-2　航向信标与下滑信标配对频率表　　单位：MHz

航向信标	下滑信标	航向信标	下滑信标
108.10	334.70	110.10	334.40
108.15	334.55	110.15	334.25
108.30	334.10	110.30	335.00
108.35	333.95	110.35	334.85
108.50	329.90	110.50	329.60
108.55	329.75	110.55	329.45
108.70	330.50	110.70	330.20
108.75	330.75	110.75	330.05
108.90	329.30	110.90	330.80
108.95	329.15	110.95	330.65
109.10	331.40	111.10	331.70
109.15	331.25	111.15	331.55
109.30	332.00	111.30	332.30
109.35	331.85	111.35	332.15
109.50	332.60	111.50	332.90
109.55	332.45	111.55	332.75
109.70	333.20	111.70	333.50
109.75	333.05	111.75	333.35
109.90	333.80	111.90	331.10
109.95	333.65	111.95	330.95

在机场比较密集或在一个机场有几条跑道，每条跑道上都设置ILS设备时，航向信标和下滑信标的发射信号对机载接收机可能会产生相互干扰。因此，当按表14-2所示选用航向信标和下滑信标配对频率时，第一套设备和第二套设备之间的频率间隔，两个设备台之间的最小距离间隔还应满足如表14-3所示的规定。

当满足如表14-3所示规定时，接收机接收有用信号对干扰信号的最小保护比为20dB，这样，在ILS服务的极限距离内，可以防止因相互干扰而产生误差。表14-3列出了航向和下滑信标的波道间隔、保护点之间的距离间隔要求，以及所设计的接收机波道间隔之间的关系。

表14-3 距离间隔要求

	频率间隔/kHz	第二套设备和第一套设备之间的最小距离/km		
		接收机的波道间隔		
		200kHz	100kHz	50kHz
航向信标	同频率	148	148	148
	50	—	37	9
	100	65	9	0
	150	—	0	0
	200	11	0	0
下滑信标		600	300	150
	同频率	93	93	93
	150	—	20	2
	300	46	2	0
	450	—	0	0
	600	9	0	0

保护点是指（对航向信标）距离为46km，高度为1900m的地点；对下滑信标则是指距离为18.5km，高度为760m的地点。

表14-3列举的数据假定地面设备是无方向性的，它们以同样的功率辐射，在10°以下的范围内，其场强和仰角大致成比例，飞机天线是全方向性的。

如果要求在频率拥挤的地区更精确地确定距离间隔，可再考虑每个设备的方向性因子、辐射功率特性及覆盖区的运用要求，然后根据相应的传播曲线来确定。总之，在ILS保护点和进场航道所有点上至少要提供20dB的保护。

14.1.5 仪表着陆系统的性能

1. 航向台

频率范围：108～112MHz。

频率稳定度：±0.002％。

正常载波功率：15W。

前航道宽度可调范围：2.4°～7.2°。

扇区覆盖范围：水平大于35°；垂直地面以上7°。

电源：220V、50Hz、150W。

要求电源外线容量：25kVA。

环境温度：室内为－10～＋55℃；室外为－50℃～＋70℃。

2. 下滑台

频率范围：328～336MHz。

频率稳定度：±0.002%。

正常载波功率：4W。

下滑角可调范围：2°～4°。

下滑道宽度可调范围：0.35°～1.4°。

电源：220V、50Hz。

环境温度：室内为－10～＋50℃；室外为－50～＋70℃。

3. 指点信标

在仪表着陆系统航道上的覆盖：中指点标（MM）为300±100m；外指点标（OM）为600±200m。

工作频率：75MHz±0.01%。

调制频率：中指点标1300Hz。

外指点标：400Hz。

识别信号：载波必须是连续不间断的，调制音频的键控必须为中指点标——连续交替拍发“点”和“划”，“划”的键控速度为2划/s，“点”的键控速度为6点/s；外指点标——连续发2划/s。

14.2 仪表着陆系统的组成

ILS系统包括三个分系统：提供横向引导的航向信标LOC（Localizer）、提供垂直引导的下滑信标GS和提供距离引导的指点信标MB。每一个分系统又由地面发射设备和机载设备所组成。地面台在机场的配置情况如图14-2所示。内指点信标仅在Ⅱ类着陆标准的机场安装。

航向信标天线产生的辐射场，在通过跑道中心延长线的垂直平面内，形成航向面（或叫航向道），如图14-3所示，用来提供飞机偏离航向道的横向引导信号。机载接收机收到航向信标发射信号后，经处理，输出飞机相对于航向道的偏离信号，加到驾驶舱仪表板上的水平姿态指示器HSI的航向指针上。若飞机在航向道上（飞机A），即对准跑道中心线，偏离指示为零；如果飞机在航向道的

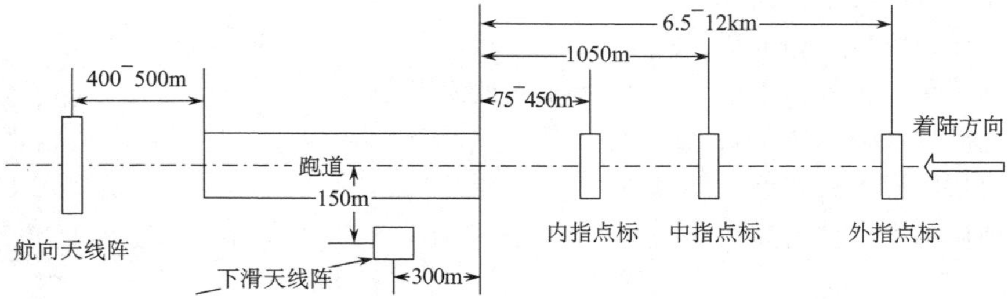

图 14-2 ILS 系统的机场配置

左边（飞机 C）或右边（飞机 B），航向指针就向右或向左指，给驾驶员提供“飞右”或“飞左”的指令。

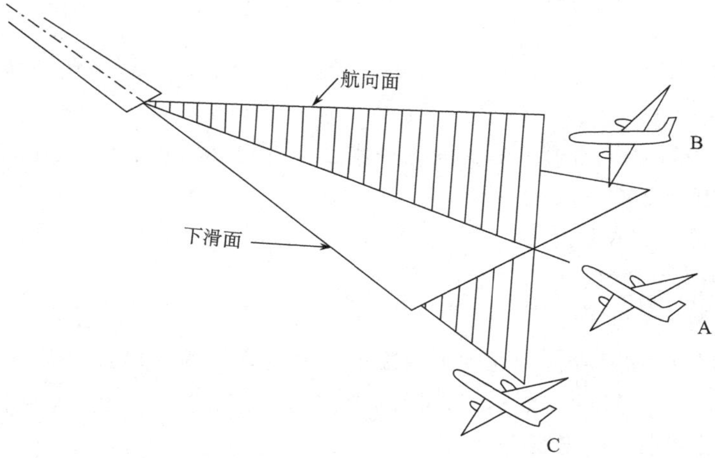

图 14-3 航向和下滑信标产生的引导信号

下滑信标台天线产生的辐射场形成下滑面，如图 14-3 所示。下滑面和跑道水平平面的夹角，根据机场的净空条件，可在 2°～4°选择。下滑信标用来产生飞机偏离下滑面的垂直引导信号。机载下滑接收机收到下滑信标台的发射信号，经处理后，输出相对于下滑面的偏离信号，加到 HSI 的下滑指示器上。若飞机在下滑面上（飞机 A），下滑指针在中心零位；若飞机在下滑面的上面（飞机 B）或下面（飞机 C），指针向下或向上指，给驾驶员提供飞下或飞上的指令。

航向面和下滑面的交线，定义为下滑道。飞机沿这条交线着陆，就对准了跑道中心线和规定的下滑角，在离跑道入口约 300m 处着地。

指点信标台为 2 个或 3 个，装在顺着着陆方向的跑道中心延长线的规定距离上，分别叫内、中、外指点信标，如图 14-2 所示。每个指点信标台发射垂直向上的扇形波束。只有在飞机飞越指点信标台上空的不大范围时，机载接收机才能收到发射信号。由于各指点信标台发射信号的调制频率和识别码不同，机载接收机就分别使驾驶舱仪表板上不同颜色的识别灯亮，同时驾驶员耳机中也可以听到不同音调的频率和识别码。驾驶员就可以判断飞机在哪个信标台的上空，即知道飞机离跑道头的距离。

图 14-4 所示为飞机进场示意图（为了直观和形象，图中角度数进行了放大），航向信标和下滑信标发射信号组合的结果，在空间形成一个矩形延长的角锥形进场航道。其中航向道宽度为 4°，下滑道宽度为 1.4°（指示器满刻度偏转的角度）。

飞机在这个角锥内进场，飞机偏离航向面和下滑面的角度与指示器指示的角度值成比例；在这个角锥形之外，指示器满刻度偏转。这时，指示器的指示只能判断飞行偏离的方向，而不能给出具体度数。

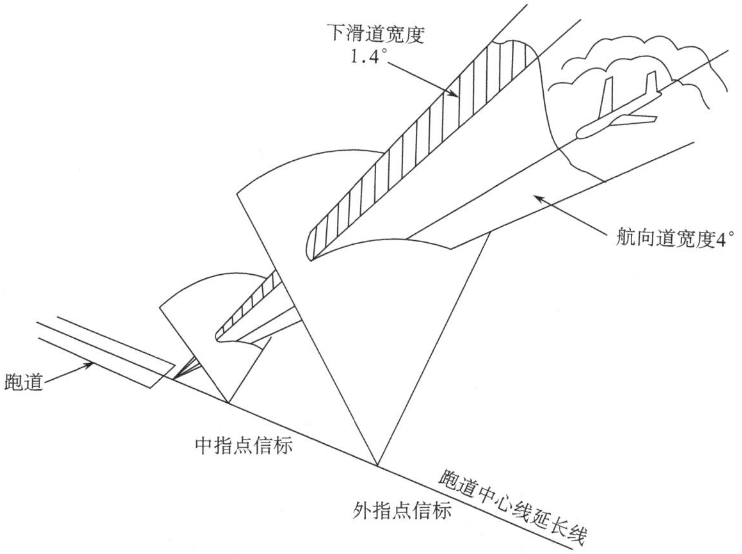

图 14-4 ILS 进场示意图

14.3 航向信标系统

仪表着陆系统有两种调制制度：一种称为比相制（利用两个信号的相位比较），主要在前苏联和东欧一些国家中使用；另一种称为比幅制（利用两个信号的幅度比较），主要在欧美和东南亚一些国家中使用。随着各国航空事业的发展，国际间的业务交往频繁，国际民航组织确定比幅制为国际民航通用的制度。

我国民航 20 世纪 50 年代使用的仪表着陆系统就是比相制。由于我国已加入国际民航组织，所以现已逐步改比相制为比幅制。所谓比幅制和比相制，主要是针对ILS系统中的LOC航向台的信号而言。而GS下滑台的信号，则都是比幅制，不同之处只是下滑道波束的上波瓣和下波瓣调制频率互换而已。这里只介绍比幅制工作原理。

14.3.1 比幅制LOC工作原理

航向信标天线安装在顺着着陆方向跑道远端以外300～400m的跑道中心线延长线上。如图14-5所示为航向信标发射机示意图。

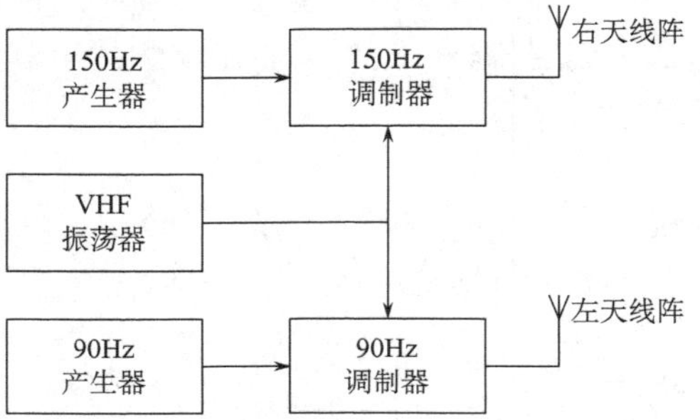

图14-5 航向信标发射机示意图

VHF振荡器产生108.10～111.95MHz频段中的任意一个航向信标频率，分别加到两个调制器。一个载波用90Hz调幅，另一个用150Hz调幅。两个通道的调幅度相同（20Hz±1%）。调制后的信号通过两个水平极化的天线阵发射，在空间产生两个朝着着陆方向、有一边相重叠的相同形状的定向波束，左波束用90Hz正弦波调幅，右波束用150Hz正弦波调幅，如图14-6所示。两个波束组合的航道宽度约为4°，发射功率约为100W。

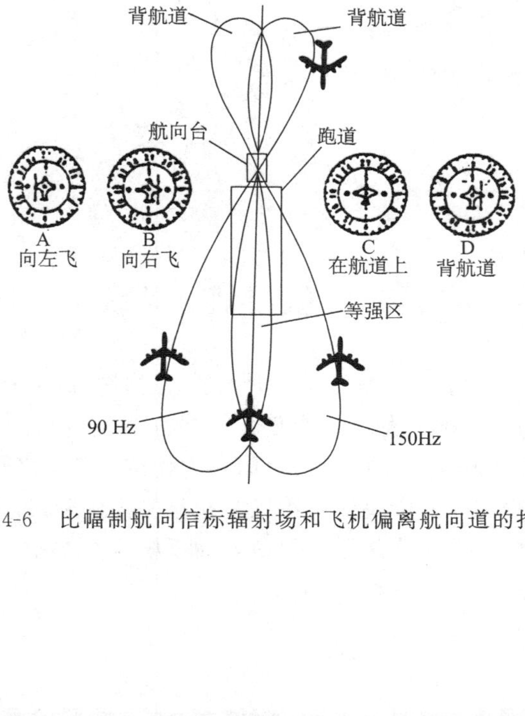

图14-6 比幅制航向信标辐射场和飞机偏离航向道的指示

在两个波束相重叠的中心线部分，90Hz 和 150Hz 调制信号的幅度相等，形成航向面，定义为航向道，并调整它与跑道中心线相重合。

当飞机在航向道上时，90Hz 调制信号等于 150Hz 调制信号。若飞机偏离到航向道的左边，90Hz 调制信号大于 150Hz 调制信号；反之，150Hz 调制信号大于 90Hz 调制信号。机载设备的功能就是接收和处理航向信标台的发射信号，即放大、检波和比较两个调制信号的幅度，由“中心零位指示器”显示飞机偏离航向道的方向（左边或右边）和大小（度）。如飞机在航向道上（图 14-6 中的飞机 C），90Hz 信号等于 150Hz 信号，指示器指零；飞机偏离到航向道的左边（图中的飞机 B），90Hz 信号大于 150Hz 信号，指示器向右指；反之，（图 14-6 中的飞机 A）向左指。

航向台在跑道一端发射 LOC 航向辐射波瓣时，在跑道的另一端同时也发射航向的副波瓣（称为背航道波瓣），在这个波瓣方向上没有下滑道信号。所以利用背航道进近的飞机，只能使用航向道（但指示相反）。另外，利用背航道进近的飞机，其仪表也必须能感受相反指示，或者飞行员必须意识到指示器的指针或航道杆与正常进近时方向相反。

总体来说，飞机沿反航道进近必须注意以下三点：

(1) 首先，当飞机飞过跑道近端时，ILS 引导将变成无效，因此能见度必须是足够的，以便在进近的最后阶段使用目视着陆。

(2) 其次，不像正常进场那样，指点信标总是存在。

(3) 最后，航道偏离指示 CDI 与正常进近的指向方向相反，总是指向航向道所在位置的方向。但对驾驶员来说，指针偏移的方向总是指向航向道所在位置的方向。

为了使驾驶员能够监控 ILS 地面台的工作以及证实接收的信号是不是要求的 ILS 设备的发射信号，在航向信标台发射着陆引导信号功能的同一载频上发射一个为特定跑道和进场方向所规定的识别信号。识别信号使用 1020±50Hz 调制频率，调制度为 5%～15%。识别码采用国际莫尔斯电码，由 2～3 个字母或字组成。如果需要，可将国际莫尔斯电码信号“I”放在最前面，随后为一短暂的间隙，以便飞行员从附近地区的其他导航设备中分辨出 ILS 设备。

Ⅰ类和Ⅱ类设备性能的航向信标还能提供地-空话音通信，它与导航和识别信号在同一波道上工作，话音频率为 300～3000Hz。

14.3.2 航向信标覆盖范围

航向信标的发射信号应满足：典型机载设备在覆盖扇区内能接收到满足工作的信号电平。航向信标覆盖区应从天线系统的中心算起到下列规定的立体角范围内，能接收到的场强不低于 $40\mu V/m$。在方位 $\pm 10°$ 的覆盖区内，引导距离不小于 25n mile（46.3km）；方位±10°～35°的覆盖区内，引导距离为 17n mile；当要求提供方位±35°以外的覆盖时，则引导距离为 10n mile，如图 14-7（a）所示。如果由于地形限制或有其他导航设备能在中间进场区提供满意的覆盖时，在±10°覆盖区内的引导距离可减小至 18n mile，覆盖区的其余部分可减小至 10n mile。

在垂直面内的覆盖范围如图 14-7（b）所示。最低应高于跑道入口处的标高 600m 以上，或在中间和最后进场区内，高于最高点的标高 300m 以上（以高者为准）；从天线向外延伸并与跑道水平面成 7°夹角的平面内，能够收到满意的发射信号。

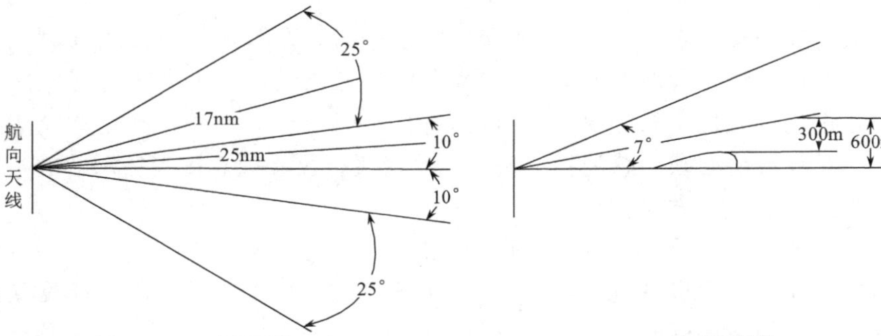

(a) 方位覆盖 (b) 垂直覆盖

图 14-7 航向信标系统的覆盖范围

14.4 下滑信标系统

14.4.1 工作原理

下滑信标系统和比幅制航向信标系统工作原理基本相似，两者主要不同之处在于下滑信标工作原理频率在 UHF 波段（329.15～333.5MHz），对飞机提供垂直引导（上/下引导）。下滑信标发射功率小，因为它的引导距离仅 10n mile。此外，下滑信标不发射台识别码和地-空话音通信信号，因为它是和航向信标配对工作的。

下滑信标天线安装在跑道入口处的一侧，在顺着着陆方向上发射两个与跑道平面成一个定仰角（称为飞机下滑角），并有一边相重叠的相同形状波束。两个波束中心的最大值以相同量向上或向下偏离下滑道，两个波束信号以相同的频率发射。

比幅制下滑台辐射的电波也产生两个交叉波瓣，如图 14-8 所示。但其上波瓣甚高频载波被 90Hz 低频信号调幅，下波瓣甚高频载波被 150Hz 低频信号调幅。视具体机场而异，两波瓣与地面成 2°～4°仰角，沿下滑道中心两个调制信号电平（幅度）相等（等强度区）。

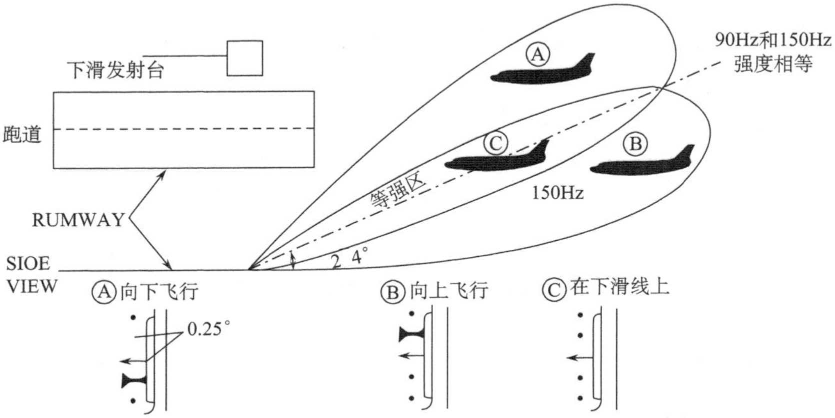

图 14-8 比幅制下滑道辐射瓣

（1）飞机在下滑道上（等强度区）飞行时，由于 150Hz 和 90Hz 信号强度相等，没有比较信号输出，因此下滑指标指中央，如图 14-8 中Ⓒ所示。

（2）当飞机高于等强区时，90Hz 低频信号大于 150Hz 低频信号，水平指针向下偏转，表示飞机应向下修正到下滑道，如图 14-8 中Ⓐ所示。

（3）当飞机低于等强区时，150Hz 低频信号大于 90Hz 低频信号，指针向上偏转，表示飞机应向上修正下滑道，如图 14-8 中Ⓑ所示。

14.4.2 覆盖范围

下滑信标发射信号提供的引导范围如图 14-9 所示，在下滑道中心线两边各 8°的方位内，引导距离不小于 10n mile，从地平面以上的 0.45θ～1.75θ 的扇区内，应满足接收机工作，在整个覆盖区内，最低信号场强应为 400μV/m。

在图 14-9 中，θ 为 ILS 下滑角，可在 2°～4°调整，最佳下滑角应在2.5°～3°

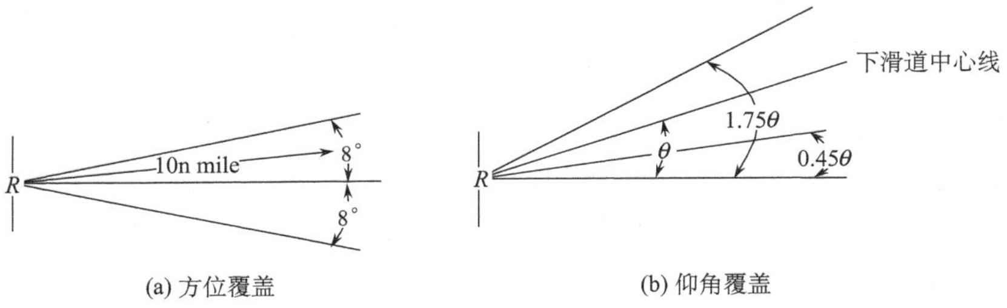

(a) 方位覆盖 (b) 仰角覆盖

图 14-9 下滑信标引导范围

选择。R 为 ILS 下滑道直线向下延伸部分与跑道中心线的交点。在仰角覆盖范围内，由最靠近下滑道的 DDM 等于 0.175 的各点轨迹所限定的扇区叫下滑道扇区，约 1.4°（±0.7°）。

在下滑道扇区内，下滑指针偏离指示和飞机偏离下滑道的角度成比例。例如，飞机向上或向下偏离下滑道 0.35°，指针向下或向上偏指一点；向上或向下偏离 0.7°，指针向下或向上偏指两点——满刻度偏转。在下滑道扇区以外，偏离指示只能大致判断飞机在下滑道上边和下边，不能指出飞机偏离下滑道的角度值。

14.5 指点信标系统

14.5.1 系统功用

用来表示本身装设地点的指向台，称指点信标台。指点信标系统可按其用途分为航路信标（runway marker）和航道信标（course marker）。航路信标安装在航路上，向飞行员报告飞机正在通过航路上某些特定点的地理位置。航道信标用于飞机进场着陆，用来报告着陆飞机离跑道头预定点（远、中、近指点信标上空）的距离。两种信标地面台天线发射垂直向上的扇形波束（fan marker）或倒锥形波束（z marker），以便飞机飞越信标台上空时被机载接收机接收。

指点信标台发射频率均为 75MHz，天线辐射水平极化波。而调制频率和台识别码各不相同，以便识别飞机在哪个信标台上空。指点信标台的发射功率从几瓦到 100W 不等。高功率信标台用于外指点信标和航路指点信标，在这里飞机高度比较高。不管是航道指点信标还是航路指点信标，机载信标接收机是相同的。当飞机或运动目标通过其上空时，就接收到信标台所辐射的信号，说明飞机已经到达指点信标台地点。

对于无线电指点信标台发射的波束，要求其方向特性在水平面上是集中的，而在垂直方向上是伸展的，这样才能准确地提供它安装地点的信息，同时保证电波进行有效的辐射，以使飞机在几十米到几千米的范围内都能够接收到无线电指点信标台的信号。另外，波束的横截面呈椭圆形，沿跑道方向较窄，宽了指示位置不准确，但太窄了飞机在波束上空经过的时间太短，可能来不及判别位置，一般张角为 40°～60°，飞机在波束上空飞行的时间可持续几秒至几十秒；波束垂直于跑道方向较宽，以便飞机稍微偏离跑道方位时也能收到信号，如果偏离一点就收不到信号则可能会对安全造成威胁。

14.5.2 航路指点信标

在飞机导航中，无线电信标台一般装设在飞机集合场所、航线转折点、着陆时的检查点、空中的入口和出口、海上航线转折点等一些主要的地区。在任何航路上，如果需要用指点信标来标定一个地理位置，应安装扇形指点信标。在需要用指点信标来标出航路上无线电导航设备的地理位置，应安装倒锥形指点信标。航路指点信标发射信号的调制频率为3000Hz±75Hz，键控发送莫尔斯识别码，以表示该指点信标的名称或地理位置。在发送识别信号间隙期间，载波不得间断。

14.5.3 航道指点信标

机场内的指点信标台与导航台装在一处，共同组成信标导航台，但二者天线要间隔30～50m，以减小互相影响。

航道指点信标台安装在沿着着陆方向的跑道中心线延长线上。根据ICAO的规定，包括外指点信标、中指点信标和内指点信标。在一些机场还装有反航道指点信标，用于飞机从反航道进场。指点信标系统工作如图14-10所示。

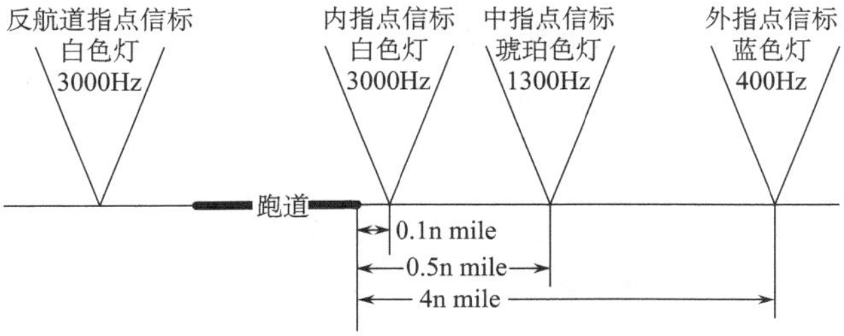

图 14-10 航道指点信标

内指点信标偏离跑道中心延长线不应超过30m，中指点信标和外指点信标不应超过75m；内、中、外三个指点信标台分别设在距离跑道入口端约75m、1050m和7200m的地方。对于某些机场来说，三个指点信标台的具体位置，根据机场的地理条件，在允许的距离范围内设置。指点信标系统在ILS系统中的作用如下：外指点信标指示下滑道截获点；中指点信标用来测定Ⅰ类着陆标准的决断高点，即下滑道通过中指点信标台上空的高度约等于60m；内指点信标用来测定Ⅱ类着陆标准的决断高度点，即下滑道通过内指点信标台上空的高度约为30m。考虑到内指点信标和中指点信标之间的干扰及机上目视指示灯发亮的时间间隔，内指点信标和下滑道之间所标示的最大高度限制在高于跑道入口37m。典型的指点信标接收机在飞机速度每小时140n mile（250km）时，中指点信标和内指点信标目视指示灯发亮的最小间隔应为 3s，以此来选择内指点信标台的台址，便可确定其标示的最高高度。各指点信标台均发射扇形波束，以便覆盖整个航道宽度。发射功率是由指点信标覆盖范围确定的，各指点信标覆盖范围规定如表 14-4 所示。

表 14-4　指点信标覆盖范围

指点信标	高度/m	宽度
内指点信标	150±50	
中指点信标	300±100	在整个航向道宽度内能达到正常指示
外指点信标	600±2000	

在覆盖区边界，场强应不小于 1.5mV/m，在覆盖区内场强应不低于 3mV/m，标准机载接收机在收到 1.5mV/m 场强时，应能正常工作。

飞机飞越指点信标台上空时，指示灯亮的时间取决于飞机的速度、发射波束的纵向“宽度”和接收机的灵敏度。若飞机速度为 96 节，则飞越外指点信标台上空时，外指点信标灯亮的时间应为 12±4s，飞越中指点信标台上空时，中指点信标灯亮的时间应为 6±2s。

为了便于飞行员识别飞机正在飞越哪个信标台上空，以便知道飞机距跑道入口的预定距离，各指点信标台的发射频率采用不同的音频编码键控调制，如表 14-5 所示。

表 14-5　指点标的调制

指点信标	调制频率	识别码	机上指示灯
外指点信标	400Hz±2.5%	连续拍发，2 划/s	蓝色（或紫色）
中指点信标	1300Hz±2.5%	连续交替拍发点、划	琥珀色（黄色）
内指点信标	3000Hz±2.5%	连续拍发，6 点/s	白色
反航道指点信标	3000Hz±2.5%	连续拍发，6 对点/s	白色

各指点信标发射信号的调幅度应为 95±4%。在发射识别信号间隙时间，载波不应中断。

14.5.4　机载接收机

指点信标系统的机载设备如图 14-11 所示。

天线安装在机身下部，以便接收指点信标台发射的垂直向上的波束信号。在高速飞机上，一般采用低阻值天线，接收机通常采用一次变频的超外差接收机。接收机输出的音频信号加至正、副驾驶员仪表板指示灯和音频选择板，给驾驶员提供目视和音响信号，以区别飞机飞越哪个信标台的上空。中指点信标和外指点信标音频识别信号还加到飞行记录中的飞行数据收集组件，作为飞行记录器的信号源之一。灵敏度和电源开关，用来控制接收机的灵敏度和接通电源。在设置自检电路的接收机中，当按下试验按钮时，自检电路可依次产生 400Hz、1300Hz 和 3000Hz 调幅的 75MHz 试验信号，加到接收机的输入端。此时，指示灯（蓝、黄、白）应依次通亮，并可听到相应频率的识别音频，以判断信标接收机及指示灯的工作是否正常。

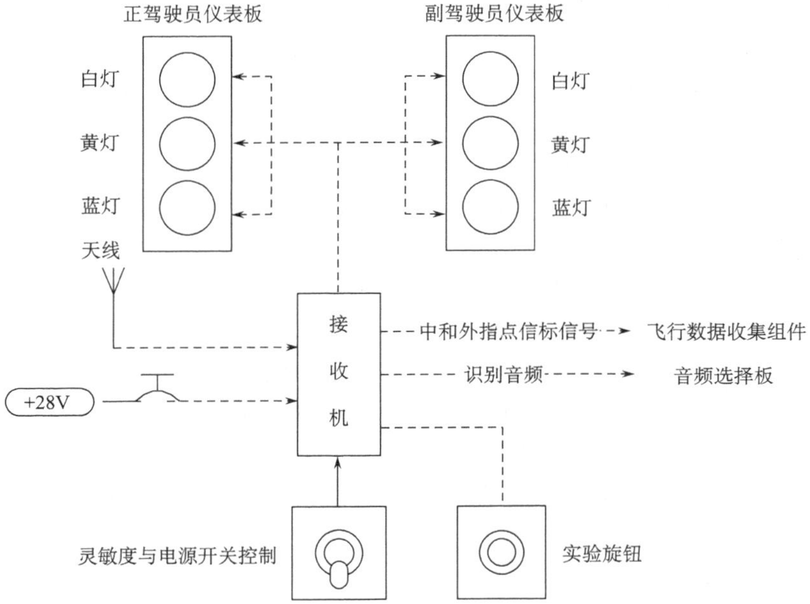

图 14-11 指点信标接收机组成

指点信标接收机用来接收航路指点信标和航道指点信标的发射信号，飞机在航路上的高度远大于进场着陆的高度，这样天线接收信号的强度相差很大。如果把接收机的灵敏度设计得很高，则在着陆时，指示灯离信标台很远就亮。甚至飞越外指点信标和中指点信标时，两个指示灯可能同时亮，这严重影响指点信标系统的功能。另外，按进场着陆方式设计接收机灵敏度，那么在飞越航路指点信标台时，指示灯就可能不亮，为了满足进场和航路两种情况下使用的要求，在接收机外部有一个“高-低”灵敏度控制开关，高灵敏度（200μV/m）用于航路信标，低灵敏度（1500μV/m）用于进场着陆。

14.6 ILS在进近着陆时的使用与评价

14.6.1 使用

(1) 飞机进近至机场时，飞行员应将 VOR 频率转换到 LOC 航向道频率上。选定了航向道频率，也就选定了配对的 GS 下滑道频率。

(2) 飞行员可通过一般导航技术（或利用从空中交通管制那里得到的雷达引导信息）驾驶飞机进入进近航道。

飞行员既可以利用远指点信标台进入保持方式（等待进近机场），也可以利用交叉点上的 VOR 台为回转点进入保持方式。

(3) 一旦进入进近航道（航向道和下滑道），飞机应按规定程序飞经指点信标台上空。随着飞机向跑道入口端接近，航向道和下滑道的宽度越来越小，飞机的驾驶将趋于复杂化，修正误差时应力求避免用舵过大和过猛，通常修正转弯的限度为 5°～7°。

(4) 飞行员可以通过以下的协调转弯法来修正误差：

① 如果十字针指示器的航向指针或 ADI 中的航向指针向右偏，而下滑指针向下偏，则应将飞机向右转，并增加下降到规定的限度。

② 如果航向指针向右偏，而下滑指针向上偏，则应将飞机向右转，并减小下降或停止下降。

③ 如果航向指针向左偏，而下滑指针向上偏，则应将飞机向左转，并减小下降或停止下降。

④ 如果航向指针向左偏，而下滑指针向下偏，则应将飞机向左转，并增加下降到规定的限度。

⑤ 当飞机处在目视的跑道范围之内时，飞行员就应对准跑道的航道准备着陆。利用 ILS 系统着陆的典型气象条件是：能见度 800m，云底决断高度 60m。如果机场使用了较低的云底决断高度（如Ⅱ类或Ⅲ类着陆条件），那么就需要配置相应的导航设施。

14.6.2 仪表着陆系统评价

仪表着陆系统保障着陆能力较强，它可以连续指示，着陆时只需保持两个指针十字交叉下滑就可以了，使用方便简单，并可与 VOR 导航系统和通信系统共用同一接收机地面和机载设备，目前已被许多国家采用。据统计，1972 年国外已装备了 800 多条跑道、数万架飞机。

仪表着陆系统也存在一些明显的缺点。

仪表着陆系统的局限性首先来自它只能提供单一而又固定的下滑道。随着飞机种类的增多、飞机性能的提高和更先进技术的出现，ILS 的这种进近方式也显得适应不了发展。由于 ILS 进近航线规定在跑道中心延长线所在的平面内，下滑角又很小，这无疑会引起大型飞机接近城市和居民区飞行时所产生的低空噪声污染问题。由于进近航线长，对某些机动性能好的飞机而言，用 ILS 进近有无谓浪费燃油之嫌；尤其是只能提供一条下滑线，因此不能适应各机种的使用需要，特别不适于垂直起降飞机和短距离起降飞机使用。ILS 在单一下滑道的前提下，显得缺乏足够的灵活性，所以它从根本上限制了诸如曲线进近、分段进近和大下滑角进近等各种灵活进近方式的使用。

局限性还来自它所采用的工作频率。ILS 的航向台和下滑台分别工作在 VHF 和 UHF 频段，天线尺寸较大，地面天线结构庞大，不便机动。如航向天线最大的横向尺寸为 50m，高 5.4m。最简单的航向天线也要宽 20m，高 3m。受地形地物影响大，对天线场地要求十分严格。例如，为得到需要的波束，航向天线前方 120m 见方的范围内地面高低变化要求小于 15cm，而且任何方向的坡度都不大于 1∶100，以致造成基建投资很大。对信标台一定范围内不允许有高大建筑物、高压输电线、树木、金属栅栏等。为了保证得到正确的航道宽度、下滑角和下滑道宽度，地面设备安装调试工作也相当复杂。信号波束也宽，其工作在很大程度上受到机场及其附近建筑物所产生的多径干扰的影响。航向台对其周围建筑物，尤其是近区山峰的信号反射较为敏感，信号波束因容易受到干扰而产生扭曲。另一方面，ILS 的工作受到跑道及其周围地面上的降雨和积雪的影响，在恶劣的气象条件下，有些机场只得长时间关闭。

随着各地调频无线电台的增加和升级，处于其低频段的 ILS 航向台的工作频率会受到调频台信号的干扰。图 14-12 可以说明这方面的问题。调频台 FM 通常工作在 88～108MHz，由于无线电信号在发射时所存在的不可避免的对邻近频道的“渗透”问题，在 FM 高频端的发射有可能影响低频端 ILS 台的工作。而且调频台的发射功率一般远高于 ILS。

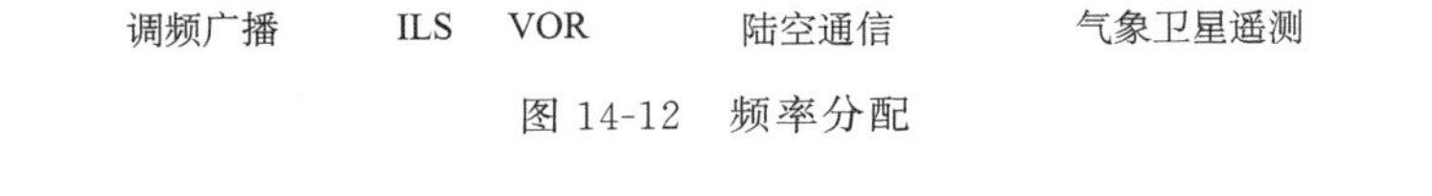

图 14-12　频率分配

从使用上来看，ILS 的航向台和下滑台成对提供至多 40 个有用频道。在某些空中交通比较繁忙的机场和地区，频道拥挤问题已变得日益显著。

本章思考题

1. ILS 的组成及各自部分的功能。
2. 比幅制 ILS 的工作原理。
3. 机载指点信标接收机灵敏度的控制方法。
4. ILS 的缺陷。

第 15 章　微波着陆系统

15.1　概　　述

微波着陆系统 MLS 是为了弥补 ILS 的一些缺点而设计的一种进近辅助设备。关于时间基准扫描波束 MLS 的规范是在 20 世纪 70 年代末、80 年代初开发出来的。ILS 向 MLS 的过渡是 1998 年开始的。然而，随着卫星系统，如 GPS 的出现及发展成熟，ILS 和 MLS 都有可能被放弃使用。目前，美国民用航空工业界正在从事更高精度的基准 GPS 的开发。在欧洲，英国、荷兰和丹麦已经在一些大型机场安装了 MLS。

MLS 可采用的工作频段包括 C 频段中的 5031.0～5190.7MHz 和 Ku 频段中的 15400～17500MHz。在同样波瓣宽度的情况下选用 Ku 频段可以使天线尺寸小一些，但是这一频段的大气传播衰减较大，特别是在有雨雪等恶劣天气的情况下。因此，选用 C 频段更能保证系统在世界上任何需要的地方都能稳定而可靠地全天候工作。拉平制导设备选用 Ku 频段，是由于它需要有更高的制导精度，而工作距离可以允许小一些。

MLS 提供 200 个工作通道，波道间隔为 300kHz，频道容量相当于 ILS 的 5 倍，并且比 ILS 有更宽的视场。PDME 信标台的协同测距可以对航空器进行三维定位，再加上高速的数据传输速率，相对于 ILS 提供的直线进近，MLS 可以提供曲线进近能力。为保证飞机拉平阶段的滑行和实现软着陆，MLS 还可设置拉平台，提供连续的精确距离信息。为了飞机在复飞中的安全操作，PDME 根据需要可提供一个精确的后向方位角信号。MLS 还可装备数据分系统以进行地-空数据传输，传送当地气象条件、跑道长度等信息。

地基 MLS 设备包括方位角地面站和仰角地面站，每个地面站都可以发送经频移键控调制的、能够在 MLS 视场范围内扫描到的角度和相关数据。MLS 在执行扫描功能时，是以高回转速率 1°～2°的窄波束宽度对视场进行扫描的。扫描速率最高可达 20000°/s，是控制飞机所需速率的 10 倍。高速率对于消除由于多次反射等带来的杂散效应和干扰效应非常有利。

15.2　技 术 特 点

时基扫描波束 TRSB 微波着陆系统和目前的仪表着陆系统一样，对于飞机相对跑道位置数据都采用空中导出方法。所谓空中导出，就是指飞机的制导信息是通过机载接收机接收和处理空中信号后，计算出它相对于跑道的坐标位置关系而获得的。在这种系统中，位于跑道附近的地面台向空间定向发射经过某种角度编码的射频信号。信号覆盖区内的飞机接收到这一信号，通过处理后得到其所在空间的角位置数据。这些数据被送到专门的指示器，提供飞机进近和着陆指示，也可以送到飞机的自动驾驶仪，操纵飞机实现自动进近和自动着陆。

15.2.1 时基扫描波束

MLS 的测角原理基于 TRSB 技术。MLS 的地面设备发射一个很窄的扇状波束在相应的覆盖区域内进近往返扫描。对方位台而言，“往”扫和“返”扫相当于波束在水平范围内的顺时针（向左）和逆时针（向右）扫描，如图 15-1 所示。对仰角台则相当于向上和向下扫描。机载接收机在收到“往”和“返”两次扫描波束后，测定其时间差，这个时间差值的大小与飞机在空中相对于跑道的角位置有直接关系，由此得到飞机在空中所处的角位置。

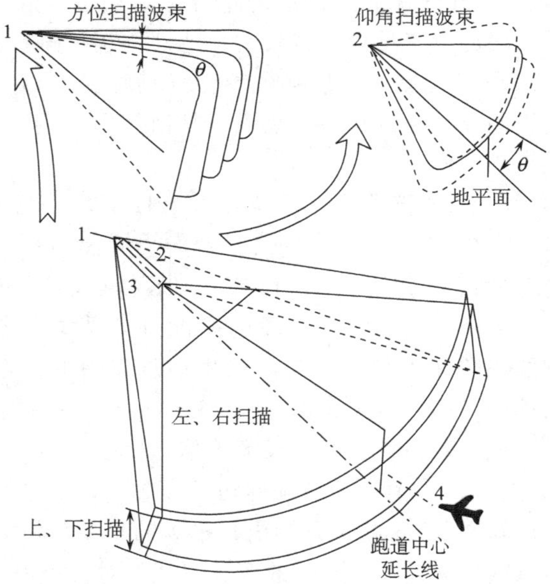

图 15-1 微波着陆系统波束扫描工作示意图

1. 方位扫描；2. 仰角扫描；3. 距离扫描；4. 飞机

15.2.2 相控阵天线

MLS 的另外一个特点是采用相控阵天线技术来发射制导信号。微波着陆系统的方位制导和仰角制导的信息更新率分别为 40/3Hz 和 40Hz。机械扫描天线无法实现这样快的扫描速度，故利用相控阵这样的电扫描天线来实现。其工作原理是：许多辐射单元沿直线以等间隔排成阵列，用相同幅度的同相电流馈送给这些单元，以得到波前平行于阵列的辐射，其波束指向是单元间相位差的函数。通过控制每个单元的相位，可改变阵列前波束的指向，从而实现波束在空间的扫描。其扫描速度快的特点正好适合于 MLS 的要求。

15.2.3 时分多路复用 TDM

MLS 地面台信号的发射采用 TDM 技术。TDM 技术是一种多路传输系统，它把一条实体信道用定时脉冲依次分配给许多不同的通信信道。由于这种技术全部角度制导信息和数据都在同一频率上发射，不同功能的信号都占有自己的发射时隙。在每个发射时隙前部都用差分相移键控 DPSK 调制的前导码来区分不同的功能块，这个特点使时分组织中各功能的发射次序具有很大的灵活性。时分组织中所包含的功能数据的成分，是由地面台的服务等级和自动着陆的类别等条件所决定的。地面台时分组织信息决定了 MLS 机载设备所能接收到的信息。TDM 技术的采用，使 MLS 地面设备和机载设备之间具有很强的适应性。

图 15-2 是一个空间信号流的例子。

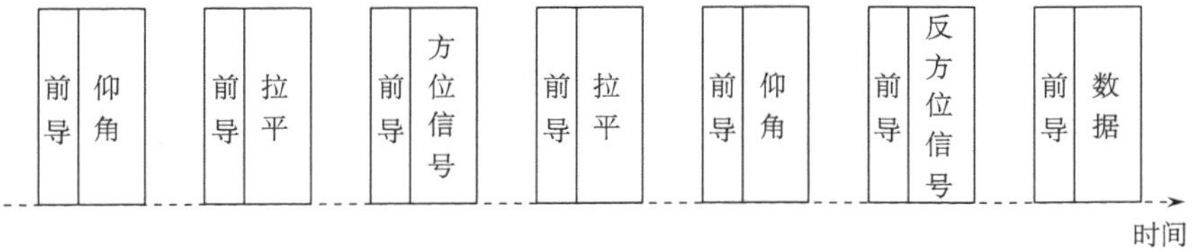

图 15-2 MLS 空中信号流

不同功能的信号只靠前导来辨别，各种信号的发射顺序是随意的，可以改变，信号格式中可以按需要增加某些功能或减去某些功能，此时均不影响接收机的工作。

MLS 的空中信号格式是一个 615ms 的时间段，该时间段包含一系列顺序对，每个顺序对中排列着 MLS 的各种功能和数据时隙，各个时隙根据时分多路复用格式在同一频率上发射。

在时分制信号格式中，各种功能各自占有一定的时隙，但并不一定要包括全部功能。例如，当不设反方位台时就没有反方位信号，不设拉平台时就没有拉平信号。

15.3 组　　成

MLS 地面设备产生各种不同的空中信号，为进近飞机提供角度制导和数据。整个系统的基本配备有方位制导设备、仰角制导设备和测距仪，三者都配有各自的监控器，如图 15-3 所示。设备与设备之间的信息传送通过电缆、光导纤维或微波线路等形式进行。

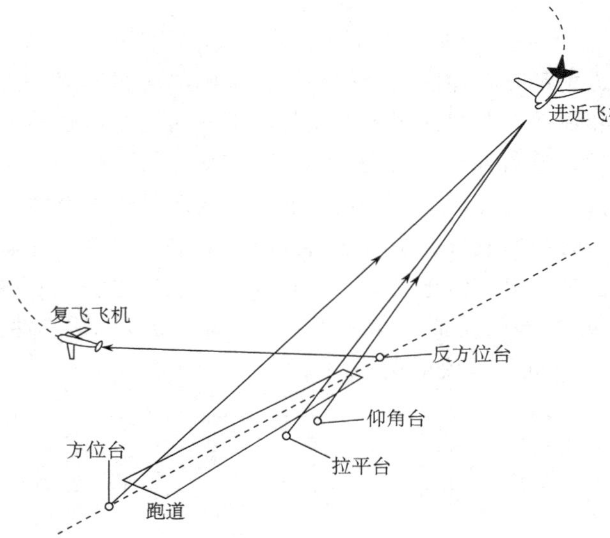

图 15-3　MLS 地面设备布局

方位设备和仰角设备统称为角度制导设备，由时序产生器、控制电路、发射机、天线和监控器等部分组成。整个 MLS 角度制导设备信号的同步来自方位设备，因此方位设备的时控电路起着 MLS 地面系统工作的核心作用。

在扩展格局中，可以有选择地增加其他功能，如增设复飞和飞机离场时的反方位制导、拉平制导、增宽方位制导扇区和增加辅助数据传送系统。一般来说，在扩展格局中，角度制导除了包括基本格局中的方位制导和仰角制导外，还包括反方位制导和辅助数据功能。

方位制导设备一般和 PDME 应答器一起安装在跑道端处的中心延长线上。方位制导设备的功能与 ILS 航向台的功能相同。

仰角制导设备是 MLS 中另一重要的组成部分，它安装在跑道的进近端处偏离中心线的某一位置。仰角台与 ILS 下滑台的功能相同，但可提供驾驶员选择的下滑角范围更宽。在方位覆盖区域内，飞机可以在仰角制导范围内任何下滑航道上得到精密的引导。

扩展格局中所提到的反方位台与方位台的工作原理一样，只是装在跑道的另一端（跑道入口处），用来从背向制导飞机起飞、复飞或离场。

拉平制导台用来保证飞机进入跑道拉平至主轮接地的着陆过程。一般用于Ⅲ类进近着陆，尤其是$Ⅲ_C$类情况。拉平台的作用是提供进近飞机在拉平阶段离地面的高度信息，其工作原理与仰角台相似。

MLS数据传输系统向飞机提供用于精密进近和着陆的必要信息，分为基本数据和辅助数据。基本数据包括地面设备识别、信号覆盖范围、可用最低下滑道、MLS设备性能级别和所用频道等与着陆直接有关的数据，而辅助数据一般包括地面设备的安装状况、航空气象情报、跑道状况和其他补充信息，如区域导航方面的数据。

MLS地面设备相对于跑道的布局有多种情况可供选择，它们包括不同的功能配置方案：

（1）单一MLS系统（方位台、仰角台和PDME）。

（2）单一MLS系统加装拉平台，供飞机接地前拉平动作的制导。

（3）单一MLS系统加装反方位台，作为起飞或复飞时的离场制导。

（4）具有双向进近制导功能的双套MLS系统。

根据所采用方案的不同，整个系统可以用于单向跑道或双向跑道，也可以具备或不具备离场或复飞制导功能，但无论何种组成，MLS的基本组成部分的功能是一定的。角度制导的输出，即方位和仰角信息，分别与预选方位角和下滑角相比较后得到方位偏离和下滑角偏离信号，这些信号被送到方位/下滑角偏离指示器或其他显示器去，还可以转换成高精度的数字或模拟数据流直接馈送给AFCS作制导飞机用。全功能的MLS为进近和着陆飞机连续提供相对于跑道的精密的三维位置信息。

15.4 覆盖范围

MLS的覆盖区如图15-4所示。要求水平方位和仰角的制导区域能覆盖到以跑道为中心线±60°的扇形区域，其垂直覆盖区为0°～20°，水平覆盖区为30nm。要求方位制导和仰角制导的数据更新率分别为40/3Hz和40Hz。

反向制导区域（失误进场）应能覆盖以跑道为中心±40°的扇形区域，径向作用距离不小于5n mile，数据更新率为20/3Hz。

拉平制导区应能覆盖−2°～+8°的扇形区（最好能扩大到+15°），其数据更新率要求为40Hz。

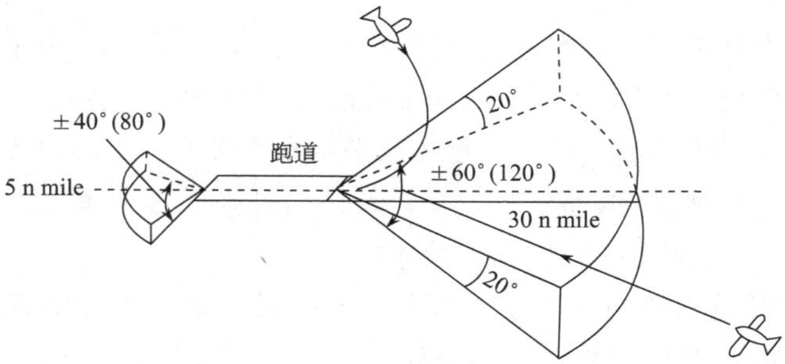

图 15-4 MLS 的工作覆盖区

15.5 工作原理

15.5.1 测角原理

工作时，方位台天线辐射的是在水平面内很窄（约 1°），而在垂直面内较宽（约 30°）的扇形波束。该波束在水平面内从一个极端位置（如跑道另一侧的 60°）开始以恒定速度沿规定方向扫描到另一极端位置（如跑道另一侧的 60°）。在这一极端位置作短暂停歇后（停止时间为已知的固定值），再沿相反方向，以同样的速度扫描回到起始位置，再经过一段固定休止时间后，重复上述扫描过程。

若在波束扫描所及的空间区域内有飞机进入，能接收到方位台发射的信号脉冲。天线进行往返扫前，前导信号已使接收机处于准备就绪状态。当扇形波束自初始位置开始，沿一个方向扫过飞机时，机上将在此时接收到信号，此信号形成所谓的“去”脉冲。当波束由另一个极端位置扫回其初始位置过程中，也将扫过飞机，则飞机上将又一次收到信号，形成所谓“来”脉冲。两次扫描之间有一个固定的 600μs 停歇时间。显然，飞机接收到“去”、“来”两个脉冲之间的时间间隔取决于飞机在扫描空间中的角度位置。因此，确定出这一时间间隔后，就可以单值地确定出飞机相对于跑道中心线的方位角，如图 15-5 所示。

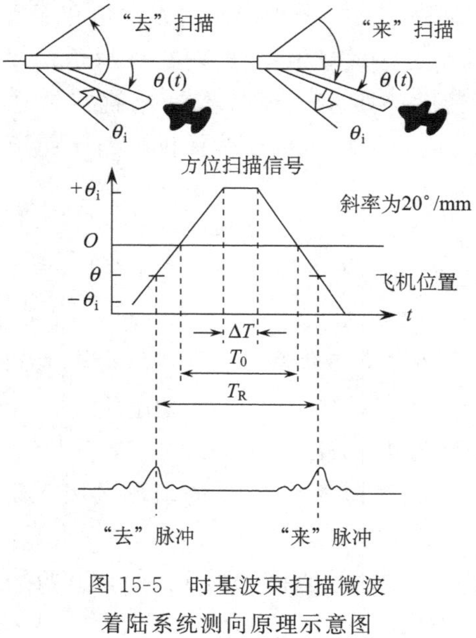

图 15-5 时基波束扫描微波着陆系统测向原理示意图

图 15-6（a）所示的左边部分是方位波束的扫描过程，右边部分是方位台扫描示意图。A、B 和 C 分别表示以三个不同方位角进近的飞机。在不同方位上的 A、B 和 C 飞机接收到的脉冲及其时间间隔为 T_A、T_B 和 T_C。图 15-6（b）所示为 A 方位飞机的接收机所接收到的“往”扫和“返”扫脉冲在时间轴上的示意图。图 15-5 和图 15-6 中，θ 为方位（或仰角）制导角度值，(°)；t 为自开始位置扫描到飞机所在位置 θ 时所经过的时间；T_R 为任意进近角 θ 时飞机接收到“往”和“返”脉冲间的时间差，μs；T_0 为以零度角进近时飞机接收到“往”和“返”脉冲间的时间差，μs。

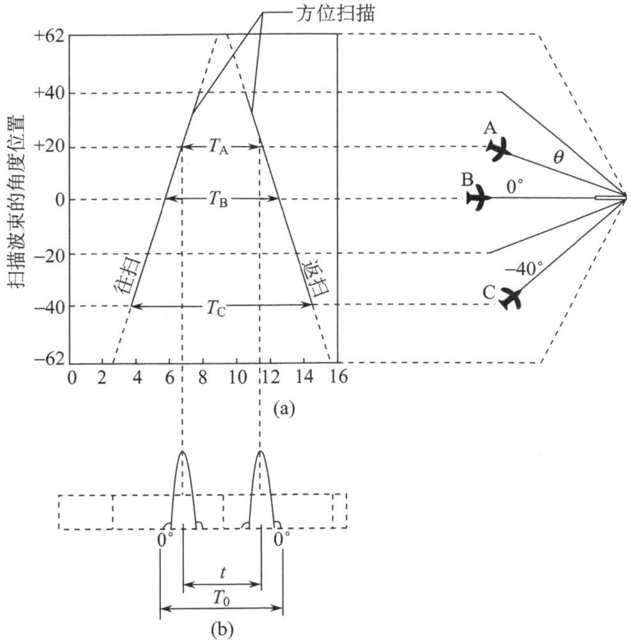

图 15-6　方位角与扫描波束时间差的关系

不难看出，制导角度值与脉冲间隔时间差之间存在着线性函数关系，即

$$\theta = \frac{1}{2}(T_0 - T_R) \cdot v \tag{15-1}$$

式中，扫描速度 v 实际上是个设计常数，以（°）/μs 为单位。如果 MLS 地面设备选定，那么 T_0 也是可知的，这样只要测出时间差 T_R，就能算出飞机所处的方位角（或仰角）。

需要指出的是，按照以上方法得到的结果只是理论值，实际 MLS 的测量精度受各种误差的限制，而且“往”和“返”扫描要保持时间上和空间上的准确性及对称性。

15.5.2 拉平台的测高原理

拉平台用在飞机拉平阶段，为飞机提供距离地面的高度信息，这可以用两种不同方式来实现：①利用 PDME 测出距飞机的距离，拉平台测出飞机相对于机场跑道平面的仰角，然后通过计算得出飞机距离地面的高度；②由拉平台单独提供飞机在拉平阶段距离地面的高度信息，此时，对拉平台的安装位置有一定的要求，它必须设置在飞机着陆点与跑道中心线相垂直的直线上，在跑道的一侧，距中心线 100～200m 处。拉平台天线辐射的波束为扇形平面波束，波束在水平面上的宽度为±80°，而在垂直面上的宽度为 0.5°，扇形波束在垂直面上做快速扫描，其作用距离不小于 8n mile。天线安装时，应保证扇形波束的中心线与跑道中心线相垂直。

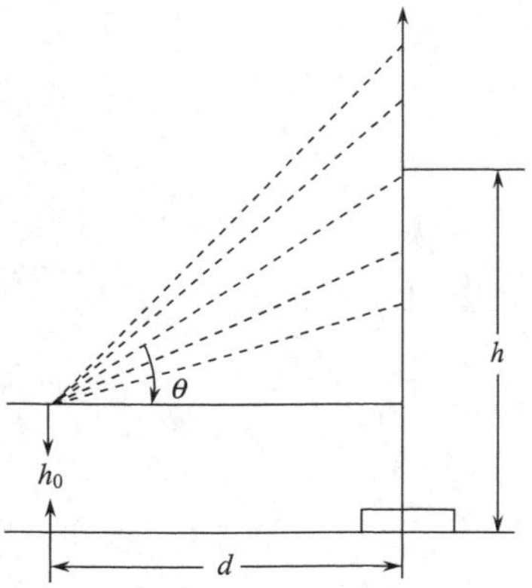

图 15-7 拉平制导台测定飞机高度的示意图

当飞机处于拉平台的作用覆盖区内时，将收到扇形波扫过时产生的“去”脉冲和“来”脉冲。这样，可根据“来”、“去”脉冲之间的时间间隔，确定出飞机相对于天线所在平面仰角 θ。然后，根据拉平台天线与跑道中心线相应的垂直距离 d 及拉平台天线距离地面的高度 h_0 计算出飞机高度 h，其相应关系如式（15-2）和图 15-7 所示

$$h = h_0 + d\tan\theta \tag{15-2}$$

15.6 微波着陆系统的机上设备

MLS 机载设备可以用各种方法来实现，而且由于应用场合不同，接收设备有各种不同的功能。

为了从空间的 MLS 信号中提取引导数据，机上接收机必须包括以下部分：天线及其传输线、结合在一起的接收机/处理器、控制单元、信息和数据显示单元。因此，一个机载接收机的基本组成如图 15-8 所示。

在 MLS 信号覆盖范围之内，接收机处理各种信号，并提供精确的比例引导、余隙引导，或者通过警告旗及其他告警方式指出飞机没有处在 MLS 覆盖区之内的指示。接收机为此必须要进行一系列的工作，如解码、显示或存储等。接收机必须要有抗干扰的能力，其中包括 MLS 辐射信号的多路径干扰及内部和外

图 15-8 机载接收机的基本组成

部电子噪声干扰等。对任何设备故障，必须要提供有效的判别。

为了满足更严格的飞机着陆工作而对接收机的另外一些要求是：必须在 1s 之内截获到 MLS 信号，信号中断时间不能大于 1s，在小于 1s 的中断期间，接收机要能继续输出中断前的数据，以保证Ⅱ、Ⅲ类着陆的需要。因为在最后进场阶段，长时间的信号中断将会使得Ⅱ、Ⅲ类着陆失败。

1. 天线

在飞机着陆期间，为了提供所要求的接收信号，在飞机的机首、机腹或机尾各装有一个接收天线，由天线开关实现对强信号接收天线的选择。

对于简单的飞机进场来说，要求选一条直线进场航线。这时接收天线只需要有 140°的方位角和 35°的仰角向前覆盖就够了，对于其他复杂的着陆进场，则要求接收天线有 360°的覆盖。

2. 角度引导控制单元

角度引导控制单元的作用是：在 MLS 的 200 个波道中选择一个波道，选择一个着陆方位径向线，选择一个特定的下滑角。在 ILS 中，只有一个下滑线进场航道，其下滑角为 2.5°～3.5°，无选择的余地。但在 MLS 系统中，可以提供多条偏离跑道中线的方位线进场，下滑角可以更高，也可以更低，将所选择的这些数据送入接收机，接收机就可以为航向偏差指示器产生一个基准，该基准与实际测得的 MLS 方位角、仰角数据进行比较，以指示飞机相对于所选择的方位角、仰角的偏差，从而引导飞机灵活地着陆。与 ILS 相比，

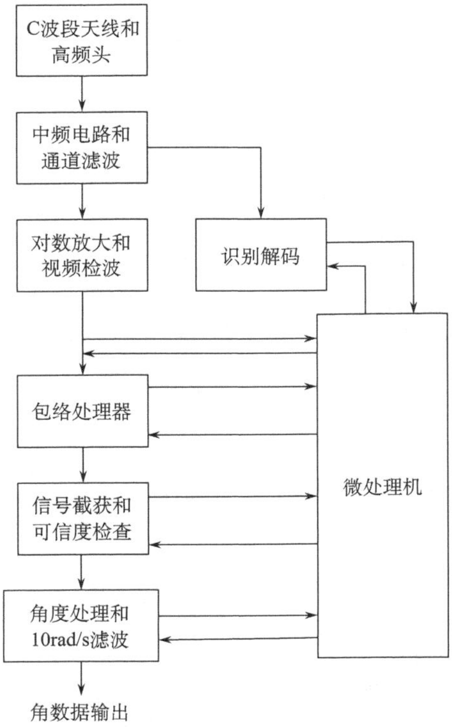

图 15-9 一种典型的接收机/处理器功能框图

MLS的着陆方位角和仰角的选择是相当自由的。当然，MLS对着陆方位和仰角的选择也不是毫无限制的，特别是对低下滑角而言更是如此。

3. 接收机/处理器

图15-9给出了一种典型机载接收机/处理器功能框图。接收机/处理器的基本功能有两大部分。第一部分功能是为处理引导数据而进行的准备工作，第二部分是实际引导数据的处理。

准备工作包括：在非调制的载波上建立相位同步，根据已经取出的定时基准进行DPSK数据解调，接着进行识别。在功能识别之后就是引导数据处理阶段，它包括：包络处理，对扫描角引导信号的捕获、跟踪和角度计算，可信度判决，数字滤波及角数据输出。

15.7 利用MLS地面设备的着陆过程

利用MLS地面设备的着陆过程如图15-10所示。

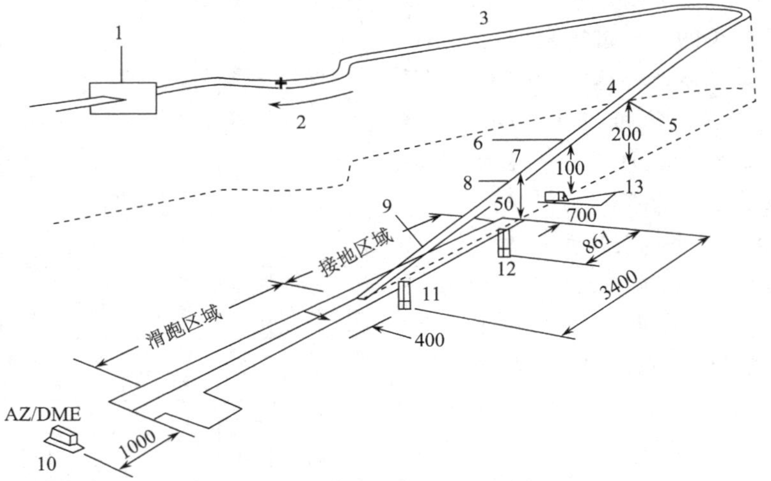

图15-10 利用MLS进近着陆的飞机程序（单位：ft）

1. 进入航站区开始由MLS制导；2. 回避噪声敏感区；3. 二维或三维曲线进近；4. 最后进近航径；5. Ⅰ类DH点；6. Ⅱ类DH点；7. 下滑道航径；8. 进近基准点（跑道入口）；9. 拉平操作；10. 方位台/测距台；11. 拉平台；12. 进近仰角台；13. 复飞制导用的反方位台

着陆飞机进入MLS控制入口后，为了减少对某区域（如居民区）的噪声，要进行曲线飞行，然后降低高底，再过渡到最后的进场中线。对Ⅰ、Ⅱ类着陆来说，判决高度分别为60m和30m，在这个高度上，驾驶员一定要判断能否用视觉完成拉平、触地、滑行机动等动作，最后完成着陆。为完成Ⅰ、Ⅱ类着陆，仰角台（EL）和方位台（AZ）要把飞机引导到Ⅰ、Ⅱ类的决断窗口；为完成Ⅲ类着陆，仰角台和方位台要把飞机引导到跑道端上空。从拉平到着陆这一阶段，要提供飞机在跑道上空的高度信息，这是拉平台和 DME 联合提供的。

根据以上所述可以看出，MLS 的特点为：

（1）200 频道的可利用性。

（2）精密而连续的角度和距离指示。

（3）对场地和环境条件的不灵敏性。

（4）更宽的制导覆盖扇形区。

（5）现代化的系统设计和先进技术。

本章思考题

1. MLS 采用的时基扫描的技术特点。
2. MLS 采用的相控阵天线的技术特点。
3. MLS 采用的时分多路复用的技术特点。
4. 采用 MLS 时，航空器进场角度的计算方法。
5. MLS 的组成及各部分的功能。
6. MLS 的覆盖能力。

第 16 章 通信、导航、监视系统展望

16.1 通信、导航、监视在新航行系统中的特点

机载通信、导航、监视系统是 20 世纪 90 年代 ICAO 提出的 CNS/ATM 中的重要组成部分，不但在近十几年间得到了快速的发展，并且增加了所需性能的概念，具体有所需导航性能（RNP）、所需通信性能（RCP）和所需监视性能（RMP）。由此可见，ICAO 的工作方式已经从在新系统中使用和不使用什么设备的选择上转向注重制订所需性能标准上来（表 16-1）。

通信、导航、监视未来主要依赖的新技术可以表示为：卫星技术＋数据链＋计算机网络＋自动化。其中，卫星技术和数据处理技术从根本上克服了陆基航行系统固有的而又无法解决的一些缺陷，如覆盖能力有限、信号质量差等。计算机应用和自动化技术是实现信息处理快捷、精确，减轻人员工作负荷的重要手段。以多种速率、多种方式传输多种数据的数据链技术应用于通信、导航与监视的每个领域。

表 16-1 未来通信、导航、监视系统的组成特点

	现行航行系统	新航行系统
通 信	VHF 话音 HF 话音	VHF 话音/数据 HF 话音/数据 AMSS 话音/数据 ATN RCP
导 航	NDB VOR/DME ILS INS/IRS*	RNP/RNAV GNSS DGPS INS/IRS* MLS
监 视	PSR SSR A/C 模式 话音位置报告	ADS SSR S 模式 RMP

* 惯性导航系统/惯性基准系统本书没有涉及。

16.2 未来通信系统

未来的通信系统更强调通信性能（RCP）、数据通信和信息共享。数据通信的优点是抗噪声、错码率低、可加密，便于处理运算变换和与计算机连接，便于实现空中交通管理的自动化。

新通信技术手段主要包括卫星数据通信、VHF 数据通信和 HF 数据通信，并在此基础上，逐步建设全球范围的航空电信网（ATN）。

16.2.1 通信技术的特点

未来通信技术的主要特征可概括为：可以实现在航空用户之间交换数据和消息，并用以支持导航和监视系统功能的实现，具体表现如下：

（1）至少在世界上大部分地区具有卫星数据和话音通信能力。初期短波通信可能还得保留在极区使用，直至在该地区可以使用卫星通信为止。

（2）VHF 话音和数据通信将继续在一些陆地区域和机场区域使用。

（3）在终端用户之间通过不同的地空和地面通信链路进行的数字化数据分组交换由航空电信网（ATN）提供。

16.2.2 通信数据链

在空地通信网络系统中应用数据链，能够实现人-人、机-机和人-机间的数据传递。数据链是数据通信的应用，数据通信与模拟通信相比有许多不可比拟的优点（自适应选频技术、跳频、自动纠错等）。在空地通信系统中，占主要服务内容的空中交通服务 ATS 和航务管理通信 AOC 将以数据通信为主，逐渐减少话音通信，最终达到只在必要时或紧急情况下使用话音通信。数据链类型包括 HF、VHF、AMSS 和 SSR S 模式（后面介绍）。

1. HF 通信

机载高频通信主要是根据 ARINC719、ARINC753 标准建立的通信系统。由于高频数据链（HFDL）采用了自适应技术和多重纠错算法，因此，通信较话音通信稳定，能够提供 2.4kbit/s 速率。HFDL 采用了可以作为国际民航新航空电信网（ATN）子网络的面向比特的规程；同时，为了与现在使用的航空公司面向字符的规程相兼容，它同时支持 ACARS（飞机访问和报告系统）电报的交换。HFDL 现在主要用于全球的航务管理通信，也用于在北太平洋和北大西洋的空中交通服务（ATS）试验。研究表明，因为同步卫星不能覆盖极区，它同样是卫星通信的备用手段。由于短波通信的固有缺陷，其在新航行系统的通信手段中基本上作为备用通信手段使用。

2. VHF 通信

机载甚高频通信主要是根据 ARINC 716、ARINC 750 标准建立的通信系统。目前，甚高频（VHF）模拟无线电话仍是空管通信的主要通信手段，该项技术在 20 世纪 40 年代后期就开始投入使用。由于 VHF 地空通信的频道间隔随着技术的发展和地空话音通信需求的增加，在部分 VHF 频段拥挤地区，将频道间隔由 25kHz 进一步减少至 8.33kHz，目前美国及整个欧洲地区正在推广使用这种间隔。在甚高频数据通信方面，随着新航行系统概念的推出及甚高频数据通信技术的发展，甚高频数据通信目前主要包括 VDL1、VDL2、VDL3 和 VDL4 模式，各种模式下的特点如表 16-2 所示。

表 16-2 各种模式下的特点

	特征描述	计划进度
VDL1	25kHz 带宽 2.4kbit/s 速率，AMMSK 调制 CSMA 媒体访问	过渡方式
VDL2	25kHz 带宽 31.5kbit/s 速率，D8PSK 调制 CSMA 媒体访问	1997 年 ICAO 航空移动通信专家组（AMCP）提出，2002 年启用
VDL3	25kHz 带宽 31.5kbit/s 速率，D8PSK 调制 TDMA 媒体访问，支持语音和数据通信	FAA 大力推行，2001 年 11 月列于附件十中的 SARPs 开始生效，2005 年开始启用
VDL4	25kHz 带宽 19.2kbit/s 速率，GFSK 调制 S-TDMA 方式组网，今后拟用 D8PSK 调制实现 31.5kbit/s 速率	由瑞典提出的方案，ICAO 1995 年确定 VDL 4 作为空管监视功能使用的数据链，载于附件十的 ICAO 中的 SARPs 于 2001 年 11 月生效

3. 卫星通信

目前，航空移动卫星服务/业务（AMSS）主要是通过 INMASAT 的静止轨道卫星实现机载地球站和地面地球站间航空用户远距离数据链和话音通信，INMARSAT规定在机载站与卫星间使用 L 频段、地球站与卫星间使用 C 频段或 Ku 频段进行通信。AMSS 主要依据工业标准为 ARINC741。AMSS 的话音既可与地面公用电话网相连，也可与专用的 ATS 电话网相连，为 ATS、AOC、APC 提供高质量的话音通信。AMSS 采用面向比特协议，与 ATN 要求完全兼容，作为 ATN 的子网络，目前它同样支持 ACARS 电报传输。

16.2.3 航空电信网

航空电信网（ATN）按照国际标准化组织（OSI）七层通信模型构造，主要由机载电子设备通信子网（数据链管理系统）、空地通信子网、地面通信子网（分组交换、局域网）组成。各类子网之间利用路由连接器连接，用户经路由器通过网关进入ATN，再按照网间协议和标准进行信息交换。其中，飞机路由器将确保飞机信息通过要求的链路发送。

ATN是全球范围内用于航空的数字通信网络和协议，是基于开放式系统互联结构、面向比特的协议。ATN将航空界的机载计算机系统与地面计算机系统连接起来，ATN能支持多国和多组织的运行环境，使之随时互通信息。

ATN是新航行系统全球化的体现，其提供的数据通信功能应用主要包括空中交通服务通信（ASC）、航空运营通信（AOC）、航空管理通信（AAC）和航空乘客通信（APC）。其应用进程主要有三类：包括内容管理（CM）和目录服务的系统应用，包括自动相关监视（ADS）、管制员-驾驶员数据链通信（CPDLC）、航行信息服务（FIS）的空地应用，包括AMHS和管制中心通信的地面应用。

16.3 未来导航系统

与原有的导航技术相比，未来导航技术的关键特征为：将GPS与其他导航手段组合，改善导航精度和允许更近的飞机间隔。新航行系统的核心是全球卫星导航系统（GNSS），同时为了确保飞行安全，飞机平台同时还装备有自主导航设备（如惯性导航系统和大气数据系统）以及传统的无线电导航设备（如微波着陆系统）。飞机将综合利用这些导航信息，达到安全准确的起飞、航行和进场着陆的全飞行过程。为实现这一目标，国际民航组织引入所需导航性能（RNP）、区域导航（RNAV）和基于性能导航（PBN）三个概念。

16.3.1 基本概念

在不断的发展中，ICAO的工作方式已经从在新系统中使用和不使用什么设备的选择上转向注重制订所需性能标准上来，由此RNAV、RNP及PBN三个概念被引入未来的导航系统。

RNAV被确认为一种导航方法，根据当时所用系统的性能和特性，允许飞机在导航台信号覆盖范围内，或在机载自主导航设备能力限度内，或在两者配合下按所需航路飞行。

RNP概念是1991、1992年间由FANS委员会向ICAO提出的。1994年，ICAO在正式颁布的RNP手册（Doc 9613—AN/937）中定义RNP为：飞机在一个确定的航路、空域或区域内运行时，所需的导航性能精度。RNP是在新通信、导航和监视技术开发应用条件下产生的新概念。RNP也是目前提出的所有所需性能RXP（X＝C、N、M、ATM）中唯一有明确说明和规定的性能要求，而其他皆在讨论制订中。尽管如此，RNP从颁布后就没有停止其完善和充实工作，随着各种可用技术的成熟，RNP的应用领域还在延伸，规定的项目还在增加。

PBN概念依据特定空域概念，按照建议运行所需的准确性、完好性、可用性、连续性和功能性，规定航空器区域导航系统的性能要求。PBN概念表明由传感器到基于性能导航的转变。性能要求以导航规范的形式予以明确，该规范还明确选择的导航传感器和可能用来满足性能要求的设备。这些规范以足够详尽的程度予以明确，以利用由于为各国和营运人提供专门的实施指南而进行的全球性协调。

16.3.2 GNSS

GNSS主要包括美国的全球卫星导航系统（GPS）、俄罗斯的全球卫星导航系统（GLONASS）、国际海事卫星通信系统（INMARSAT）、欧洲伽利略卫星导航系统（GALILEO）、我国的“北斗”导航系统、印度区域导航卫星系统（IRNSS）、日本区域导航卫星系统（QZSS），以及其他的卫星导航系统等。目前，已经达到完全运行状态的卫星导航系统只有美国研制的全球定位系统。

1. 美国的全球卫星导航系统（GPS）

GPS是具有24颗卫星的全球卫星导航系统，已于1994年3月布设完毕，并正式投入使用，它分别在L1（1574.42MHz）载频上调制1.023MHz的C/A码提供标准定位服务（SPS）和在L2（1227.6MHz）载频上调制P码提供精密定位服务（PPS）。SPS可以为民用用户提供概率为95%、水平位置为±100m和垂直位置为±156m的定位精度。PPS的精确度比SPS要高得多，但PPS的访问受到选择可用性功能限制，只有经授权的美军和盟军、美国联邦政府，以及能够满足特定需求的美国民用用户才可以享受服务。2000年5月1日，美国关闭了降低GPS民用信号精度的“选择可用性”（SA）技术措施，使民用GPS定位精度得到改善，其空间信号精度是：水平定位误差≤13m（95%），垂直误差≤22m（95%），定时误差≤40ns（95%）。GPS升级计划也在进一步实施中，国际民航组织已将GPS纳入GNSS。

2. 俄罗斯的全球卫星导航系统（GLONASS）

该系统是俄罗斯发展的全球卫星定位系统。类似于GPS，GLONASS由分布在三个轨道面上的24颗卫星（含三颗备份卫星）组成。俄罗斯早在20世纪80年代就宣布民用码信号免费向全世界民用用户提供服务，其导航精度为：水平精度100m，高度精度150m，速度精度15cm/s，授时精度1s。该系统亦在更新之中，更新后的系统为GLONASS-M、GLONASS-K，其导航精度将得到进一步提高。

3. 国际海事卫星通信系统（INMARSAT）

该型卫星加装了导航舱，四颗加装导航舱的 INMARSAT-Ⅲ型卫星于 1995 年底入轨运行。它发送附加的测距信号，转发来自地面基准网的广域电离层校正值与差分全球定位系统（DGNSS）修正值，还转发来自地面监测网的 GPS 与 GLONASS 的完善性信息。

4. 欧洲伽利略卫星导航系统（GALILEO）

于 1996 年 6 月方案论证开始，包括 30 颗卫星，采用中高度圆轨道（MEO）星座和中高度圆轨道（中轨）卫星与地球同步卫星（MEO＋GEO）混合星座，提供免费接入业务（OAS）、一类有偿业务（CAS1）和二类有偿接入业务（CAS2），精度依次提高，水平定位精度都优于 101TI，如 CAS2 可实现水平 4m、垂直 16m 的精度。

5. 差分全球卫星导航系统（DGNSS）

DGNSS 包含广域差分增强系统（WAAS）与局域差分增强系统（LAAS）两种，该系统包括 MEO 轨道上的 30 颗卫星，并把 EGNOS（GPS 与 GLONASS 增强系统）集成到该系统。新 CNS/ATM 的 GNSS 主要是靠 GPS 和 GLONASS，而 INMARSAT-Ⅲ的主要作用是改善其实时定位精度、增强民用导航的可靠性，以适应飞行安全与进场着陆的要求，随着欧洲 GALILEO 的发展它也将成为 GNSS 的重要组成部分。采用 GNSS 技术后，可有效地规划飞机航线，缩短飞机间隔，提高飞行效率，并提高安全性、准点率与空间利用率，而且还能作为自动相关监视的基础。

16.3.3 DGPS

增强型差分 GPS 的地面增强包括广域增强系统 WAAS 和本地增强系统 LAAS。

WAAS 利用差分解算技术改善基本 GPS 信号的精度、完好性和可用性。目前 WAAS 的主要目的是改善 GPS 信号的可用性，以满足全飞行阶段的 RNP 要求。WAAS 能将精度提高至 7m。

WAAS 由广域基准站（若干个）、广域主控站组成，利用数据链发播定位修正信息。其特点是对空间相关的误差（大气中的传播延迟误差）和对空间不相关的误差（卫星的星历误差、星钟误差）分别解算出来，分别修正。这样，不仅使得只需设置较少的基准站就能覆盖大范围地区，还能利用卫星广播修正电文，在海洋和偏远荒漠地区不需设台，用户也能获得修正信息。

LAAS 的目的是改善 GPS 信号，以满足精密 RNP 所需的导航性能要求，向视线范围内的飞机提供差分修正信号。LAAS 能将精度提高至 1m。

LAAS 主要由地面基准站、机载差分 GPS 接收设备、数据链组成。LAAS

可提供Ⅰ类精密进近（可用性指标远高于WAAS）、Ⅱ类乃至Ⅲ类精密进近和着陆。此外，LAAS的空间信号还能提供机场场面活动监视服务。

LAAS是对WAAS服务的完善。LAAS使用的差分技术是基于产生一个本地基准站和用户站之间所有预计的共同性误差的修正值。所以，LAAS只能在约20n mile的“本地”范围内发播导航修正信息，其服务空间只包括在本区域内的机场。虽然LAAS提供的服务空间小于WAAS，但是LAAS所能提供的精度要远高于WAAS。因而，LAAS能提供比WAAS更多的精密进近服务，并能有效缩短系统完好性告警时间。

16.4 未来监视系统

监视是飞机安全飞行和空中交通管理的基础。从飞机飞行监视角度，监视功能主要指飞机平台利用各种技术手段（如气象雷达、数据链技术、空中交通防撞系统、近地防撞等），获取飞机所处环境的空中交通情况、气象情况、地形情况等数据，以确保飞机安全飞行。CNS/ATM系统定义的机载平台的监视功能主要包括地形（terrain）监视、气象（weather）监视和交通（traffic）监视三类。未来，更强调为空中交通管理服务的监视，使地面管制中心掌握飞机飞行轨迹和飞行意图，提高空中交通安全保障能力。

新航行系统中使用的监视技术主要有独立监视、协同监视和相关监视三类。独立监视不需要被监视者配合，是完全由监视者独立完成对被监视者的测量定位的监视手段。独立监视手段主要有一次监视雷达（PSR）和多地基雷达。协同监视需要被监视者配合，由被监视者主动发射或询问的应答，实现监视者对其定位，这种监视手段主要有A/C/S模式二次雷达（SSR）和多基站测量定位系统。相关监视完全依靠被监视者自主定位和报告实现，这种监视手段主要有约定式自动相关监视（ADS-C）和广播式自动相关监视（ADS-B）。随着CNS/ATM的实施和不断应用，空中交通防撞系统（TCAS）和自动相关监视系统得到了全面发展和大力推广。

16.4.1 相关概念

为了实施规划，一个办法是把所有有关的运行要求都转化成一系列监视性能参数，即所需监视性能（RSP），这个概念是一组量化好的监视性能要求，如容量、可用性、精度、更新率等。一旦某一空域RSP被指定用于一个运行方案，那么满足这组参数的任何一种或几种综合的监视系统，从运行上看都是可以考虑接受的。

16.4.2 SSR模式S数据链

S模式的内容已经在前面做过介绍。由于S模式数据链所具有的特殊性能，在TCAS、ADS-B系统中得到成功应用。第11次国际航行会议已接受将S模式1090ES作为ADS-B的主要链路技术，以实现在全球的相互操作性，并支持初始的ADS-B应用服务。

16.4.3 空中交通防撞系统（TCAS）

TCAS的内容已经在前面做过介绍，目前大型的飞机上均已安装了TCASⅡ型的防撞系统。未来将对TCASⅡ型存在的技术缺陷做以改进，如多应答信号交叠情况下的正确译码、避让逻辑算法优化和避让措施单一等。

16.4.4 自动相关监视（ADS）

ADS的基本原理是飞机通过数据链自动发送和接收机载设备所提取的监控信息，如识别位置（高度、经度、纬度）、速度及意向信息等。ADS-C通过地址点对点的数据交换，使飞机与地面使用者建立协议。由于ADS-C点对点的固有缺陷，在CNS/ATM把自动相关监视的重点转到ADS-B上来。ADS-B技术是飞机通过自动广播自身位置报告，同时接收邻近飞机的位置报告，互相了解对方位置和行踪，驾驶员自主地承担维护空中交通间隔的责任，不再依赖地面雷达监视和管制。

支持ADS-B的数据链技术有三种，即VHF数据链模式4（VDLMODE4）、二次监视雷达S模式扩展电文ES（SSR-SES）和通用访问收发机（UAT）。S模式计划在全世界范围内服务，VHF数据链模式4或通用访问收发机（UAT）在地方使用，以增强完好性和可用性。

采用ADS-B技术后，可以实现空对空相互监视、地面对空中目标的监视，在没有雷达监视的地区，也能在地面和空中交通显示器上呈现空中交通状态，同时还能起到空中交通防撞的作用。这种飞机主动防撞的方法将使传统的空中交通防撞责任从管制员手里转过来与飞行员分担或飞行员自行承担。

本章思考题

1. 未来导航系统相对于传统导航系统的优势和特点。
2. 新航行系统中通信系统的关键特征。
3. 新航行系统中导航系统的关键特征。
4. 新航行系统中监视系统的关键特征。

缩略词表

英文缩写	英文全称	中文释义
ACARS	aircraft communication addressing and reporting system	飞机通信寻址和报告系统
ACAS	airborne collision avoidance system	机载防撞系统
ADF	automatic direction finding	自动定向机
ADI	attitude direction indicator	姿态方向指示器
ADS	automatic dependent surveillance	自动相关监视系统
ADS-B	automatic dependent surveillance broadcast mode	广播式自动相关监视
AGC	automatic gain control	自动增益控制
ALS	automatic landing system	自动着陆系统
AM	amplitude modulation	幅度调制
AS	air speed	空速
ASDE	airport surface detection equipment	机场场面探测设备
ASR	airport surveillance radar	机场监视雷达
ATC	air traffic control	空中交通管制
ATCRBS	air traffic control radar beacon system	空中交通管制雷达信标系统
AZ	azimuth transmitter	方位台
CDI	course deviation indicator	偏航指示器
CFIT	controlled flight into terrain	可控飞行撞地
CNS/ATM	communication navigation surveillance/air traffic management	新航行系统
CVOR	common VHF omni-directional radio range (navigation beacon)	普通甚高频全向信标
DABS	discrete addressable beacon system	离散寻址信标系统
DGPS	differential global positioning system	差分全球定位系统
DH	decision height	决断高度
DME	distance measuring equipment	测距机
DPDME	double model precision distance measuring equipment	双模式精密测距机
DPSK	differential phase shift keying	差分相移键控
DSB	double side band	双边带调制

续表

英文缩写	英文全称	中文释义
DVOR	Doppler VHF omni-directional radio range (navigation beacon)	多普勒甚高频全向信标
EFIS	electronic flight indicator system	电子飞行仪表系统
EHF	extremely high frequency	极高频
EHSI	electronic horizontal situation indicator	电子水平位置指示器
EL	elevation transmitter	仰角台
FA	final approach	最后进近
FAA	Federal Aviation Administration	(美国)联邦航空局
FDR	flight data recorder	飞行数据记录器
FM	frequency modulation	频率调制
GLONASS	global orbit navigation satellite system	全球轨道导航卫星系统(俄罗斯)
GPS	global positioning system	全球定位系统
GS	glide slope	下滑信标台
GS	ground speed	地速
HF	high frequency	高频
HSI	horizontal situation indicator	水平位置指示器
IA	initial approach	起始进近
ICAO	International Civil Aviation Organization	国际民航组织
ILS	instrument landing system	仪表着陆系统
IRU	inertial reference unit	惯性基准组件
KTS	knots	节(n mile/h)
LF	low frequency	低频
LOC	localize transmitter (localizer)	航向台发信机
LORAN	long range navigation system	罗兰导航系统
MB	market beacon	指点标
MDS	min detectable signal	最小可检测信号
MF	medium frequency	中频
MLS	microwave landing system	微波着陆系统
MM	middle marker	中指点标
MTD	moving target detection	动目标检测
MTI	moving target indication	动目标显示
NDB	nondirectional radio beacon	无方向性信标
OBS	omni-bearing selector	全向方位选择器

续表

英文缩写	英文全称	中文释义
OM	outer marker	外指点标
PAM	pulse amplitude modulation	脉幅调制
PAR	precision approach radar	精密进近雷达
PCM	pulse code modulation	脉冲编码调制
PDME	precision distance measuring equipment	精密测距机
PM	phase modulation	相位调制
PPM	pulse position modulation	脉冲位置调制
PSR	primary surveillance radar	一次监视雷达
PTT	push to talk	按下发话
PWM	pulse width modulation	脉冲宽度调制
RBI	relative bearing indicator	相对方位角指示器
RDDMI	RDMI radio direction distance magnetic indicator	无线电方位距离磁指示器
RMI	radio magnetic indicator	无线电磁指示器
RVR	runway visual range	跑道视程
SA	select availability	人为干扰
SHF	super high frequency	超高频
SMGCS	surface movement guidance and control systems	场面活动引导和控制系统
SPI	special position identification	特殊位置识别脉冲
SSB	single side band	单边带调制
SSR	secondary surveillance radar	二次雷达
TACAN	tactical air navigation	战术空中导航（塔康导航系统）
TCAS	traffic (alert and) collision avoidance system	交通（告警和）避撞系统
TDM	time-division multiplexing	时分多路复用
TRSB	time reference scanning beam	时基扫描波束
UHF	ultra high frequency	特高频
UTC	universal time coordinated	世界协调时
VDL	very high frequency datalink	甚高频数据链
VHF	very high frequency	甚高频
VLF	very low frequency	甚低频
VOR	VHF omnidirectional radio range (navigation beacon)	甚高频全向信标
WS	wind speed	风速

参考文献

蔡成仁. 1992. 航空无线电. 北京：科学出版社

蔡成仁. 2001. 雷达原理与气象雷达系统. 北京：兵器工业出版社

陈高平，邓勇. 2008. 航空无线电导航原理. 北京：国防工业出版社

陈智. 2005. Galileo 系统及其应用研究. 北京：北京航空航天大学出版社

丁鹭飞，耿富录. 1997. 雷达原理. 西安：西安电子科技大学出版社

房建成. 2007. 天文导航原理及应用. 北京：北京航空航天大学出版社

干国强，邱致和. 2001. 导航与定位——现代战争的北斗星. 北京：国防工业出版社

高钟毓. 1998. 工程系统的随机过程——随机系统分析与最优滤波. 北京：清华大学出版社

郭黎利. 2007. 通信对抗技术. 哈尔滨：哈尔滨工程大学出版社

黄智刚. 2007. 无线电导航原理与系统. 北京：北京航空航天大学出版社

李洪涛. 1995. GPS 应用程序设计. 北京：国防工业出版社

李跃，邱致和. 2008. 导航与定位——信息化战争的北斗星. 北京：国防工业出版社

刘汉辉，王长升. 1996. 空中交通警戒与防撞系统. 北京：中国民航出版社

刘晖. 1998. GLONASS 系统研究. 北京：北京航空航天大学出版社

刘慧英，周勇. 2002. 空中交通管理系统导论. 北京：国防工业出版社

刘徐德. 1998. 战术通信、导航定位和识别综合系统文集. 北京：电子工业出版社

陆芝平，郑德华. 1990. 全向信标和仪表着陆系统. 北京：国防工业出版社

马存宝. 2004. 民航通信导航与雷达. 西安：西北工业大学出版社

马士忠. 1994. 测距机. 北京：国防工业出版社

倪金生. 2005. 导航定位技术理论与实践. 北京：电子工业出版社

潘卫军. 2005. 空中交通管理基础. 成都：西南交通大学出版社

宋峥. 2003. 天线与电波传播. 西安：西安电子科技大学出版社

苏新宇. 1997. 无线电通讯. 广汉：中国民航飞行学院

王红星. 2005. 通信侦察与干扰技术. 北京：国防工业出版社

魏光顺. 1989. 无线电导航原理. 南京：东南大学出版社

吴广华. 1998. 卫星导航. 北京：人民交通出版社

吴苗，朱涛，李方能等. 2008. 无线电导航原理及应用. 北京：国防工业出版社

阳昌汉，杨翠娥. 1993. 高频电子线路. 哈尔滨：哈尔滨船舶学院出版社

伊恩·莫伊尔，阿伦·西布里奇. 2009. 民用航空电子系统. 范秋丽等译. 北京：航空工业出版社

袁建平，方群，郑谔. 2000. GPS 在飞行器定位导航中的应用. 西安：西北工业大学出版社

袁信，俞济祥，陈哲. 1998. 导航系统. 北京：航空工业出版社

张军. 2005. 现代空中交通管理. 北京：北京航空航天大学出版社

张旗. 1999. 飞机电子系统图册. 天津：中国民航学院

张尉. 2009. 二次雷达原理. 北京：国防工业出版社

周其焕，魏雄志，崔红跃. 1992. 微波着陆系统. 北京：国防工业出版社

Ahmadi R, et al. 1995. The Ionospheric Model Improvement for the Stanford WAAS Network. Proceedings of ION NTM-95

Ahmadi R, et al. 1997. Validayion Analysis of the WAAS GIVE and UIVE Algorithms. Proceedings of ION 53rd Annual Meeting

Air Land Sea Application Center. 2002. Multi-service Communications Procedures for Tactical Radios in a Joint Environment

Blake L V. 1986. Radar Range-performance Analysis. Artech House, Dedham, MA

Brown R G, et al. 1991. Update on GPS Integrity Requirements of the RTCA MOPS. Proceedings of ION-GPS-91, September

Eissfeller B, Hein G W, Winkel J, et al. 2000. Requirements on the Galileo Signal Structure. Paper Presented at the GNSS Symposium. UK: Edinburgh

Eyermann P A. 1999. Joint Tactical Radio System—A Solution to Avionics Modernization. Raytheon Systems

Federal Radio Navigation Plan. 2005. Report of Department of Defense, Department of Homeland Security, and Department of Transportation

Gobb H S. 1997. GPS Pseudolites: Theory, Design and Application. Ph. D. Dissertation, Stanford University

Godel J. 2000. GPS/Galileo Radio Frequency Compatibility Analysis. Proceedings of the Institute of Navigation ION GPS200. Salt Lake City, Utah

Headquarters Department of the Army. 1999. FM 24-41-Tactics, Techniques, and Procedures for the Enhanced Position Location Reporting System (EPLR). By Order of the Secretary of the Air Force

International Civil Aviation Organization. 1995. Aeronautical Telecommunications. Annex 10 to the Convention on International Civil Aviation, Vol. IV

Kee C, et al. 1991. Wide area differential GPS, Navigation. Journal of The Institute of Navigation, 38 (2)

Kelly R. 1996. Deriviation of the RAIM Algorithm From First Principles with Performance Comparisons Between Published Algorithms. Proceedings of ION NTM-96

Loh R, et al. 1995. The U. S. wide-area augmentation system (WAAS). Navigation, Journal of the Institute of Navigation, 42 (3) 435～465

Mitelman A M, et al. 2000. A Real-Time Signal Quality Monitor for GPS Augmentation Systems. Proceedings of ION GPS-2000

Neufeldt H. 1998. MAGS, A new Sensor for Airport Surveillance Based on SSR Mode S. IRS 9 15. Munich

Pogorelc S, et al. 1996. Independent Data Verification and Validation (IDV&V) Algorithms for WAAS and Preliminary Results. Proceedings of ION GPS-96

Radio Navigation Department. 2000. GPS/GALILEO Interference Analysis, Cross2Correlation and Doppler Analysis in L1. Centre National d' etudes Spatiale, Toulouse

Sang J, Kubik K. 1997. A Probabllistic Approach to Derivation of Geometrical Criteria for Evaluating GPS RAIM Detection Availability. Proceedings of ION NTM-97

Simon Haykin. 1996. Adaptive Filter Theory. Prentice Hall, Inc., A Simon& Schuster Company

Stevens M C. 1988. Secondary Surveillance Radar. Artech House, Inc

Swider R, et al. 1998. Recent Development in the LAAS Program. Proceedings of IEEE PLANS98

Tsai Y J, et al. 1995. Evaluation of Orbit and Clock Models for Real Time WAAS. Proceedings of IONNTM-95

Wolfum J, Healy Dr M, Provenzano J P, et al. 1999. Galileo-Europe's Contribution to the Next Generation of GNSS. ION GPS1999, 14-17September: 1381～1390